KB133911

주말이 기다려지는 행복한 자전거여행

자전거
타기 좋은길
52

주말이 기다려지는

행복한 자전거여행

서울·수도권 | 김병훈 지음

터치아트

일러두기

1 이 책에는 코스마다 여행을 준비할 때 참고할 수 있도록 전체 거리와 구간별 거리 그리고 자전거로 이동하는 데 걸리는 시간을 표시하였다. 단, 구간별 소요시간에 쉬는 시간은 포함하지 않았으므로 사람마다 전체 소요시간에는 차이가 날 수 있다.

2 공원이나 유적지 같은 곳은 사람마다 머무는 시간이 다르기 때문에 소요시간을 계산할 때 포함하지 않았다. 따라서 자전거로 이동하는 구간 외에 공원이나 유적지 등 둘러볼 장소가 포함 된 코스는 책에 표시된 시간 보다 넉넉하게 시간 계획을 세우는 것이 좋다.

3 이 책에는 각 코스의 특징을 한눈에 파악할 수 있게 주요 요소들을 단계별 수치로 표시하였다. 거리는 10km 단위로 5등급까지 나누었는데, 1단계는 20km 이하, 2단계는 30km 이하, 3단계는 40km 이하, 4단계는 50km 이하, 5단계는 51km 이상이다. 단, 길이에 비해 시간이 많이 걸리고 체력 소모가 큰 산악코스는 고개의 높이 등을 감안해 적절한 기준을 적용하였다. 소요시간은 초보자 기준으로 휴식을 포함해 1시간을 단위로 1~5단계를 표시했다. 경사도, 교통량, 풍경의 단계별 수치는 필자의 주관적인 판단에 따랐음을 밝힌다.

4 책에 제시한 지도는 코스를 위주로 개략적으로 표현한 약도이므로 코스 설명을 참고하면 보다 정확하게 길을 찾을 수 있다. 출발지점까지 찾아가는 길은 대중교통보다 자가용을 위주로 설명하였다. 모든 지도는 위쪽이 북쪽이며 지도에 표시된 기호 중 25 는 고속국도, 39 는 국도, 229 는 지방도를 뜻한다.

5 이 책에 소개한 식당이나 전화번호 등의 정보는 2008년 5월 기준으로, 여행시기에 따라 변동이 있을 수 있다.

책머리에

두 바퀴로 누리는 자유

'아, 여기 이런 곳이 있었네!'

늘 다니던 길인데 느낌이 새삼스러울 때가 있습니다. 자동차로 지났던 길을 자전거로 갈 때가 그렇습니다. 속도가 느려지고 눈높이가 낮아지면서 훨씬 많은 것들이 눈으로, 가슴으로 들어오기 때문입니다.

즐거움과 유익함은 늘 새로운 데서 나옵니다. 그런 점에서 독서와 여행은 삶을 살찌우고 즐기는 최고의 방법이라는 데 이론의 여지가 없을 것입니다. 그렇다면 최고의 여행은 어떤 것일까요. 저는 여행 대상지 못지않게 수단이 중요하다고 봅니다. 여행수단에 따라 내용과 질은 완전히 달라지니까요. 여행은 세상과 내가 만나는 대화의 과정입니다. 걷기, 자동차, 모터사이클, 열차, 비행기 등 많은 여행수단이 있지만 자전거만큼 세상과 나를 깊고 효율적으로 만나게 해주는 것은 없습니다. 21세기 최첨단, 초고속 시대에 웬 자전거냐고 말하는 분들이 있을 것입니다. 저 역시 10년 전에는 그렇게 생각했습니다. 그런데 운동 삼아 타기 시작한 자전거의 매력과 가치를 알아가면서 이 작은 두 바퀴가 개인은 물론 사회와 국가를 건강하게 만드는 엄청난 폭발력을 가진 것을 알게 됐습니다.

세계의 여러 선진국을 보더라도 자전거는 사람들의 생활 속에서 사랑받고 있습니다. 우리보다 더 잘 살고 더 발전한 나라들인데 왜 그렇게 자전거를 많이 타고 있을까요? 이유는 명쾌합니다. 무엇보다 재미있기 때문입니다. 두 바퀴만으로 위태하게 달리지만 걷는 것보다 5배 이상 빠른 기계를 마음대로 조종하는 행위 그 자체에 재미를 느끼게 됩니다. 그리고 자전거를 타면 건강이 좋아집니다. 육체적 건강뿐 아니라 환한 햇살 아래서 바람을 가르면 마음도 밝고 긍정적으로 바뀝니다. 게다가 자전거는 몸에 부담이 적고 어떤 운동보다 회복이 빠릅니다. 뚜르 드 프랑스Tour de France, 프랑스 일주 도로경기 대회는 3주일간 매일 200km 내외씩 총 3600km를 달리는 지옥의 경기입니다. 어제 200km 이상 달려 높이 2000m의 알프스 고개를 여럿 넘었는데, 오늘 또 2000m 고개를 넘어 200km를 전력 질주합니다. 그렇게 3주일을 연속해서 달립니다. 마라톤은 한 번 뛰고 나면 몇 달을 쉬어야 컨디션이 돌아오지만 자전거는 오늘 수백km를 달려도 당장 내일 또 수백km를 달릴 수 있습니다. 그만큼 몸에 주는 부담이 적고 회복이 빠르기 때문입니다. 자전거가 주는 사회적인 이익도 대단합니다. 자전거 활용이 늘어나면 개인은 교통비를 아낄 수 있고, 사회는 교통체증과 대기오염을 완화시킬 수 있으며, 에너지도 절약됩니다. 우리 주변이 한층 깨끗해지고 국가는 경쟁력이 높아집니다. 유럽과 일본의 도시들이 우리보다 공기가 맑고 여유롭게 느껴지는 것은 자전거 이용률이 우리보다 높은 점이 가장 큰 이유라고 봅니다.

자전거는 지난 200년 이상 모든 문화권과 인종에 관계없이 보급되고 사랑받으면서 마치 안경처럼 매우 인간적인 도구로 검증된 탈것입니다. 지구를 살리는 가장 중요한 물건으로 자전거가 꼽히고 존 라이언의 『지구를 살리는 불가사의한 7가지 물건들』, 컴퓨터와 텔레비전, 자동차를 누르고 산업혁명 이후 최고의 발명품으로 선정된 것 영국 BBC 여론조사 도 이런 놀라운 효용 때문입니다.

자전거의 매력 중 제가 특히 좋아하는 것은 여행수단으로서의 자전거입니다. 저는 어려서부터 미지의 장소를 찾아다니기를 좋아해서 참 많이도 돌아다녔습니다. 처음에는 걸어서, 그 다음은 자전거로, 그 후에는 오토바이와 자동차로 다녔습니다. 10대 시절 자전거는 시골 소년과 세상을 만나게 해준 가장 중요한 가교였습니다. 이후 오토바이와 자동차에 밀려 한동안 잊고 지내다가 서른이 넘어 다시 자전거를 만났습니다.

험준한 산길을 달릴 수 있는 산악자전거 MTB 를 새로 알았고, 두 다리의 힘만으로 시속 60km를 낼 수 있는 '날쌘돌이' 로드레이서도 만났습니다. 자전거는 사람의 두 발 못지 않게 산과 도로 어디든 갈 수 있는 대자유를 가지고 있었던 것입니다. 요즘 자전거는 걷는 속도와 큰 차이 없는 초소형 미니벨로부터 서울~부산 간을 하루에 주파할 수 있는 쾌속의 로드바이크까지 종류가 매우 다양합니다. 자전거의 평균시속 20km는 시간을 줄이면서 여정의 깊이까지 맛볼 수 있는, 현실적이고 합리적인 최적의 여행속도라는 것을 이미 수많은 여행자들이 체험으로 알려주었고 저도 100% 동감합니다.

이렇게 유용하고 가치 있는 자전거를 타고 갈 수 있는 길은 정말 많습니다. 이 책에는 그 중에서도 볼거리가 많고 자전거 타기 좋은 곳을 골라 소개했습니다. 하지만 여기에 소개한 코스는 제가 임의로 정한 것일 뿐, 사람이 걸어갈 수 있는 세상의 모든 길은 곧 자전거 코스가 된다는 사실을 잊지 마시기 바랍니다.

끝으로, 이 책을 아름답게 꾸며준 터치아트에 깊이 감사드립니다. 그리고 저를 믿고 자전거를 알리는 데 모든 것을 바친 『자전거생활』 가족들에게도 고맙다는 말을 전합니다. 취재를 도와준 벗, 박봉일이 없었다면 책을 제때 완성하기가 어려웠을 것입니다. 감사합니다.

2008년 봄
김병훈

차례

유장한 강물에 속삭이는 갈잎의 노래

높은 빌딩 아래 개울물 따라 달리는 천변길

깊고 그윽한 산중으로 향하는 오솔길

비취빛 바다와 금빛 백사장을 달리다

노을빛 바람이 부는 드넓은 갈대밭

01 행주대교에서 소래포구까지

사람 냄새 정겨운 소래포구 가는 길

수도권은 서해를 접하고 있지만 공단과 방조제 때문에 정겨운 포구를 찾기 힘들다. 그런 와중에 소래포구는 가까이에서 변함없이 서민적인 분위기로 도시인의 갈증을 풀어준다. 바로 지척까지 도시가 침범해도 포구는 그대로 남아 사람들은 여전히 소래포구, 소래포구를 읊는다. 비릿한 바다 내음, 갖은 종류의 해산물, 갯벌에 기우뚱 올라앉은 고깃배, 앙증맞은 수인선 협궤열차, 왁자한 사람들……. 소래포구 하면 연상되는 인상들이다. 지금도 협궤열차만 사라졌을 뿐 나머지는 그대로 남아 도시의 그늘에 갇혀 사는 답답한 사람들에게 일말의 햇살이 되고 있다.

포구라는 이름의 매혹

소래포구가 아무리 서울에서 가깝다지만 가는 길은 만만찮다. 교통체증이 심하고 길도 복잡해서 자동차로 가기도 쉬운 일이 아니다. 그렇지만 자전거로는 쉽게 갈 수 있는 길이 있다. 생각보다 멀지 않고 들길과 도시공원, 갈대밭, 개울, 갯벌 등 다양한 풍경도 지난다. 편도 28킬로미터의 여정에서 이렇게 다양한 식생과 환경을 만나는 것도 쉽지 않은 일이다.

무엇보다 바다, 그것도 소래포구를 찾아가는 길이라는 특별한 목적의식이 출발 전부터 마음을 들뜨게 한다. '포구'라는 이름 그 자체에 이미 어떤 미의식, 매혹이 스며있기 때문이다. 이별 혹은 만남, 걸쭉한 입담과 떠들썩한 분위기…… 이런 것들이 포구를 더욱 극적인 공간으로 완성한다. 영화로도 만들어진 소설 『삼포 가는 길』은 세상을 떠도는 바닥인생들의 애환을 그린 작품인데도, 리얼리티보다 로맨틱한 느낌으로 더 많이 기억되는 것은 역시나 '삼포森浦'라는 이름이 풍기는 뉘앙스에서 상당 부분 기인한다.

◀ 김포평야를 관통하는 굴포천을 따라 둑길이 길다. 들판 가운데지만 부천 시내를 거쳐 온 강물은 많이 오염되었다.

도시가 저만치 보이는 들에서 노부부가 깨를 수확한다. 멀리서 보면 평화로운 풍경이지만 가까이 다가서면 피곤한 노역일 뿐이다.

소래 가는 길

소래포구 가는 길에는 그냥 스쳐가서는 안 될 인천대공원과 수도권 해양생태공원도 만난다. 인천대공원은 이름 때문에 서울대공원을 비교대상으로 떠올리기 쉽다. 하지만 서울대공원처럼 시설물이 많은 공원이 아니라 산을 끼고 있는 넓은 공간과 광장들이 도시의 한가운데라고 믿기 어려울 정도로 오붓한 느낌을 자아내는 자연공원이다. 수도권 해양생태공원은 폐염전을 활용해 갯벌과 염전 체험을 할 수 있게 꾸몄다. 이웃한 시흥시의 갯골생태공원과 비슷한데, 사통팔달의 산책로와 자전거코스가 매력적이다. 무엇보다도 모든 길이 비포장이라는 점이 마음을 붙든다.

사람 수만큼의 정겨움

바다는 육지에서만 내내 살아온 사람들에게 풍경의 지평이 된다. 막상 들어서면 위험하기도 하지만 동떨어져 바라보면 눈과 마음을 정화시켜주고 미지의 세계에 대한 동경을 일깨운다. 텅 빈 듯 가득 찼기에 상상력과 내면세계의 확대에도

갯벌에 기우뚱한 고갯배 뒤로 소래포구에는 사람들과 고층아파트가 만원이다.

기여한다. 그런데 소래포구의 바다는 좁다. 간척으로 땅이 넓어진 대신 수평선이 잘려나갔고, 먼 바다를 시원하게 바라보던 포구는 이제 깊숙한 만灣의 구석으로 밀려났다. 하지만 색깔이 다르고 깊이도 다르지만 전 세계 어디를 가나 바다는 똑같다. '바다가 다르다'고 말하는 것은 '바닷가 풍경이 다르다'는 뜻이다. 사방에 아무것도 보이지 않는 망망대해는 풍경 이전의 모습이다. '풍경'이란 자연과 인간의 조합으로 구성된다. 자연만으로는 풍경이 완성되지 않는다. 자연에 가장 인간적인 소품이 가미될 때 풍경은 사람의 차원으로 다가선다. 극지나 망망대해가 사람과는 동떨어진, 지구적인 혹은 우주적인 '모습'으로만 느껴지는 것은 그곳에 사람이 없기 때문이다. 동양의 산수화는 산과 폭포, 호수만으로 완성되지 않는다. 반드시 정자와 누각, 바둑을 두는 노인, 하다못해 길 가는 나그네라도 들어가 있다. 사람이 빠진 산수화는 영혼이 누락된 '물체의 그림'일 뿐이다.

소래포구는, 아름답다고 하기에는 사람이 너무 많다. 그렇지만 포구를 가만히 보고 있으면 금세 알게 된다. 사람 수만큼 정겨운 곳이 소래포구라는 사실을.

이곳은 꼭 | **인천대공원**

남동구 장수동에 자리한 인천대공원은 전체면적이 294만㎡에 이르는 대규모 공원이다. 식물원, 인공호수, 수석공원, 각종 운동시설과 광장, 잔디밭이 조성되어 있다. 자전거를 배우거나 타기에 최적의 장소다.

자전거길

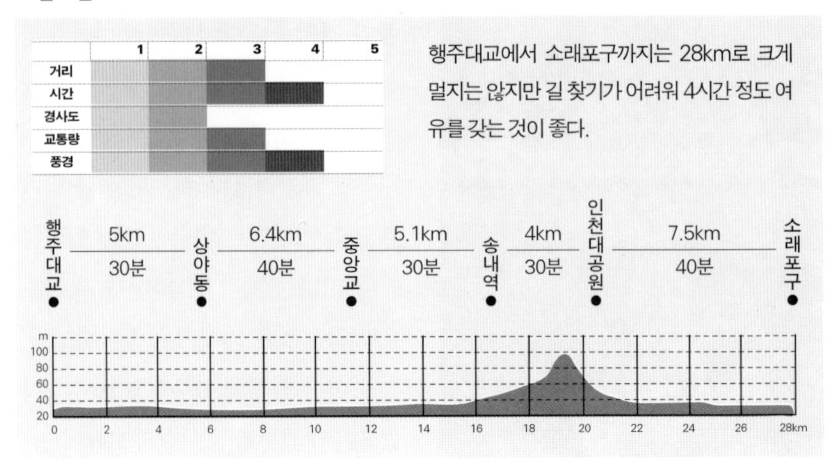

① 행주대교 서쪽은 작은 평원이다. 들길로 들어서면 왼쪽으로 행주6갑문(굴다리)이 보인다. 갑문을 빠져나오면 개화동 상사마을이다. 상사마을을 벗어나면 대로(남부순환도로)변에 시골마을처럼 단독주택들이 촘촘한 개화동 마을이 이어진다. 도로변을 따라 김포공항 방향으로 500m 가량 가면 미타사 표지판 옆에 지하도가 있다. 지하도를 건너 우회전, 400m 가면 왼쪽으로 지하철 9호선 차량기지가 있고, 차량기지를 끼고 하천변 둑길이 좌우로 나 있다. 하천을 건너 둑길을 따라 왼쪽으로 간다.

② 1.5km 지점의 반사경이 있는 다리에서 우회전하면 상야마을로 들어서게 된다. 상야마을에서 39번 국도를 건너 벌말상회 옆길로 들어간다. 잠시 후 굴포천이 나오고 상야교가 놓여있다. 다리를 건너자마자 좌회전해 하천 옆길을 따라간다.

③ 다시 1.5km 가면 굴포천방수로가 합류하며 물길이 세 갈래로 갈라진다. 방수로 쪽으로 우회전해 굴현1교를 건너면 굴포천 옆길을 계속 탈 수 있다. 굴현1교에서 4km 가면 오정대로 직전에 다리(중앙교)가 나온다. 이 다리를 건너 39번 국도를 이용해 오정대로를 넘어가면 부천시가지가 시작되고, 굴포천 옆으로 자전거도로가 있다.

④ 자전거도로는 겨우 600m로 끝나고 이후로는 중동대로를 따라 송내역까지 4km의 시가지 구간이다. 횡단보도를 여러 번 건너야 하는 불편이 있지만 대로 옆에는 자전거길을 포함한 가로공원이 조성되어 있고, 신시가지여서 공간이 넓고 세련되어 여유를 부리기에 좋다.

⑤ 송내역에서는 지하도나 역구내를 통해 경인전철 선로를 통과한 다음 대로를 따라 인천대공원 쪽으로 계속 직진한다. 서울외곽순환고속도로 고가 구간이 머리 위로 지나고 17사단이 오른쪽에 보인다. 비루고개를 넘으면 인천대공원이다.

⑥ 인천대공원에서 수도권 해양생태공원으로 가는 자전거길도 잘 찾아야 한다. 공원 내 자전거광장 한켠에 장수천 표지판이 있는데, 표지판 옆의 비포장길로 들어선다. 곧 하천 옆 둔치 자전거길이 나오고, 수도권 해양생태공원 근처에서는 비포장 둑길로 변한다. 수도권 해양생태공원에서 소래포구까지는 1km로, 도로 하나를 사이에 둔 지척의 거리다.

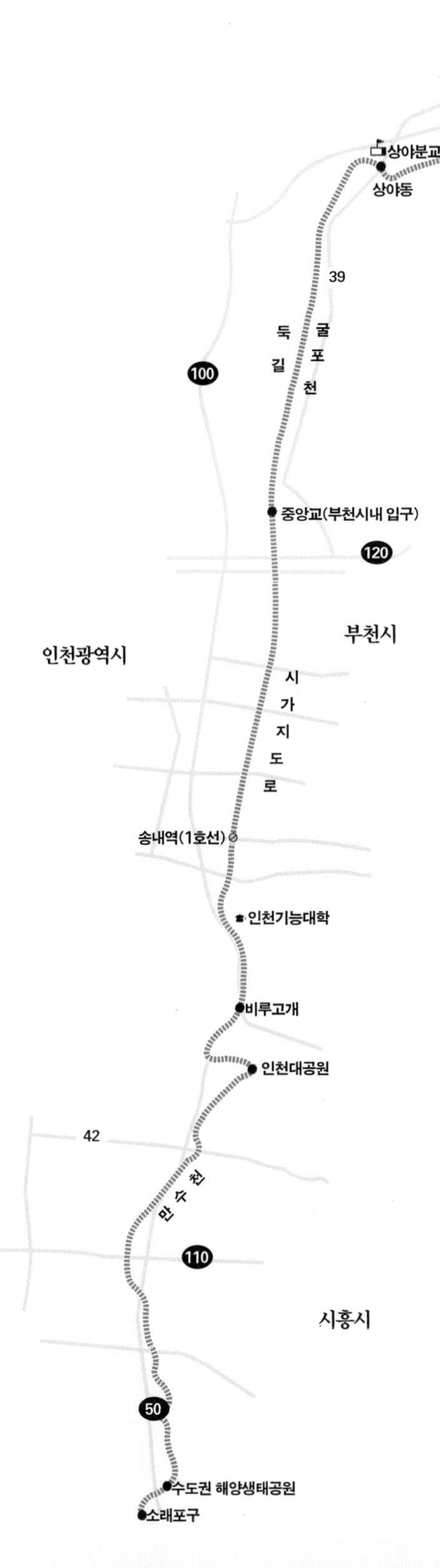

찾아가는 길

행주대교 | 한강자전거도로 강남구간의 서쪽 끝에 자리하며, 한강시민공원 방화지구를 기점으로 잡으면 편하다. 김포공항 방향 88올림픽도로에서 방화대교를 지나자마자 오른쪽으로 내려선다.

인천대공원 | 서울외곽순환고속도로 장수 나들목(일산 쪽에서 올 때만 진출 가능)이나 제2경인고속도로와 영동고속도로가 만나는 서창분기점에서 장수동 방향으로 빠지면 된다.

체크 포인트

주차 | 방화대교 아래의 한강시민공원에 유료 주차장이 있다. 여기서 출발하면 지원차량이 따로 없을 경우 꼬박 되돌아와야 하므로, 인천대공원을 기점으로 잡아도 좋다. 인천대공원은 주차장이 매우 넓다. 주차요금은 1일 2000원.

물과 음식 | 방화대교 아래와 부천시내 구간, 인천대공원에서 물과 간식을 구할 수 있다. 아침 일찍 출발해서 소래포구의 바닷가에서 싱싱한 해산물을 먹는 것도 좋지 않을까.

휴식 | 부천시내를 지나는 일부 구간은 벤치와 그늘이 있고 깔끔한 가로공원길이다. 인천대공원도 쉬어가기 좋다.

주의 | 행주대교에서 굴포천까지 길 찾기가 쉽지 않으므로 갈림길과 방향에 주의한다. 부천시내는 차량 통행이 잦으므로 넓은 인도를 이용한다.

02 소래포구에서 물왕저수지까지

갯벌과 산중호수를 이어주는 들길

바닷물이 넘실대는 소래포구에서 잔잔한 산중호수인 시흥 물왕저수지까지 자전거로 달린다. 여정을 시작할 때는 질척한 갯벌이 장황하고 억새밭이 가득하더니 페달을 밟을수록 점점 도시가 아득히 멀어지는 들판 속으로 길이 구불거린다.

면적이 500만 제곱미터로 한때 전국 최대 규모였던 염전은 대자연에 흡수되어 갈대밭으로 변했고, 길가에는 수도권 최대의 연밭이 길손을 반긴다. '그린웨이green-way'로 이름 붙은 자전거길은 낮은 제방을 따라서 전원으로 안내한다.

도시인의 숨통을 터주는 바람

서울에 살다 보면 어디를 가더라도 빽빽한 시가지에 넘쳐나는 자동차와 사람들 틈에 부대끼게 된다. 그러다 보니 일상 속에서도 때로 탈출에 대한 충동을 느끼고 주말이라는 틈을 이용해 어딘가로 떠나보기도 하지만 끔찍한 교통체증에 갇혀 시간을 다 빼앗기고 몸과 마음이 지레 지쳐버린다.

서울에는 마치 보이지 않는 거대한 장벽이 있어서 사람들이 빠져나가는 것을 막는 것만 같다. 뿐만 아니라 수많은 위성도시와 외곽의 신도시들은 기실 서울의 확장에 지나지 않는다. 울타리가 넓어져도 밀도가 낮아지지 않는다면 그건 공간의 개선이 아니라 총체적인 악화일 것이다.

하지만 주변을 조금만 자세히 들여다보면 도시인의 숨통을 터주는 한 줄기 바람과도 같은 공간을 발견할 수 있다. 소래포구 일대의 갯벌과 옛 염전 터가 바로 그런 장소다. 서울 지척에 이렇게 근사한 허파가 있다는 것은 축복이다.

물론 이 넓은 들도 시선의 끝에는 언제나 도시가 있다. 멀대같은 아파트와 빌딩, 공장들이 삐죽삐죽 솟아나 잔잔한 풍경에 불협화음을 일으킨다. 그래도 이것이 우리가 사는 모습이고, 그 많았던 공장들 덕분에 이만큼의 성장도 가능했으니 불평을 늘어놓기보다는 작은 축복에도 감사할 일이다.

◀ 이른 봄, 마른 연밭 옆으로 자전거길이 달린다. 들판을 가로지르는 외줄기 길은 퍽 이채롭다.

갯골생태공원에 남아 있는 염전 소금창고. 허름해도 오래되면 나름의 멋을 지니게 된다.

전국 최대 규모를 자랑했던 염전 터

염전은 이 땅에서 사라져가는 풍경의 하나다. 아직 충청과 호남 지방의 서해안에서는 천일염전이 명맥을 유지하고 있지만 한때 '전국 최대'를 자랑했던 이곳 소래염전은 옛 기억이나 오래된 사진 속 풍경으로만 남았다. 초창기 소래염전은 바다와 접했겠지만 부근에 있는 인천 남동구와 시화공단 일대가 간척되면서 내륙 깊숙이 갯벌이 들어온 이색 지대가 되었다. 흔치 않은 갯골갯벌 사이로 파인 물길. 작은 골짜기를 이룬다을 많이 볼 수 있는 것도 이곳만의 특징이다.

현대인에게 그리 익숙하지 않은 염전은 가난과 노역, 착취의 이미지로 남아 있다. 이곳 소래염전도 일제 때인 1930년대 중반에 조성되었고, 여기서 생산된 소금은 수인선 협궤열차를 통해 부산을 거쳐 일본으로 실려나갔던 것이다. 한때는 소래염전이 전국 소금 생산량의 30퍼센트를 차지했지만 천일염 수입자유화 이후 사양길을 걷다가 1996년 결국 문을 닫았고 거대한 염전은 폐허로 버려졌다.

자연으로의 회귀

낡은 목재 소금창고들은 텅 빈 염전의 새 주인이 된 갈대밭과 어울려 폐염전 특유

갯벌 가운데 작은 골짜기를 이룬 갯골 지형. 갯골생태공원 일대에 많이 있다.

의 스산한 풍경으로 남았다. 지금은 생태공원으로 재단장하고 있는데, 서쪽의 인천 권역은 소래습지 생태공원, 동쪽 시흥시 권역은 갯골생태공원으로 각각 개장되어 있다.

'공원'이라는 이름으로 개발되긴 했지만 이곳에는 특별한 시설이 없다. 인공을 최소화하고 원래 모습을 많이 남겨두었다. 바람개비를 이용한 조각, 자연스러운 나무데크 탐방로, 포장하지 않은 산책길, 염전 체험장까지, 소박하지만 마음을 흐뭇하게 하는 풍경이 공원을 채우고 있다.

염전도 따지고 보면 인공의 산물이지만 제 기능을 마치고 세월을 덧입은 인공은 결국 자연으로 회귀한다. 자연으로 돌아가고 있는 곳, 소래염전이 더 반갑게 느껴지는 것은 바로 이 때문이다.

이곳은 꼭 | **소래습지 생태공원**

갯벌의 생태를 직접 체험해 볼 수 있다. 아이들이 매우 좋아한다.

갯골생태공원

독특하게 흐르는 갯골, 거대한 갈대밭, 호젓한 산책로, 넓은 잔디밭이 있는 비경 .

관곡지

연꽃테마파크의 원조. 조선 세조 때, 학자 강희맹(1424~1483)이 중국에서 연 씨를 가져와 심었다고 전한다. 8월 초 백련이 만개할 때가 가장 볼 만하다.

물왕저수지

58만㎡에 달하는 분위기 좋은 호수. 1950년대 이승만 대통령의 전용 낚시터이기도 했다.

자전거길

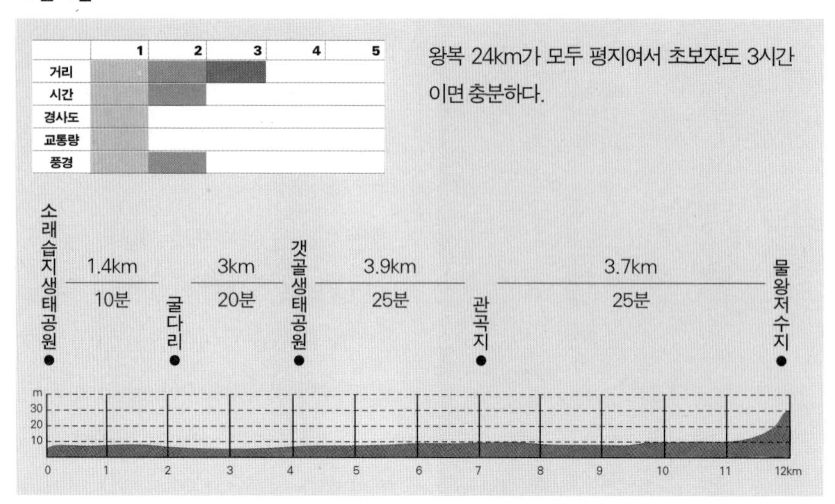

① 소래습지 생태공원 주차장에서 다리를 건너면 공원의 중심지인 삼거리다. 동쪽의 제방길이 우리가 가야할 시흥 방향이다. 비포장이지만 노면이 좋고 잘 다져져 있어 작은 생활자전거라도 마음이 편안하다.

② 삼거리에서 600m 가면 쓰러질 듯 낡은 다리를 건넌다. 다리를 건너자마자 왼쪽으로 포도밭이 나오고 오른쪽으로는 가로수가 도열한 작은 길이 갈라진다. 자전거 한 대가 겨우 지날 정도로 좁은 길이지만 성긴 가로수가 운치 있다.

③ 800m가량 되는 이 길이 끝나는 곳에 부천-월곶 간 도로 아래를 통과하는 굴다리가 나온다. 굴다리를 지나면 사유지임을 알리는 표지판과 철문이 앞을 막는다. 길은 철문 옆으로 돌아가고, 철문 오른쪽은 갯벌이다. 철문을 막아두었지만 승마연습장 명패가 버젓이 붙어 있다.

④ 여기서 시흥 갯골생태공원까지 이어지는 3km 남짓한 흙길은 이 거창한 염전지대 한가운데를 지나며 희귀한 풍경을 보여 준다. 염전의 잔해와 인적 없는 황량한 풍경이 일견 스산하지만 드넓은 갈대밭은 서정적이다. 갯골을 넘어가는 나무다리를 건너면 잘 조성된 공원이 시작된다.

⑤ 비포장 돌길에 자전거 바퀴는 퉁퉁대지만 마음은 한가롭다. 입구를 나오면 시흥시가 자랑하는 '그린웨이' 자전거길이 시작된다. 물왕저수지까지 7.5km의 호젓한 들길이다. 아스콘으로 깔끔하게 포장되어 있고 좌우차선도 구분되어 있다. 길은 차분하고 풍경도 아늑하다. 도중에 연꽃테마파크가 나오는데, 여름에는 커다란 연잎과 연꽃으로 장관을 이룬다.

⑥ 물왕저수지 직전에서 그린웨이는 끝난다. 호수 주변은 부분적으로 비포장이긴 하지만 산책로 겸 자전거도로가 있어서 한 바퀴 돌아볼 수 있다. 되돌아가는 길은 아주 완만한 내리막이어서 페달이 한결 가볍다.

찾아가는 길

소래습지 생태공원은 서울외곽순환고속도로 월곶 나들목에서 빠지는 것이 가장 편하다. 나들목에서 나와 우회전한 다음 월곶포구를 지나 소래포구 방향으로 좌회전한다. 다리를 건넌 뒤 소래포구 입구에서 고속도로 아래 굴다리 쪽으로 들어서면 된다. 표지판이 허술해서 알아보기 쉽지 않으므로 주의한다.

체크 포인트

주차 | 소래습지 생태공원에 무료주차장이 있다.

물과 음식 | 소래습지 생태공원과 물왕저수지 사이는 마을이 없는 들판길이어서 가게가 없다. 미리 식수와 간식을 준비한다. 소래포구와 물왕저수지 근처에 식당이 많이 있다. 코스 도중에는 갯골생태공원에서 2.5km 가면 나오는 다리(하중교) 옆에 중국집이 하나 있다.

휴식 | 숲과 벤치가 있는 갯골생태공원과 관곡지 근처가 쉬어가기 좋다.

주의 | 소래습지 생태공원에서 갯골생태공원에 이르는 갈대밭길은 사유지여서 공식적으로는 출입이 금지되어 있으나 묵인하는 상태다. 이 구간에서는 길을 벗어나지 말고 가능하면 빨리 통과한다.

03 수원 화성 일주

방화수류정에 앉아 갈 길을 잊고

우리나라는 세계적인 성城의 나라다. 남한에서 확인된 성이 천오백 군데를 넘고 북한까지 합한다면 2천 군데에 육박한다. 우리나라의 성은 기본적으로 군사시설이다. 평지에 자리한 읍성주로 마을을 두르고 있음 이든 산 위에 있는 산성이든 적의 침입을 막고 대비하기 위한 시설이다. 유럽과 일본의 아름다운 성은 지배자인 영주들만의 거처였지만 우리의 성은 읍성과 산성 모두 주민을 위한 방어시설이었다. 읍성은 평소에 사람들이 사는 마을을 에워싸고 있고, 산성은 유사시 대피할 수 있는 대피공간이다. 권력자만을 위한 중세 유럽과 일본의 성과는 기본적으로 출발이 다르다. 그렇다면 우리나라의 성 중 최고는 어딜까. 기준에 따라 다르겠지만 성 자체의 완성도와 예술성에서는 단연 수원 화성華城이 최고다.

꽃을 찾고 버드나무를 따르는 정자

수원 화성은 유네스코가 지정한 세계문화유산이다. 높이 5~6미터, 길이 5.7킬로미터의 성벽이 산을 끼고 흐르며, 유럽의 성곽을 닮은 전국유일의 공심돈, 수많은 포루와 누각, 장중한 4대문 등 세계가 인정할 만한 자격을 충분히 갖추고 있다. 조선 말, 정조가 비운에 죽은 아버지사도세자, 수원 근처에 묻힘 무덤을 찾기 위해 화성을 기획하고 행궁을 만들었다는 극적인 축성과정도 예사롭지 않다.

51개소에 이르는 화성의 각종 시설물 중에서 백미는 적의 침입을 감시하는 망루의 하나인 방화수류정訪花隨柳亭이다. 화성은 건축 후 한 번도 전투를 경험하지 않았지만 그래도 전쟁용 시설인데 웬 '꽃을 찾고 버드나무를 따르는' 한가로운 이름일까. 삶과 죽음이 한순간에 오가는 전쟁과, 세월과 자연을 희롱하는 풍류는 극과 극으로서 어쩌면 종이 한 장 차이인지도 모른다. 성벽에 우뚝 솟은 방화수류정

◀ 200년 이상 세월이 흘렀건만 전화를 겪지 않은 성벽은 참으로 말짱하다. 성 바깥에서 본 성벽은 고색창연하다기보다 어딘가 현대적이다.

동북포루에서 바라본 방화수류정. 수양버들이 빙 둘러선 용연을 끼고 높직이 선 정자는 도심 속에서도 한 폭의 동양화가 되었다.

은 망대를 겸한 정자로 공식명칭은 동북각루다. 우리나라 정자 이름으로는 가장 긴 다섯 자의 이름처럼 건물 구조도 가장 복잡하고 아름답다. 정자 아래에는 버드나무가 빙 둘러 선 연못용연이 있어 도심 속에서 한폭의 산수화를 빚는다.

어느 한 곳 빼놓을 수 없는 걸작들의 향연

4대문을 기준으로 각 구간은 분위기와 특성이 판이한데, 동문창룡문에서 북문장안문에 이르는 구간을 최고로 치고 싶다. 여기에 방화수류정이 있고, 성벽이 가장 아름답게 보이는 최고의 전망대인 동북포루가 우뚝 솟아 있으며 장중한 동북공심돈과 군사 훈련지였던 연무대, 국궁장 근처의 잔디밭 등 하나같이 지나칠 수 없는 명소들이 즐비하다. 그 다음은 창룡문에서 남문인 팔달문까지의 구간. 바깥으로 튀어나온 성벽인 치성과 포루, 봉화대봉돈가 줄지은 성벽도 좋지만 성벽 바깥길이 더 운치 있다. 2백 년 넘는 세월이 묻은 성벽에 붙어사는 이끼와 기묘하게 맞물린 돌들의 엉킴, 성벽을 따라 완만하게 휘돌아가는 길이 옛날로 돌아간 듯하다. 팔달문에서 화서문서문까지는 팔달산을 지나는 산악 구간이다. 128미터의 팔달

유려하게 구비치는 성벽의 왼쪽 끝 즈음에 유럽의 성 같은 동북공심돈이 큰 키를 드러내고 있다.

산 주능선을 성벽이 따라간다. 겨우 128미터지만 평지에서 느끼는 높이는 언덕이 아니라 진짜 산이다. 계단이 많아서 걸어야 하며, 맑은 날에는 장쾌한 조망을 만날 수 있으므로 꼭 들러보자. 하지만 시계가 나쁘고 시간 여유가 부족하다면 이 구간은 따로 미루는 것도 괜찮다. 화서문에서 장안문 사이는 성 바깥이 시민공원 장안공원으로 꾸며져 있고 편의시설이 많아 휴식하기에 좋다. 편리한 만큼 화성만의 독특한 미감은 조금 떨어진다. 그래도 성벽을 배경으로 잔디밭에서 여유롭게 쉬고 있는 사람들의 모습은 마음을 편하게 한다.

이곳은 꼭 | **방화수류정**

이 독특한 정자를 제대로 만나는 것이 화성 감상의 관건이랄 수 있다. 동북포루에서 전체를 내려다본 다음 정자 안에 들어가 보고, 정자 옆의 북암문을 통해 용연으로 내려가 올려다본다. 달밤의 경치 '용지대월(龍池待月)'은 예부터 유명하다.

화성행궁

정조가 사도세자의 능을 찾을 때마다 들렀던 행궁(임시 궁전)이다. 팔달산 아래에 있으며 잘 복원되어 있다.

자전거길

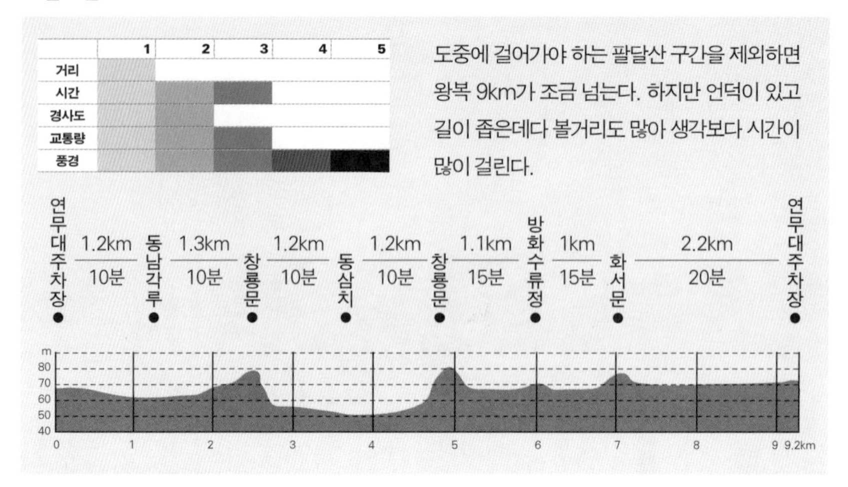

① 화성을 제대로 감상하려면 세 번을 돌아야 한다. 한번은 성벽 위를, 또 한 번은 성벽 아래로, 마지막은 성벽 바깥에서 보아야 화성의 위와 안쪽, 바깥쪽 모두를 볼 수 있다. 성벽 위는 5.7km를 대부분 걸어야 하며, 안쪽과 바깥쪽은 자전거를 이용하면 된다. 세 번이 번거롭다면 성벽 위와 성벽 바깥쪽 두 번이라도 꼭 보자. 대개는 성벽 위만을 걷는데, 성벽 자체의 아름다움은 성벽 바깥에서 한 발 물러나야 잘 볼 수 있다.

②화성 여행의 출발점은 성의 동북쪽인 연무대나 창룡문 근처로 잡는다. 주차장이 있고 주변 공간도 널찍하다. 여기서 남쪽의 팔달문까지 갔다가 다시 창룡문으로 돌아온다. 성벽 위도 일부 구간은 자전거를 탈 수 있으므로 위로 먼저 갔다가 바깥쪽으로 돌아오면 된다. 그 다음에는 창룡문에서 화서문까지 성벽 안쪽으로 갔다가 올 때는 바깥쪽으로 돌아온다. 화서문~팔달문 사이의 팔달산 구간은 자전거로 가기에는 무리이므로 따로 걸어가야 한다.

③ 커다란 용머리를 단 관람열차가 연무대~장안문~화서문~팔달산 강감찬 장군 동상 구간에서 운행한다. 모양새는 다소 우스꽝스럽지만 시간과 체력을 아끼기 위해 이용해볼 만하다.

찾아가는 길

북문인 창룡문은 영동고속도로 동수원 나들목에서 나와 우회전해서 2km 거리. 창룡문 주차장은 동북공심돈 앞 사거리에서 성 안으로 들어가지 말고 좌회전해야 하며, 연무대 주차장은 성 안으로 들어가서 국궁장을 끼고 우회전하면 된다.

체크 포인트

주차 | 창룡문 안과 바깥쪽, 창룡문에서 팔달문 방면 성벽 아래에 주차공간이 있다. 주차요금은 3시간에 2000원이다.

물과 음식 | 방화수류정~창룡문~팔달문 구간은 근처에 가게가 없으므로 미리 준비한다. 팔달문, 장안문 근처에는 식당이 많이 있다.

휴식 | 장안문~화서문 구간의 바깥쪽 시민공원, 방화수류정, 창룡문 일대가 특히 쉬어가기 좋다.

주의 | 성벽 바로 옆길은 도보여행객들이 많으므로 사람들이 붐빌 때는 자전거를 타지 않는 것이 좋다.

04 시화호 갈대습지공원에서 안산 호수공원까지

노을빛 바람이 부는 드넓은 갈대밭

공업도시 안산에 전국최대 규모의 갈대밭이 있다. 공장지대로 알려진 안산과 인공호수 시화호가 세월의 흔적을 묻히면서 자연으로 서서히 되돌아가고 있는 것이다. 그 상징의 하나가 호수 남쪽에 자리한 갈대밭. 얼마나 넓은지 끝이 보이지 않고, 최상류 지역은 갈대습지공원으로 조성되었다. 전국최고라는 순천만 갈대밭을 능가하는 규모와 몽환적인 분위기에 인공의 한계마저 잊는다.

갈대는 로맨틱하다

갈대는 단순한 습지 식물이 아니라 무한한 상징을 담은 '낭만시인'이다. 사람 키보다 큰 갈대밭은 누구나 숨을 수 있는 은신처다. 다정한 연인들은 사람들의 눈을 피해 갈대밭으로 스며들었고, 말썽 끝에 꾸중이 무서운 아이도 갈대밭에 숨었다. 스파이도 갈대밭으로 숨어들고, 병사들은 그 갈대밭에 매복해 숨을 죽인다. '숨는다'는 것은 불안과 공포에 기인하지만 한편으로는 스스로 선택하여 즐기는 아슬아슬한 놀이다. 금기에 대한 저항은 사춘기 청춘들에게 충동적인 매력으로 다가오고, 고단한 현실에 허우적대는 기성세대도 한 번쯤은 숨을 곳을 찾아 힐끗 눈을 돌려보게 마련이다. 갈대밭은, 한바탕 바람이라도 스쳐갈 때면 더욱 매력적이다. 잎사귀들이 서걱이고 꽃술이 춤 출 때 햇살도 바람이 되어 흩어진다.

공업도시, 공업호수, 공업갈대밭?

안산과 시흥은 대표적인 공업도시다. 바다를 매립해서 만든 거대한 공단이 끝없이 펼쳐져 있고, 바로 옆에는 12킬로미터가 넘는 시화방조제를 막아 거대한 인공호수인 시화호를 만들었으며, 호수 주변은 다시 공장들로 채워지고 있다. 공장이 우리의 환경과 삶을 피폐하게 만든다고 생각하기 쉽지만 이는 매우 단순한 시각이다. 공장이 없다면 우리가 누리는 지금의 풍요도 함께 사라질 것이다. 공장이라

◀ 갈대는 일몰의 햇살을 투과할 때 가장 매혹적이다. 무채색이던 갈꽃은 석양을 받아 형용이 어려운 몽환적인 색깔을 발산한다. 시화호 끝자락 풍경.

갈대습지공원의 환경생태관 2층 전망대에서 본 풍경. 빽빽한 갈대밭 사이로 나무데크 산책로가 마치 목장 울타리처럼 잇대어 있다.

고 해서 반드시 1970년대 개발시대의 그것과 같은 열악한 환경은 아니다. 시화호 주변의 공장들은 우리가 언제 이렇게까지 발전했는지 놀랄 정도로 정돈이 잘 되어 있고 깨끗하다. 또 하나 놀라운 것은 이처럼 거대한 공단을 안고 있다면 시화호는 폐수로 가득해야 할 텐데 싱그러운 푸른빛을 발한다는 사실이다. 호수 남쪽의 엄청난 갯벌지대는 온통 갈대밭이다. 바로 이 갈대밭이 시화호의 물과 공단 분위기를 정화시켜준다.

갈대, 시화호를 지키다

갈대밭은 폭 2~3킬로미터에 길이는 최대 10킬로미터가 넘는다. 하지만 대부분의 갈대밭은 '송산 그린시티'가 개발되는 몇 년 내에 사라지고 말지도 모른다. 그나마 시화호의 최상류 쪽, 안산과 화성의 접경지역에 시화호 갈대습지공원이 조성되어 갈대밭 일부라도 오랫동안 보존될 수 있게 되었다. 이 갈대습지공원은 시화호로 흘러드는 하천들이 습지를 거치며 자연스럽게 정화될 수 있게 만든, 일종의 하수종말처리장으로 한국수자원공사가 조성했고 관리도 맡고 있다. 공원부

갈대밭은 갈대꽃이 만개하는 8~9월의 어느 맑은 날 오후에 찾아야 한다. 그래야 환상적인 갈밭의 군무를 볼 수 있다.

지만 약 103만 제곱미터에 이르고, 주변도 온통 갈대밭이다.

시화호 갈대습지공원을 거쳐 시화호로 흘러드는 하천은 반월천, 동화천, 남전천 세 곳. 세 물줄기가 모여드는 합수지점에 습지공원을 만들었고, 물은 이곳을 거쳐야 비로소 시화호로 들어간다. 습지공원에서 시화호에 이르는 3킬로미터 정도의 짧은 물길도 온통 갈대천지다. 고층아파트가 들어서고 저쪽으로 안산 열병합발전소의 거대한 굴뚝이 하늘을 찌르지만 갈대밭은 이곳이 공업단지 옆이라는 느낌을 간단하게 지워준다. 공단마저 대자연의 하나로 포용할 정도로 갈대밭은 참으로 넓다.

이곳은 꼭 | **안산 호수공원**

시가지 가운데 조성된 인공공원이지만 품위가 느껴질 정도로 깨끗하고, 도시와 자연이 어우러진 느낌이 좋다.

농어촌연구원 전원주택 전시장

시화호 갈대습지공원 입구에 있다. 농어촌연구원 한쪽에 한옥과 양옥, 목조주택, 황토흙집 등 각종 전원주택들이 전시되어 있다. 제작업체 직원이 상주하며 설명을 해주고, 예쁜 집들의 내부를 둘러볼 수 있다.

자전거길

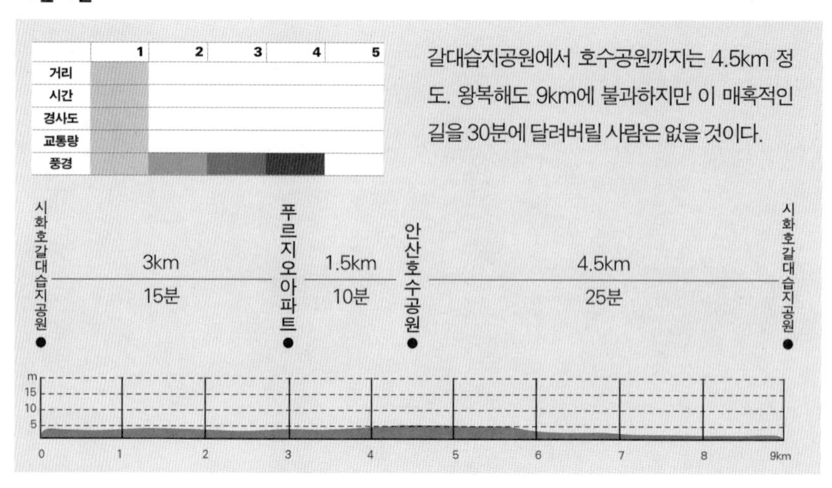

① 시화호 갈대습지공원 내부에는 무려 18km의 멋진 갈대숲길이 나 있다. 자동차가 다닐 수 있을 정도로 넓은 길과 산책로까지 거미줄처럼 많지만, 아쉽게도 자전거는 출입금지다. 게다가 개방된 공간은 전체의 20% 정도에 불과하다. 공원으로 조성해놓고 길도 이렇게 많은데 자전거가 출입금지라니, 또 개방지역도 이렇게 좁다니 도대체 왜 그럴까. 생태계 보호를 위해서란다. 이미 공원으로 다 만들어 길까지 닦아놓고 생태계 보호 명목으로 출입을 금한다니, 이런 아이러니가 있나. 이곳은 가을부터 겨울은 개방시간이 오전 10시에서 오후 4시까지다. 시민의 입장보다 관리 편의성만을 앞세운 것 같아 안타깝다.

②자전거는 주차장에 두고 개방된 탐방로는 걸어서 산책해 보자. 갈대밭 깊숙이 들어가는 귀한 체험을 놓칠 수는 없다. 개방구간은 1시간이면 충분히 둘러볼 수 있다. 탐방로를 둘러보고 나면 자전거로 습지공원을 나와 강변의 도로(자동차는 통행금지)를 따라 하류로 내려간다. 만들다 버려진 자동차경주장을 지나면 아파트단지가 눈앞이다. 강 옆으로는 자전거도로를 포함한 수변공원을 조성하고 있다(2008년 상반기 완공).

③이 길에서도 내내 갈대밭을 볼 수 있으며, 수변공원으로 내려가면 갈대밭이 한층 가까워진다. 자전거길은 '안산10교' 아래를 건너 안산천을 따라 올라가면 만나는 안산 호수공원에서 끝난다. 안산호수공원은 66만 제곱미터의 대규모 공원으로 공원 한쪽에 아담한 호수가 있다. 공원 일대는 깔끔하고 단아하게 정리되어 있다. 공업도시에서 만나는 의외의 풍경이 무척 반갑다.

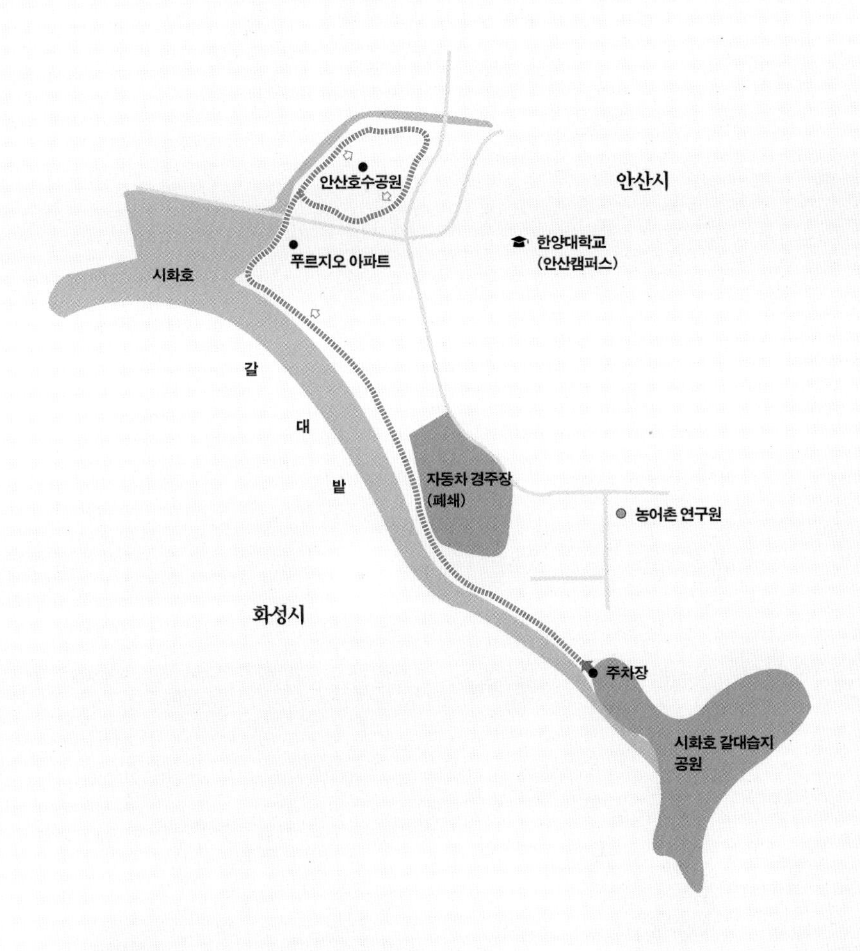

찾아가는 길

서해안고속도로 매송 나들목에서 나와 안산 시내 쪽으로 직진한다. 1.5km 가서 큰 길을 만나면 좌회전해서 3km 곧장 가면 된다. 농어촌연구원 정문을 지나자마자 좌회전한다(표지판 있음).

체크 포인트

주차 | 시화호 갈대습지공원에 무료주차장이 있다.

물과 음식 | 주변에 아파트단지 뿐이므로 단지 내 상가를 이용한다. 아파트단지 옆의 상가나 호수공원 서쪽의 이마트 부근에서 식사할 수 있다.

휴식 | 호수공원에서 시화호 갈대습지공원에 이르는 길목에 괜찮은 쉼터가 많다. 시화호 갈대습지공원에도 쉴 곳이 많다.

주의 | 호수공원에서 시화호 갈대습지공원 간 자전거도로는 2008년 상반기 완공 예정이다. 공사 중일 때는 자전거도로 위쪽의 도로변 인도를 이용하면 된다.

05 김포공항 외곽 일주

들판 한가운데 비행기가 뜨는 김포평야

산이 국토의 70퍼센트를 차지하는 이 땅에서 평야는 넓든 좁든 귀한 대접을 받는다. 우리나라에서 유일하게 지평선을 볼 수 있다는 호남평야도 조금만 높이 오르거나 시계가 좋은 날이면 어김없이 들판 저쪽에 솟은 산이 지평선을 꿰뚫고 만다. 그래도 호남평야에서는 해마다 '전국 유일의 지평선'이라는 구호를 앞세우고 지평선 축제를 연다. 수도권에서는 김포평야가 그나마 산이 저 멀리 있는 반듯한 대지다. 평야 한가운데 공항이 있고 한창 도시화에 여념이 없어서 곡창지대라고만은 할 수 없는 복합적인 땅이긴 하지만 말이다. 자전거를 타고 김포평야로 나가보자. 김포공항을 크게 한 바퀴 도는 길에 도시도 있고 시골도 있고 영화제작소도 있다. 그리고 하늘에는 비행기도 뜬다.

평야가 귀한 우리나라

세계의 대도시들은 대부분 산이 없는 평야지대에 질펀하게 펼쳐져 있어 일부러 전망 타워를 세워야 도시를 한눈에 볼 수 있다. 에펠탑이 없다면 전모를 볼 수 없는 파리가 그렇고 런던, 도쿄, 로스엔젤리스, 뉴욕, 북경, 상해 모두 마찬가지다. 하지만 서울은 산과 구릉을 끼고 있어 도시와 산이 공존한다. 어디서 보아도 산이 가로막고 있어 시가지 전체가 보이지 않는다. 우리가 너른 평야를 두고 산 가까이에 도시를 건설하며 살아온 것은 어쩌면 산악국가에 그나마 펼쳐져 있는 곡창을 보존하기 위한 방법이었는지도 모른다.

김포평야는 '공사 중'

이렇게 오밀조밀한 수도권에서 가장 큰 평야지대가 바로 서울의 지척인 김포평야다. 사실, 말이 '김포' 평야지 김포공항을 비롯한 주요지역이 서울시로 편입되

◀ 아무도 없는 들길에 자전거와 보행자 전용 표지판만 덩그러니 섰다. 들판 저 끝에는 낮은 산들이 고개를 내밀어 지평선을 허락하지 않는다.

아파트와 전원은 영원이 조화될 수 없는가. 벼가 익은 논 뒤로 멀리 계양산이 오똑하다.

었고, 인천시로도 많이 들어가 있어 실제 김포의 평야지대는 얼마 되지 않는다. 게다가 그 한가운데에는 김포공항이 터억하니 자리를 잡았고 지금도 도시화가 급속히 진행되고 있어서 몇 달이 다르게 들판 저쪽에는 못 보던 빌딩과 아파트가 들어서고, 새 길이 뚫리는 등 온통 공사 중이다.

토목 위주의 개발시대는 이미 지났다고 말들 하지만 우리는 아직도 전국이 '공사 중'이다. 사회간접자본의 토대가 이미 구축된 선진국은 도시와 농촌 어디를 가나 차분하고 정제된 느낌을 준다. 전국이 '공사 중'이라는 것은 이런 정제된 차분함이 없다는 뜻이기도 하다. 목표에 도달한 것이 아니라 가는 '도중'이니 부산하고 소란스러울 수밖에. 김포평야 역시, 저 먼 호남평야나 나주평야와는 달리 호젓함을 느끼러 가는 길이 아니라 다소 어수선한 들판 나들이다.

김포 하늘의 비행기

김포공항에서 몇 분 간격으로 뜨고 내리는 비행기의 굉음이 들판의 정체된 공기를 뒤흔든다. 사람들에게 공항은 첨단과학이 점철되어 있는 곳이라는 이미지와

공항의 이별은 하늘 높이 올라가는 비행기처럼 감정의 기복이 크다. 김포공항 관제탑과 아파트촌 뒤로 오랜만에 북한산 줄기가 선명하다.

함께 서글픔을 안겨주는 장소이기도 하다. 지금은 그런 노래가 드물지만 한때는 '공항의 이별'을 다룬 대중가요가 적지 않았다. 더 옛날에는 열차 정거장과 항구가 이별의 정서를 격동시키는 장소였다면 자가용이 대중화되어 공간개념이 크게 확대된 이 시대에, '제대로 된' 이별 장소가 되려면 적어도 공항은 되어야 하지 않을까. 새파란 하늘 위로 아스라이 사라지는 비행기는 굳이 내가 아는 누가 떠나지 않더라도 왠지 처연하게 느껴질 때가 있다. 그래서 자전거를 타고 김포평야를 한 바퀴 도는 여정은, 교외의 소란함 속에서 한줄기 서글픈 실타래를 풀어내는 공감각의 혼돈스런 체험이기도 하다.

이곳은 꼭 | **개화산**

김포평야와 김포공항을 가장 가까이에서 내려다보고 있는 높이 128m의 산이다. 지역 주민들의 휴식 겸 운동 터로 사랑받지만 서쪽 자락에는 한국전쟁 때 전몰한 국군의 위령비와 전적비가 서 있다. 당시 북한군에 밀려 한강방어선을 사수하던 국군 천여 명이 산화한 곳이다. 짧은 산악자전거 코스도 있다.

자전거길

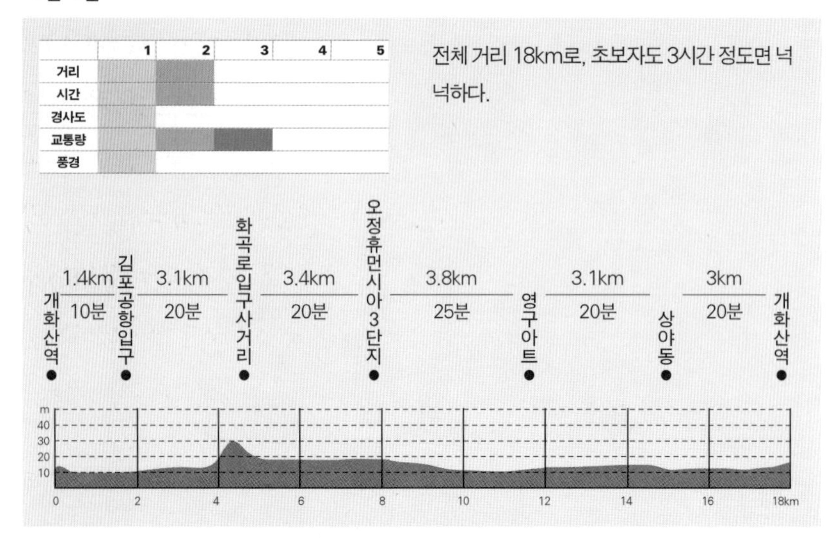

전체 거리 18km로, 초보자도 3시간 정도면 넉넉하다.

① 지하철 5호선 개화산역에서 김포공항 쪽으로 200m쯤 나오면 남부순환도로와 만난다. 길을 건너 공항 쪽 인도를 이용해 남하한다(왼쪽 방향). 화곡로 입구 사거리까지 4.5km는 이처럼 남부순환도로 옆의 인도를 따라가야 한다. 자전거도로는 아니지만 인도가 넓어 자전거로 가기에 무리가 없다.

② 화곡로 입구 사거리에서 우회전한다. 군인 아파트를 지나면 시가지가 끝나고 부천시계로 들어서면서 인도와 분리된 예쁜 자전거도로가 길게 펼쳐진다. 4km 가량 들판을 가로지르는 자전거도로를 따라가면 '오정휴먼시아 3단지' 아파트가 나오고, 아파트 단지 오른쪽으로 김포공항 가는 길이 갈라진다.

③ 이 길에는 왼쪽에 자전거도로가 나 있는데 자전거도로를 따라 600m 가면 작은 다리 왼쪽으로 비포장 농로가 뻗어 있다. 이 길로 들어서면 비로소 김포평야의 향기가 나기 시작한다. 좁은 비포장 길이어서 자동차는 거의 다니지 않고 노면도 좋아 자전거로 편안하게 갈 수 있다.

④ 800m 가면 수로와 만나면서 시멘트로 포장된 제방길이 나오는데, 우회전하면 곧 대장마을이다. 여기서 수로 왼쪽길로 바꿔 타고 계속 수로 옆길을 따라 간다(오른쪽 길은 시멘트 포장이 됐지만 차량통행이 빈번하다).

⑤ 대장마을에서 2km 가량 가면 왼쪽에 '영구아트' 본사가 있다. 울타리 한켠의 용가리 모형이 눈길을 붙든다. 영구아트에서 수로를 건너 김포공항 쪽으로 작은 언덕이 있는데 이 언덕에 오르면 김포공항 활주로가 아주 가까이 보인다.

⑥ 다시 수로길을 따라간다. 수로와 공항 활주로 사이에는 담 하나뿐이다. 활주로가 끝나면 이 길도 도로와 만나지만 도로 직전에 오른쪽에 있는 비포장 제방길로 들어선다. 곧장 2.8km 가면 다시 남부순환도로와 만난다. 여기서 개화산역까지는 1.2km다.

찾아가는 길

88올림픽도로나 강변북로에서 김포공항 쪽으로 진입하면 공항에 못 미쳐 개화삼거리가 나온다. 여기서 좌회전하면 바로 개화산역이다.

체크 포인트

주차 | 개화산역 옆에 넓은 공영주차장(10분에 200원)이 있다. 김포공항을 이용해도 되지만 공항내부 도로가 복잡해서 길 찾기가 어렵고 자전거 타기도 위험하다. 시내구간을 생략하고 싶다면 김포공항 활주로 북쪽에 있는 상야마을 주변의 공터를 기점으로 잡고 들판길을 역으로 왕복해도 된다.

물과 음식 | 김포공항 근처의 시내구간에서는 가게를 찾기 쉽지만 오정대로에는 들판으로 들어서기 직전에 있는 아파트 단지 상가가 유일한 상점이다. 들판 안에는 오정동 대장교 다리 옆에 가게가 하나 있다. 식당은 개화산역 근처와 상야마을의 39번 국도변에 여럿 있다.

휴식 | 오정대로 자전거길에는 가끔 벤치가 놓여 있고 그늘이 져서 쉬어가기 좋다. 대장교 옆의 허름한 가게는 시골스럽고, 영구아트 뒤쪽에는 원두막 같은 정자가 있으며, 맞은편 들판 가운데 있는 작은 언덕에는 평상이 놓여 있다. 이 언덕에서는 김포공항 활주로에서 뜨고 내리는 비행기가 잘 보인다.

주의 | 김포공항 앞을 돌아가는 시내구간은 인도와 횡단보도를 이용해야 하므로 차량통행에 조심한다. 들길에도 가끔 자동차가 다닌다.

06 김포시 변두리 들길

들 길따라 달리는 한가로운 산책

넓은 평야에 자리한 소도시 김포는 전원과 시가지가 확연히 단절되어 있다. 일견 부조화일 수도 있고 달리 보면 동거의 개념으로도 이해할 수 있다. 김포시 동북쪽에 흐르는 걸포천은 시가지와 농지를 무 썰듯 명쾌하게 구분 짓는 경계선이 되고, 자전거도로가 나란히 달리고 있어 꽤 매력적이다. 주변은 이런저런 공사가 마무리되어 산뜻하게 정리된 느낌을 준다. 한때는 전원의 대명사였던 김포가 이제는 인구 21만의 도시로 급성장했고 신도시도 계속 들어서고 있다. 하지만 이렇게 도시가 확대되어도 넓은 김포평야는 일부만 잠식됐을 뿐, 한강을 안은 너른 들녘은 완연히 남았다.

추억 속의 김포 백구두

'김포 백구두'라는 흥미로운 캐릭터는 지금도 김포를 지날 때면 씨익 미소를 머금게 하면서 머릿속에 떠오른다. 이제는 추억이 됐지만 도시화가 급진전됨에 따라 고향을 떠난 이들의 향수를 달래주는 드라마가 한때 장수를 누린 적이 있다. '전원일기'와 쌍벽을 이룬 '대추나무 사랑 걸렸네'라는 이 드라마의 무대가 김포였으며, 극중 멋 부리기 좋아하는 한량의 별명이 바로 김포 백구두였다. 하얀 정장에 백구두를 신어 잔뜩 멋을 냈고 농사일은 아예 않으면서 거들먹거리며 다방을 전전하는, 세월 좋은 룸펜이었다. 도시와 농촌 그리고 공업지대가 어색하게 동거하는 김포에 그나마 전원풍이 진하게 느껴지는 것은 이 드라마 덕분 것 같다.

광장은 좁아진 나의 공간을 펼치는 곳

여정의 출발지점인 걸포중앙공원은 걸포천과 여래천이 만나는 합수머리의 구릉에 자리했다. 공원의 첫인상은 시원스럽다. 넓은 공간이 시원하게 펼쳐진 가운데 꽃밭도 규모가 대단하다. 관상용으로만 쓰기에는 부지가 아깝다는 생각이 들

◀ 고층 아파트와 스테인리스 가로등 그리고 원색의 자전거도로가 한껏 세련미를 더한다.

아파트단지 반대편에는 들판이 널찍하다. 마음 내키는 대로 들길을 달리고 싶어진다.

정도다. 하지만 꽃밭 사이를 산책하노라면 기분은 환해진다. 넓은 공간, 특히 광장은 인구밀도가 높은 우리 땅에서 한때 낭비로 여겨진 적이 있다. 하지만 반대로 생각하면 땅이 좁기에 광장은 더욱 절실한 것이다. 특히 수도권은 좁은 면적에 전체 인구의 절반이 모여 살아 더 복잡하고, 개인 간의 절대거리도 좁다. 개인이 누리는 절대공간이 좁아지면 심리적으로 불안해지고 마찰이 생기기 쉽다. 이런 데서 살아가기 위해 필요한 지혜는 스스로를 축소하는 것. 광장은 그로 인해 움츠렸던 나의 공간을 펴주는, 생활의 스트레칭 장이다.

풍경의 완성

공원을 빠져나오면서 끊어졌던 자전거길이 걸포천 옆으로 다시 이어진다. 오른쪽은 아파트촌, 왼쪽은 들판이다. 작은 개울이지만 수양버들이 점점이 늘어선 모습이 운치 있다. 바로 옆에 고층 아파트가 즐비하지만 정갈해서 세련되게 느껴진다. 자전거도로는 좁지만 차선이 나뉘어 있고 중간마다 놓인 예쁜 벤치가 피로하지 않은 발마저 붙잡는다. 바로 옆에서는 농부들이 들일을 하고 있는데, 아파트

시멘트가 갓 마른 듯 '신제품' 냄새가 물씬 풍기는 걸포중앙공원. 공간이 널찍하고 꽃밭이 많다.

옆 개울길에는 최신 유행 차림을 한 도시인들이 운동에 열중이다.

풍경은 인간이 개입하면서 비로소 완성된다. 개울가에 수양버들을 가꾸는 것도, 아파트 단지를 만드는 것도 모두 사람의 몫이다. 풍경의 완성도가 가장 높은 경우는 원래 있던 것과 사람이 들여놓은 것이 잘 어울릴 때가 아닐까. 여기 김포 외곽의 작은 실개천길은 자연 그대로의 개천과 미관을 고려하여 지은 집들과 이곳을 가꾸며 살아가는 사람들이 어울려 풍경을 완성하고 있다. 그리고 자전거도 이 풍경 속으로 들어간다.

이곳은 꼭 | **걸포중앙공원**

김포우리병원 뒤쪽 들판에 자리한 걸포중앙공원은 2007년 5월 개장했다. 새로 생긴 공원이 풍기는 신선한 맛과 시내에서 동떨어진 위치, 11만5천㎡의 넓은 부지, 초목과 각종 레포츠시설 위주로 꾸민 낮은 문턱 등이 반갑다.

장릉

조선 인조의 아버지 원종과 그의 비인 인헌왕후의 능으로, 능 자체는 특별할 것이 없지만 주변 숲길이 아주 빼어나다. 김포시청 뒤쪽에 있으며, 48번 국도에서 1km 들어가면 된다.

자전거길

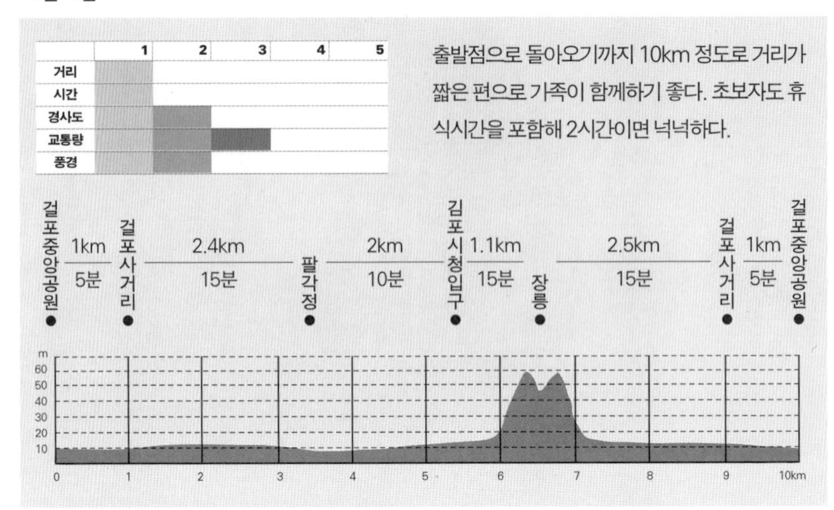

① 들길의 출발점은 걸포중앙공원이다. 걸포중앙공원에서 걸포천을 따라 김포우리병원으로 간다. 김포우리병원 앞의 걸포사거리에서 걸포천 옆으로 자전거길이 다시 시작된다.

② 길은 개울을 따라 계속 이어진다. 걸포사거리에서 2.4km를 가면 아파트단지를 벗어나고 들판 가운데 자리한 작은 팔각정(사우정)에 이른다. 잠시 쉬었다 가기 좋다. 계속해서 수로를 따라 800m 가면 김포시내를 관통하는 48번 국도와 만난다.

③ 국도에서 우회전해 도로변의 자전거도로와 인도를 따라 1.2km 가면 김포시청 입구다. 시청 방향으로 들어가 작은 고개를 넘으면 장릉이 나온다. 장릉을 돌아 나와 시청입구에서 좌회전해서 1.4km 가면 앞서 지나왔던 걸포사거리다.

④ 이렇게 한 바퀴 도는 거리가 짧다면 걸포천 자전거도로에서 왼쪽으로 탁 트인 들판으로 들어서면 된다. 격자형으로 잘 정리된 들에는 시멘트로 포장된 농로가 바둑판처럼 잘 나 있고 들판 이곳 저곳을 둘러보면 거리가 2~3km 늘어난다.

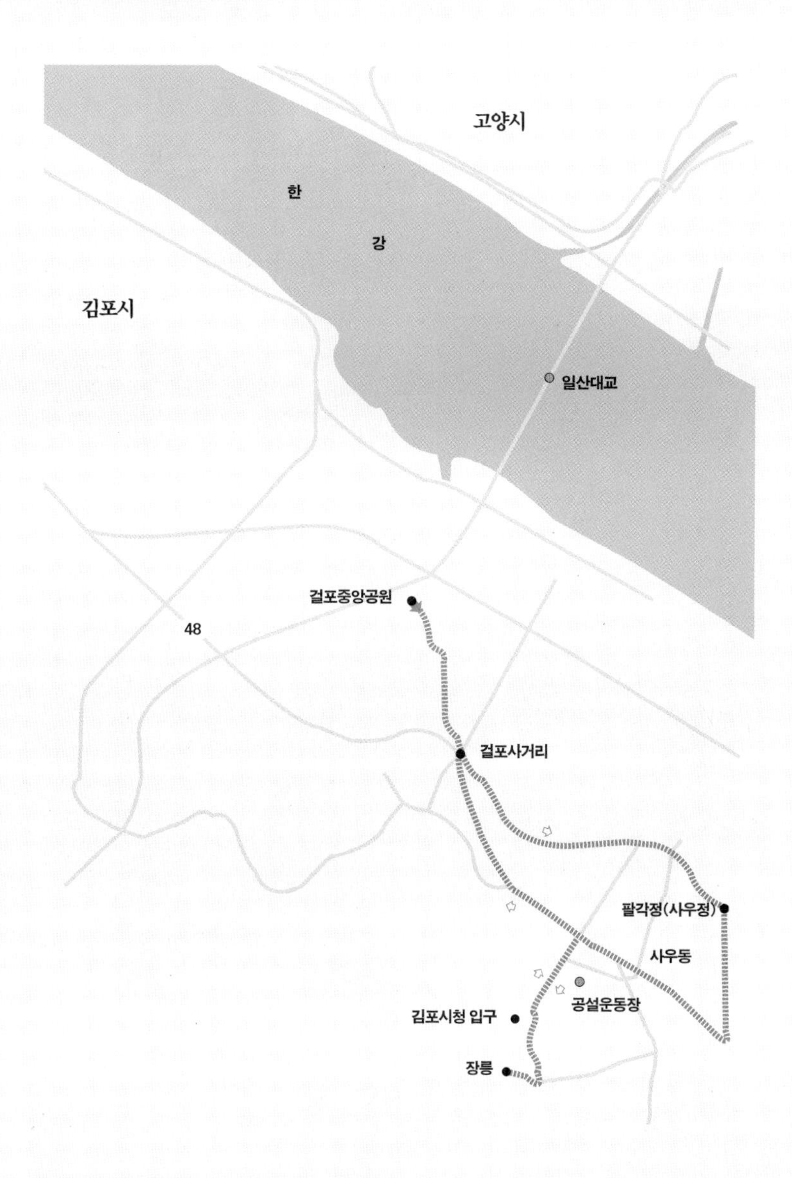

찾아가는 길

서울에서 강화 방향 48번 국도를 따라 김포시내로 진입한다(우회도로 아님). 김포시청 입구를 지나 1.5km 가면 김포우리병원 앞의 걸포사거리가 나오는데, 사거리에서 강화 쪽으로 150m 더 가서 우회전한 다음 800m 들어가면 된다.

체크 포인트

주차 | 걸포중앙공원에 넓은 무료주차장이 있다.

물과 음식 | 코스가 짧고 시내 바로 옆이어서 간식과 식수를 구하기 쉽다. 식당가는 사우지구의 영풍아파트 뒤쪽에 있다.

휴식 | 걸포중앙공원과 자전거도로 곳곳에 벤치와 그늘이 있다. 아파트단지를 벗어나 들판 가운데에 자리한 사우정도 좋다.

주의 | 비 온 뒤나 여름에는 걸포천에 물이 많아지므로 조심한다.

07 행주대교 건너 일산으로

'자전거 전용도로'와의 첫 번째 결별

서울을 벗어나 바야흐로 바다로 합류하기 직전의 한강은 한껏 몸을 부풀려 일산으로 흘러가고, 서울과 일산 사이에는 꽤 넓은 들판이 펼쳐져 있다. 언뜻 생각하기에 서울에서 일산 가는 길은 넓은 자동차도로와 전철뿐이라고 여기기 쉽다. 그러나 강물이 있으면 배를 탈 수 있듯이 들판이 있으면 걷거나 자전거를 탈 수 있다. 안타깝게도 강물은 분단국의 절망인 철조망으로 막혔으니 우리는 자전거로 행주산성을 지나 들판으로 나서보자. 서울과 일산을 오가는 자동차와 전철길은 효율만을 추구해 풍경과 무관하게 달려가 버리지만 자전거길은 전원 속으로, 풍경 속으로 깊숙이 파고든다. 시간이 걸리고 길은 거칠어도 일산 가는 길이 모처럼 자유롭고 행복하다.

서울을 벗어난 한강물의 안도

강원도 삼척에서 발원해 장장 482킬로미터를 흘러 서해로 가는 한강의 여정은 고난의 연속이다. 상류에서 수많은 댐에 갇혀 숨 막혀 하던 강물은 서울에 들어서면서 다시 많은 다리와 시멘트 호안에 부딪혀 생채기를 가득 안은 채 행주대교에 와서야 비로소 한숨을 내쉬며 서울을 벗어난다. 그러나 안도의 한숨도 잠시. 이제 바다까지는 20여 킬로미터 남았지만 이번에는 휴전선을 지척에 두고 살벌하게 강변을 가로막은 철조망이 물줄기를 할퀸다. 그나마 행주대교와 휴전선 사이에서는 철조망이 빽빽해도 드넓은 강폭을 펼칠 수 있어서 강물은 대자연을 담고 장중하게 흐른다. 흐르는 듯 멈춘 듯 매우 유장하고 때로는 서해의 거친 밀물이 치고 올라와 역류의 기현상도 보여준다. 행주대교 건너 일산 가는 길은 바로 이런 한강을 만나면서 시작된다.

◀ 일산 호수공원 직전에 분위기 있는 소나무숲이 발길을 붙잡는다. 제멋대로 포즈를 취한 나무줄기 사이로 숲길이 한가롭다.

거대한 규모와 세련미에서 일산 호수공원은 수도권 공원 중에서 단연 돋보인다.

'전용도로' 울타리를 넘다

서울 시가지는 방화대교에서 사실상 끝난다. 방화대교까지는 강변에 늘어선 아파트를 비롯한 시가지를 볼 수 있지만 방화대교 이후에는 시가지가 사라지고 강변의 평범한 식생이 풍경의 주조를 이룬다. 방화대교 서쪽부터 교외의 시작이라고 해도 좋다. 강물의 흐름과 풍경, 물의 맑기까지 모든 것이 방화대교를 기점으로 상 · 하류가 달라진다.

방화대교는 서울에서 일산 가는 여정에서는 출발점이지만 한강자전거도로를 놓고 보자면 종점이다. 그래서 한강 상류에서 자전거를 타고 여기까지 와서 쉬었다가 되돌아가는 사람들이 많다. 그들은 대개 '자전거도로'가 끝났기 때문에 돌아간다고 말하는데, 자전거는 인큐베이터 같은 전용도로에서만 탈 수 있는 미숙아가 아니다. 세상의 탈것 중에서 가장 길을 가리지 않는 것이 바로 자전거다. 전용도로 편식에서 벗어나야 자전거가 주는 무한 자유를 찾을 수 있다. 그런 의미에서 이 여정은, 서울의 '자전거도로 울타리'를 탈출하는 첫걸음이기도 하다.

행주대교를 건너면 일산까지 억새가 하늘거리는 아늑한 시골길이 기다린다.

서울과 일산 사이

일산 신도시가 생겨나면서 고양시는 거대해졌지만 일산은 '고양시 일산구'가 아니라 그냥 '일산'이라는 별개의 도시로 통한다. 일산 사는 사람들도 자신의 주거지를 말할 때 '고양'이라고 하지 않고 '일산'이라고 말한다. 대부분 서울에서 옮겨왔고, 서울로 통근하는 사람들이 사는 최초의 '베드타운 신도시' 일산은 서울의 연장이면서 서울과는 다른, 일종의 '독립문화촌'이 되었다. 그러나 서울과 일산 사이에는 '거리'가 있다. 여기서 말하는 거리는 수치적인 공간 개념이 아니라 정서적인 것이다. 시가지가 이어져 있다면 수치적인 거리가 멀어도 같은 도시, 같은 생활권으로 인식된다. 하지만 그 사이에 들판이 있거나 큰 강이 있으면 행정구역이 같아도 사실상 다른 곳이 된다. 서울이 강남과 강북으로 이원화 된 것은 한강 때문이고, 일산이 서울의 연장이면서 결국 다른 것도 그 사이에 펼쳐진 들판 때문이다. 그런데 들판이 도시와 도시를 멀어지게 한다 해도 자전거에게는 이런 들판이 있어서 오히려 다행이다. 거리를 둔 도시는 각자 개성을 더하고, 사이에 낀 전원은 모처럼 여유를 부릴 수 있게 해주어서 더욱 소중하다.

이곳은 꼭 | **한강시민공원 방화지구 습지생태공원**

행주대교와 방화대교 사이에 길이 1km 폭 200m 정도로 조성되어 있으며, 갈대밭과 산책로, 철새 전망대 등이 있다. 호젓한 산책로가 일품.

행주산성

행주대교 북단에서 1km 정도 가면 나온다. 삼국시대의 토축산성(土築山城)으로 임진왜란 때 권율 장군의 대첩지로 유명하다. 한적한 숲길과 장쾌한 한강 조망이 매력.

자전거길

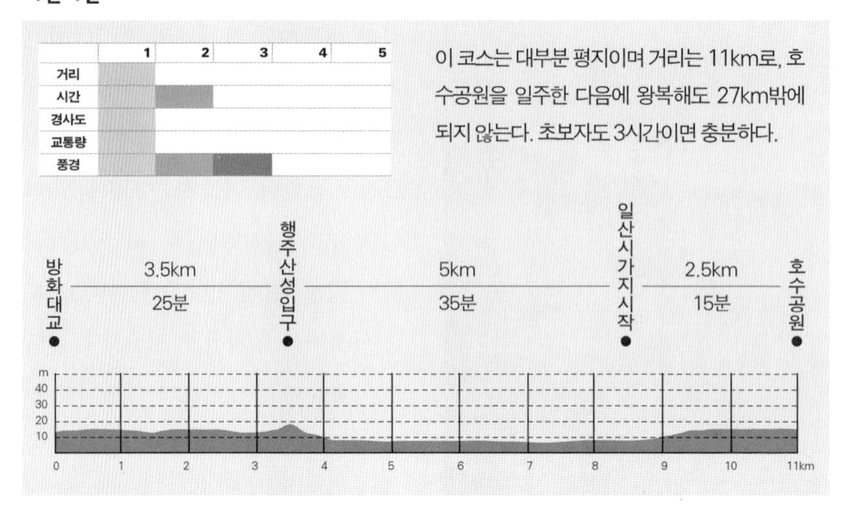

① 한강의 남쪽 자전거길은 방화대교를 지나 행주대교에서 끝난다. 행주대교 이후에는 김포의 작은 들판이 나온다. 옛 행주대교는 자전거 전용도로로 활용하는 안을 두고 서울시와 고양시가 이견을 보여 통행이 금지된 채 방치되어 있다. 대신 하류 쪽의 신행주대교에는 자전거를 끌고 오를 수 있는 길이 좌우로 나 있다.

신행주대교는 다리가 두 개인 쌍둥이교인데, 하류 쪽으로 진입해야 길 찾기가 편하다. 행주대교의 보도는 자전거 통행을 고려하지 않은 인도여서 교행이 어려울 정도로 좁지만 차도와 완전히 분리되어 안전하고, 교각이 높아 조망이 시원하게 트인다.

② 다리를 건너자마자 왼쪽으로 유턴해서 자유로에서 갈라진 길로 들어서면 곧 강변 철책 옆으로 길이 갈라진다.

③ 철책을 따라가다 자유로 아래로 굴다리를 건너면 마치 신천지처럼 들판이 확 펼쳐진다(굴다리의 철문은 일몰 때 폐쇄되니 주의한다). 들판은 대부분 비닐하우스로 뒤덮여 있는데, 도시에서 쓸 상추나 파, 양파 등을 재배하고 있다. 시멘트로 포장된 농로를 따라 굴다리를 나와 왼쪽으로 방향을 잡으면 된다.

④ 들판 안으로 들어서도 길은 격자로 잘 정리되어 연결되어 있으므로 길 잃을 걱정은 없다. 서쪽으로 가다보면 개울이 앞을 막지만 들판 중간쯤에 있는 다리로 건너면 된다. 개울을 건너 500m 가면 고양시 토당동이고 여기서 넓은 도로를 따라 5km 가면 호수공원이다. 따로 자전거도로는 없지만 인도가 넓어 편안하게 달릴 수 있다.

⑤ 일산 호수공원은 규모가 크고 매년 봄, 고양 꽃 전시회가 열릴 정도로 꽃이 많으며 음악분수와 광장 등 볼거리가 풍부하다. 주말이면 사람들로 가득 차는 5km의 호수 일주도로는 시속 10km 속도로 느긋하게 산책해 보자.

⑥ 강북 방면에서는 방화대교와 행주산성을 지나 행주대교 북단의 지도농협 농기계수리센터 옆 길로 들어서면 된다.

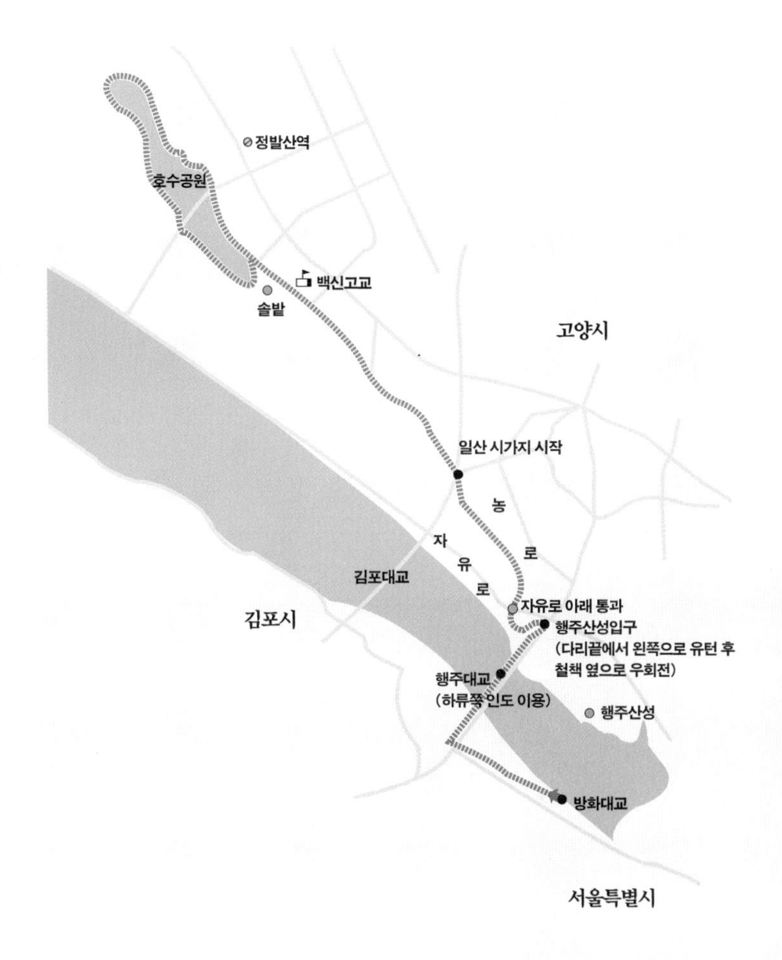

찾아가는 길

출발점인 한강시민공원 방화지구는 88올림픽도로 김포공항 방면으로 가다 방화대교를 지난 직후에 오른쪽으로 빠지면 된다. 강서구 방화동에서 가양하수처리장 옆길로 88올림픽도로 굴다리를 지나 진입할 수도 있다.

체크 포인트

주차 | 방화대교 아래 한강시민공원 유료주차장을 이용한다. 88올림픽도로 아래로 굴다리를 지나 방화동 쪽으로 나오면 주차료를 내지 않아도 되는 공터가 약간 있다.

물과 음식 | 방화대교 아래 한강시민공원에 매점이 있다. 그러나 행주대교를 건넌 후 일산에 도착할 때까지는 가게를 찾기 어렵다. 행주대교를 건너면 행주산성 입구에 식당이 많이 있지만 값이 비싸고 메뉴도 다소 부담스럽다. 일산 호수공원 정문 건너편의 정발산역 주변에 식당이 많이 있으며, 롯데백화점 식당가에도 맛집이 많다.

휴식 | 방화대교와 행주대교 아래는 햇빛을 피할 수 있는 좋은 그늘이다. 행주산성 아래 한강변의 행주양수장 일대도 쉼터로 좋다.

주의 | 행주대교를 건넌 후 자유로 아래 굴다리를 지나 들판 길을 찾기가 다소 어려우므로 주의한다.

08 일산에서 임진각까지

자유의 다리에서 자유는 끝나는가

자유로 덕분에 서울에서 40분이면 임진각에 도착한다. 여기서 판문점을 지나 개성까지는 겨우 16킬로미터. 임진각 가는 길에 이미 북한 땅이 보인다. 휴전선까지 가는 체감 거리가 이렇게 가깝다. 그러나 자전거는 좋고 빠른 길을 두고, 힘들고 먼 길을 따라 겨우 임진각에 닿는다. 힘겹게 도착해서 만나는 자유의 다리에서 자전거는 자유의 막다른 길과 마주친다.

아직은 닿을 수 없는 자유

떠도는 것이 취미나 직업인 사람에게 휴전선은 침통한 좌절이다. 휴전선 때문에 남한은 사실상 섬나라가 됐고, 중국 · 러시아와 국경을 접하고 있는 북한도 통행이 자유롭지 못하니 역시나 섬나라인 셈이다. 한반도가 아니라 두 개의 섬 무리가 되었다. 아무리 큰 섬도 그 본질은 단절이다. '섬나라'란, 내 힘으로 움직여서, 예를 들면 도보나 자전거로 나라를 벗어날 수 없다는 뜻이다. 스스로 조작하는 자가용으로도 탈출이 불가능하다. 이처럼 내 의사대로 움직이고 멈출 수 있는 이동방법과 달리 한번 몸을 맡기면 내 뜻과는 무관하게 움직이는 비행기와 배 같은 거창한 교통수단만 활용할 수 있다. 이런 수동성은 섬의 단절이 가져오는 피할 수 없는 운명이다.

언제쯤이 되어야

휴전선이 없다면 자전거나 도보로 묘향산, 개마고원을 거쳐 백두산을 여행할 수 있고, 중국과 몽골, 더 나아가서는 중앙아시아와 유럽까지 육로로 갈 수 있다. 인도와 동남아시아도 육로가 연결된다. 자전거는 물론 자가용을 몰고도 갈 수 있게 되는 것이다. 여기서 '갈 수 있다'는 가능성은 실제 가는 것과 별개로 특별한 의미를 갖는다. 언제든 떠날 수 있다는 그 가능성의 자유에 미리 포만감을 느낄 수 있기 때문이다. 그러나 우리의 대륙 여정은 벌써 60년째 임진각에서 막혀 있다. 과

◀ 자전거는 달리고 싶다. 이름은 자유의 다리인데, 자유는 종말을 고하고 사람과 두 바퀴는 돌아서 나와야 하는 막다른 길이다.

오른쪽 언덕 위 자유로에는 수많은 자동차들이 질주할 텐데, 바로 옆의 흙길은 인적 하나 없이 외롭다.

연 언제나 임진강을 건너 개성을 넘고 평양, 신의주를 거쳐 대륙으로 진출할까.

자유로 따라 가는 흙길 110리

자유로가 생기기 전에는 통일로가 임진각 가는 유일한 길이었다. 지금도 통일로를 이용해 자전거로 임진각을 찾는 사람들이 적지 않다. 구파발역에서 임진각까지는 약 38킬로미터, 불광천 자전거도로가 끝나는 응암역에서는 42킬로미터로 그렇게 멀지 않다. 하지만 자유의 종점인 임진각에 갈 때, 속도와 편리함이 장점만은 아니다. 자동차로 간다면 자유로를 통해 40분 만에 주파해버릴 수도 있지만 너무 빨리 닥치는 자유의 종점에 오히려 허탈감이 느껴진다. 여행에서 속도는 감상의 깊이와 반비례한다. 속도가 빠를수록 과정은 사라지고 목적지와 결과만 남기 마련이다. 그러면 잘 볼 수 없고, 잘 보이지 않으면 감상은 깊어지지 않는다.
임진각까지 좋은 길 두고, 빠른 자동차도 두고, 힘들고 먼 길을 자전거로 가는 것은 임진각이 갖는 특별함 때문이다. 자전거도로는 따로 없으나 자전거도로나 마찬가지인 농로와 흙길이 자유로 옆으로 꾸준히 나 있다. 전원풍경과 도시를 번갈

황희 정승이 노닐던 반구정 아래로 북한땅을 적시고 온 임진강이 흐른다. 그 강물마저 철책선이 막아서서 실향민의 눈물조차 보탤 수 없다.

아 지나는 다채로운 환경과 북한 땅을 찬찬히 볼 수 있는 전망 좋은 흙길이 계속된다. 일산 호수공원을 기점으로 잡으면 임진각까지 46킬로미터나 되어 초보자라면 완주하기도 쉽지 않은 거리다. 다소 험한 비포장길이 있고 꽤 높은 고개도 나온다. 처음이라면 길 찾기도 어렵다. 그러나 이렇게 힘든 여정 끝에 자유의 다리에 서는 순간, '자유의 종점'이 주는 감흥은 자동차로 편히 왔을 때와는 분명 다를 것이다. 힘들게 달려온 사람만이 느낄 수 있는 그 기분이 궁금하다면 지금, 길을 나서보자.

이곳은 꼭 | **도라산역, 제3땅굴, 통일촌마을, 도라산전망대**

도라산역은 남북경협을 대비해 최근 새로 지은, 경의선 최북단 역이다. 제3땅굴은 인간의 한계를 엿보게 한다. 통일촌마을은 민통선 북쪽에 자리한 평화로운 마을로 어딘가 긴장감이 감돌고, 도라산전망대에 오르면 휴전선 철책과 개성공단이 훤히 보인다. 임진각 망배단 아래쪽 주차장 한켠에 DMZ 관광사업소가 있고 여기서 순환버스가 출발한다. 반드시 신분증을 지참해야 하며, 네 군데를 차례로 돈다. 요금은 성인 9000원 선. 2시간30분 소요.

자전거길

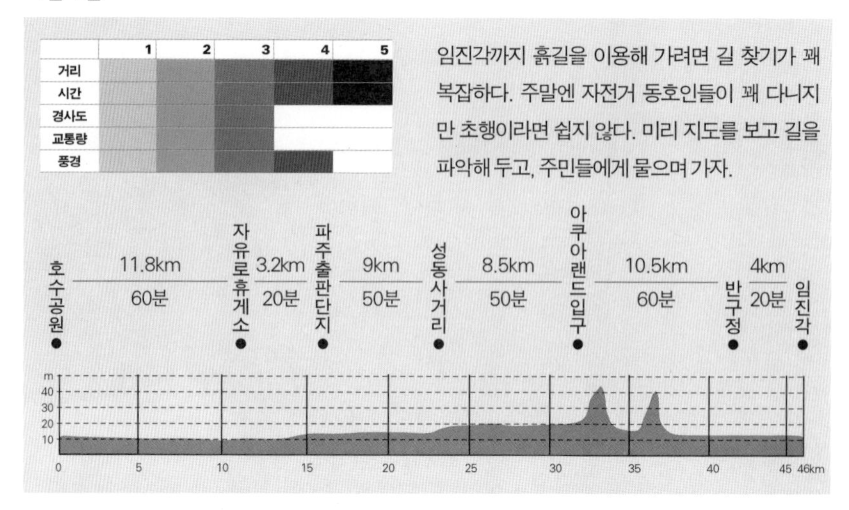

임진각까지 흙길을 이용해 가려면 길 찾기가 꽤 복잡하다. 주말엔 자전거 동호인들이 꽤 다니지만 초행이라면 쉽지 않다. 미리 지도를 보고 길을 파악해 두고, 주민들에게 물으며 가자.

① 일산 호수공원에서 출발해 킨텍스를 지나 종합운동장 앞에서 자유로 쪽으로 좌회전한다(도로 옆에 자전거도로 있음). 자유로 직전 GS주유소 맞은편에 있는 이산포교 입구에서 좌회전하면 자유로와 나란히 길이 뻗어 있다.

② 구산 나들목에서 우회전하여 1.8km 가다 구산교를 지나 활천교회 맞은편 개천 옆의 들길로 좌회전한다. 구산 나들목에서 그대로 직진하면 자유로 옆길을 계속 따라 갈 수 있다. 북센삼거리에서 자유로 휴게소 쪽으로 좌회전해 다시 자유로 옆길을 따라가서 파주출판단지를 지난다.

③ 계속 자유로를 따라가다가 곡릉천에서 송촌교를 건넌다. 다리를 건너 좌회전하면 통일동산 하수처리장이고, 하수처리장을 지나 넓은 도로를 만나면 통일전망대 쪽으로 좌회전한다. 성동사거리를 지나자마자 왼쪽 성동리 맛고을 방면으로 좌회전한다. 500m가량 가서 털보바베큐 앞에서 좌회전하면 다시 자유로 옆의 시멘트 길이다(일부 비포장).

④ 계속 직진하면 꽤 넓은 들판이 나오면서 길은 자유로에서 살짝 벗어나며 작은 개울을 지나 오금교회를 거쳐 간다. 오금교회를 넘어서면 자유로 옆에 하얀 범선 모양의 식당이 있는 아쿠아랜드 입구다. 이곳을 지나 자유로를 따라 직진하면 길은 오른쪽 산속으로 접어든다.

⑤ 고개를 넘어가면 문지리이고, 310번 도로를 만나 좌회전해서 금승사거리, 내곡리 체육센터를 거쳐 임월교를 건너면 문산이다.

⑥ 임월교를 건넌 직후 하동사거리에서 좌회전, 자유로 당동 나들목을 지나 직진하면 황희 정승이 소요하던 반구정 입구다. 다시 좁은 길을 넘어가면 경의선 철도를 넘어 마침내 임진각 직전에서 통일로와 만난다. 여기서 왼쪽 길을 따라가면 임진각까지 1.5km. 임진강역을 지나 망배단 옆으로 들어가면 자유의 다리가 더 이상의 전진을 막는다.

⑦ 자전거로 출발지까지 돌아오는 것은 어지간해서는 힘들다. 여정을 도와 주는 동료나 가족이 있다면 자동차를 이용하는 것이 좋겠지만 그것이 어렵다면 경의선 열차를 타는 것을 권한다. 임진각역에서 문산, 파주, 일산, 신촌을 거쳐 서울역까지 매시간 운행한다. 일산역에서 호수공원까지는 3km만 자전거를 타고 가면 된다. 자전거를 가지고 열차를 타려면 접이식은 접으면 되지만, 일반 자전거는 휴대용 자전거가방(별도로 판매함)에 자전거를 분해해서 넣어야 한다.

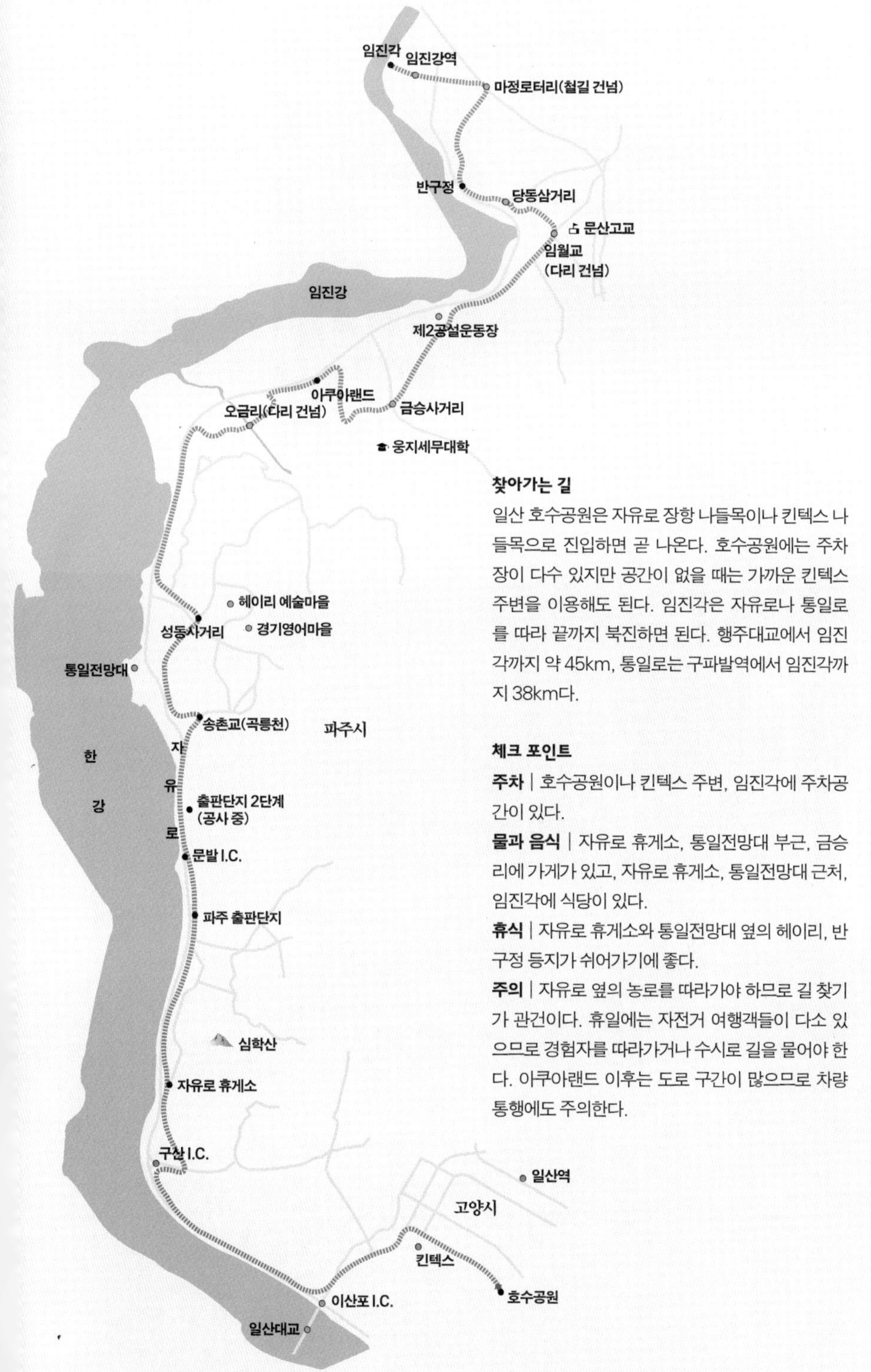

찾아가는 길

일산 호수공원은 자유로 장항 나들목이나 킨텍스 나들목으로 진입하면 곧 나온다. 호수공원에는 주차장이 다수 있지만 공간이 없을 때는 가까운 킨텍스 주변을 이용해도 된다. 임진각은 자유로나 통일로를 따라 끝까지 북진하면 된다. 행주대교에서 임진각까지 약 45km, 통일로는 구파발역에서 임진각까지 38km다.

체크 포인트

주차 | 호수공원이나 킨텍스 주변, 임진각에 주차공간이 있다.

물과 음식 | 자유로 휴게소, 통일전망대 부근, 금승리에 가게가 있고, 자유로 휴게소, 통일전망대 근처, 임진각에 식당이 있다.

휴식 | 자유로 휴게소와 통일전망대 옆의 헤이리, 반구정 등지가 쉬어가기에 좋다.

주의 | 자유로 옆의 농로를 따라가야 하므로 길 찾기가 관건이다. 휴일에는 자전거 여행객들이 다소 있으므로 경험자를 따라가거나 수시로 길을 물어야 한다. 아쿠아랜드 이후는 도로 구간이 많으므로 차량 통행에도 주의한다.

유장한 강물에 속삭이는 갈잎의 노래

09 가평 자라섬 일주

강물이 내려놓은 한 자락 여유

낭만적인 데이트 코스로, 영화와 드라마 촬영지로 사랑받는 춘천 남이섬 옆에 크기가 비슷한 섬이 또 하나 있다. 가평의 자라섬이다. 얼마 전까지만 해도 남이섬의 유명세에 묻혀 낚시꾼들만 찾는 강변 모래톱 정도로만 생각되어온 곳이다. 그러나 2004년부터 자라섬에서 열리고 있는 재즈 페스티벌이 큰 인기를 끌면서 덩달아 자라섬도 새롭게 각광받게 되었다. 보기 드문 키 큰 미루나무와 버드나무가 하얀 흙길에 도열해 있고, 마냥 뒹굴고 싶은 잔디밭도 곳곳에 파랗다. 멋진 풍경 속으로 자전거는 스르르 미끄러지듯 동화되어 간다.

깊은 산속의 섬

섬은 바다에만 있는 것이 아니라 깊은 산속에도 있다. 한강이나 낙동강과 같은 큰 강에도 상당히 많은 섬이 있다. 이런 하중도河中島들의 유명세를 따지자면 단연 여의도와 남이섬이 으뜸이겠으나, 여기에 도전장을 낸 북한강의 또 다른 섬이 있으니 바로 가평 자라섬이다.

그런데 가평은 섬이 아니라 산으로 유명한 곳이다. 평지는 거의 없고 온통 산지뿐인 이곳에는 수도권에서 가장 높은 화악산1,468m과 제2봉인 명지산1,267m 등 높은 봉우리가 즐비하다. 산악인들 중에는 강원도보다 가평의 산들을 최고로 치는 사람도 적지 않다. 이런 지역을 유유히 흐르는 북한강은 '산자수명山紫水明' 풍경에 '화룡점정畵龍點睛'이라고 할 수 있다. 한편, 북한강은 대부분 산악지대를 지나기 때문에 폭이 좁고 물살이 빨라 퇴적물이 쌓이기 어렵다. 그래서 섬이 생겨나기 어려울 것 같은데, 춘천 남이섬이 여기 북한강에 있고 바로 이웃한 상류에는 자라섬이 있으니 이들 섬의 존재 자체가 매우 특별한 의미를 갖는다. 급류 속의 여유, 혹은 강물의 망중한이라고나 할까.

◀ 자라섬 입구에서 방문객을 맞아주는 재즈 연주자 목각상. 자라섬은 매년 가을에 열리는 재즈축제의 현장으로 유명세를 타고 있다.

섬 곳곳에는 잘 다져진 흙길이 나 있다. 잔디밭과 포플러가 나른하면서도 낭만적인 분위기를 자아낸다.

남이섬 *vs* 자라섬

남이섬은 칼을 갈아 백두산 바위를 없애겠다고 한 기개 넘치는 장부 남이장군 1441~1468이 문약文弱에 찌든 조정에 의해 비운의 생을 마감한 뒤 이승에 묻힌 곳이다. 남이장군의 이름을 따서 섬의 이름도 남이섬이 되었다. 몇 년 전부터 드라마와 영화 촬영지로 유명해져 늘 인파로 붐비지만 정작 이 섬을 품고 있는 춘천은 불만이 많다. 남이섬으로 들어가는 배편이 가평에서 운항하기 때문이다. 춘천 쪽에도 별도의 선착장이 있지만 서울에서 가까운 가평 선착장으로 더 많은 사람들이 몰리니 춘천은 불만이 생길 수밖에. 그런데 가평은 또 가평대로 불만이다. 남이섬에 가려는 사람들이 가평 선착장을 많이 이용한다 해도 남이섬은 어차피 춘천 땅이기 때문이다. 그래서 춘천의 남이섬에 필적할 새로운 대항마로 가평이 내세운 곳이 바로 자라섬이다.

자라섬의 미루나무 강변길

남이섬은 단아한 반달 모양 섬이고, 자라섬은 자라처럼 생긴 두 섬이 이어진 다소 복잡한 형태인데다 주위에 작은 섬이 몇 개 더 있다. 자라섬은 남이섬보다 늦게

자라섬 옆의 얕은 강물에서 고기를 잡는 어부. 고기잡이 모습은 낚시든, 그물질이든 원초적인 여유를 느끼게 해준다.

유명세를 타기 시작한 까닭에 지금 한창 개발의 바람이 불고 있는 곳이다. 오랫동안 자연 그대로의 풍경을 유지해 왔지만 개발의 손길이 미치면서 남이섬 못지않은 '관광지'로 변하고 있다. 그래도 개발이 미치지 않은 섬의 변두리는 매점이나 화장실, 벤치 하나 없을 정도로 자연 그대로다. 수양버들이 흐느적거리는가 하면 억새와 갈대가 살랑이고, 둘이서 나란히 걷기에 딱 좋은 산책로가 여기저기 숨어 있다. 매혹적인 미루나무 강변길도 여전하다. 예전에는 시골 어디서나 볼 수 있던 모습이지만 이제는 흔치 않은 풍경이 되어버린 흙길이다. 키 큰 미루나무가 서 있는 강변길을 달릴 때의 상쾌한 기분을 이곳 자라섬에서 언제까지나 즐길 수 있었으면 좋겠다.

이곳은 꼭 | **호명호**

자라섬에서 남이섬 선착장을 지나 강변길을 따라 10km 가량 가면 청평양수발전소로 올라가는 길이 나온다. 도로는 호명산(598m) 정상까지 나 있는데, 정상 바로 아래에 인공호수인 호명호가 마치 백두산이 천지를 품은 것처럼 숨어 있다. 심야의 남는 전기로 강물을 끌어올려 이 호수에 가뒀다가 낮에 흘려보내 낙차를 이용해 전기를 만든다. 가평 8경 중 청평호에 이은 제2경으로, 주변 전망이 좋고 산정에 숨은 호수가 매혹적이다. 자동차로 가려면 사전에 예약을 해야 한다(031-580-1215).

자전거길

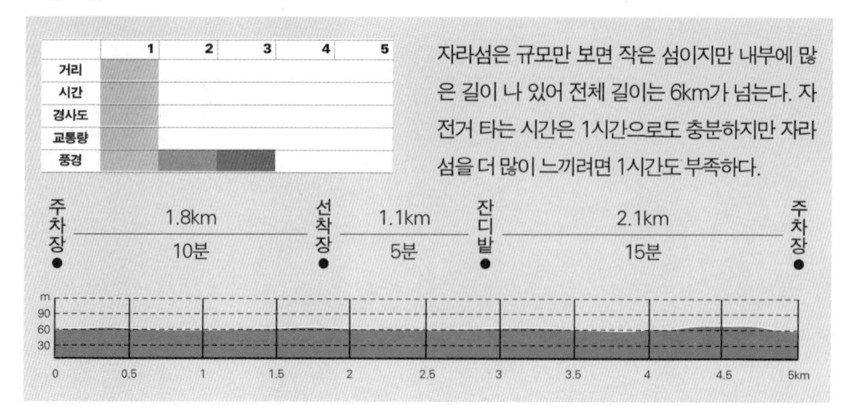

자라섬은 규모만 보면 작은 섬이지만 내부에 많은 길이 나 있어 전체 길이는 6km가 넘는다. 자전거 타는 시간은 1시간으로도 충분하지만 자라섬을 더 많이 느끼려면 1시간도 부족하다.

①자라섬은 남이섬과 달리 육지에서 매우 가깝고 길이 이어져 있어 배를 타지 않아도 된다. 육지와 가늘게 연결된 길을 따라 섬으로 들어서면 왼쪽으로 섬 외곽을 둘러가는 작은 길이 보인다. 그대로 직진하면 매우 넓은 잔디밭이 펼쳐지는데 매년 9월 초에 열리는 재즈 페스티벌의 주 무대가 설치되는 곳이다. 아이들이 본다면 마냥 뛰어놀고 싶어 할 초원이다.

② 섬 안의 모든 길은 비포장인데 적당히 다져져 있고 깔끔해서 차분하고 안정감이 있다. 강변에는 강태공들이 한가롭고, 섬 끝까지 가면 작은 선착장이 있다. 바로 건너편으로 남이섬이 보인다.

③ 큰 길을 따라 한 바퀴 돌고 나면 그 옆으로 난 갈래길을 탐사할 차례다. 언덕이 없고 공터가 많아 사방이 훤히 보이므로 길 잃을 염려 없이 섬 이곳저곳을 여유롭게 둘러볼 수 있다.

④ 자라섬의 잔디밭과 호젓한 강변 전망대, 좁은 강나루길 등은 자전거로 휙 지나가버리기에는 너무 아깝다. 따라서 이 코스는 조금 더 여유롭게 산책하듯 즐길 수 있는 미니벨로가 어울린다.

⑤가평까지 와서 자라섬만 둘러보는 것이 아쉽다면 바로 옆의 남이섬을 같이 둘러보는 것도 좋겠다. 그러나 남이섬은 별도로 배를 타고 들어가야 하고, 날씨 좋은 휴일은 북새통을 각오해야 한다.

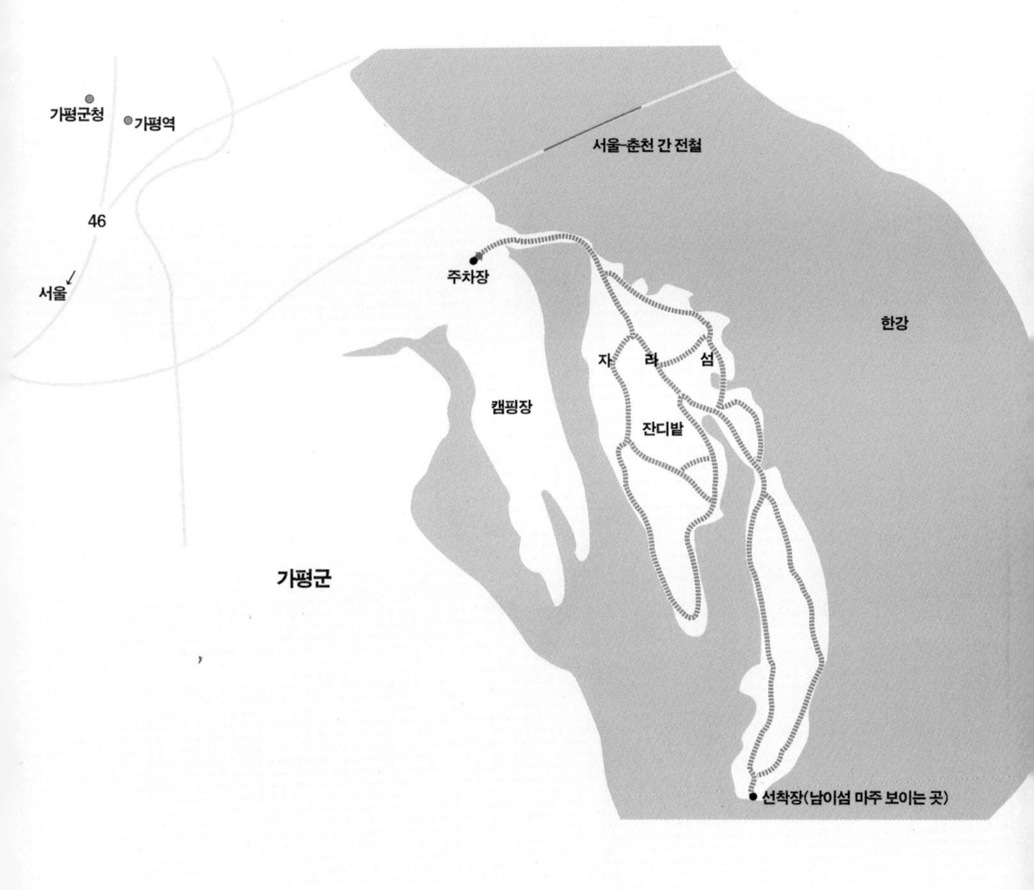

찾아가는 길

서울~춘천 간 46번 국도를 따라 가평읍내에 들어선 직후 남이섬 방향으로 우회전한다. 100m 들어가서 좌회전해 800m가량 가면 자라섬 입구다.

체크 포인트

주차 | 자라섬 입구에 무료 주차장이 있다.

물과 음식 | 섬 내에는 식수가 없으므로 미리 준비한다. 식당도 가평읍내로 나와야 있다. 가평경찰서 맞은편에 있는 송원막국수(031-582-1408)가 유명하다.

휴식 | 섬 전체가 휴식 공간이다.

주의 | 장마철이나 비가 많이 내린 후에는 물이 크게 불어나므로 출입을 삼간다.

10 미사리에서 팔당댐까지

미사리 벌판 지나
한강 최후의 협곡으로

'미사리'라는 지명을 들으면 낭만적인 기분에 빠져든다. '물결이 이는 모래사장'이란 뜻의 미사리渼沙里는 뜻도 아름답고 발음도 예쁘다. 한때는 강변 모래섬이었던 것을 1986년 서울아시안게임을 앞두고 조정경기장으로 조성했다.

미사리에는 청춘의 향기가 난다. 조정경기장은 역동적인 이미지를 더하고 연인들이 속삭이는 카페촌은 낭만적이다. 게다가 조정경기장 주변은 아직도 자연스러운 들판이 남아있고, 팔당댐까지 산뜻한 자전거길도 나 있다.

미사리와 미사동

미사리는 이름에서부터 마냥 가보고 싶은 충동이 인다. 이름이 운명을 지배한다는 성명학의 주장은 과장된 것 같지만 사람이든 지명이든 이름이 어떤 선입견을 주거나 그곳만의 분위기를 특징짓는 것만은 사실인 듯하다. 그런데 미사리라는 지명은 옛날 명칭이고 지금은 하남시 미사동이 정확한 지명이다. 사람들 사이에서는 여전히 '동'이 아니라 '리'로 통하지만.

'미사리'와 '미사동'은 단 한 글자 차이로 이름에서 풍기는 뉘앙스가 천양지차다. 도시의 지역 이름에 붙는 접미사인 동洞은 '무드 탈색제'라고 할 수 있다. 동이 붙는 즉시 그 지역은 '자연, 전원, 한적 등의 단어와 멀어지는 곳'이라고 공인받는 것과 다름없기 때문이다.

자동차로 가는 미사리 역시 어김없이 리里가 아니라 동洞이다. 가는 길목의 교통체증은 상습적이고 좁은 도로에 대형 트럭들이 많이 다녀서 노면은 누더기 꼴이다. 개발제한에 묶였으나 억제 못할 개발 욕구가 비집고 나온 주변 분위기는 혼란스럽다. 그렇다면 어떻게 가야 미사리의 포근한 느낌을 그대로 만날 수 있을까. 정답은, 도로가 아니라 강변 들판을 볼 수 있는 자전거길이다.

◀ 미사리에서 강변을 따라 서쪽 끝까지 가면 서울 강동구에 속하는 고덕 수변생태공원이 보석처럼 숨어 있다. 솟대와 억새밭, 오솔길이 어울린 모습은 풍속적이다.

한강 최후의 협곡지대 직전에서 강물을 막아선 팔당댐. 아래쪽 하류에는 바위가 드러나 너른 계곡처럼 느껴진다.

산악지대 최후의 한강 관문

미사리에서 5킬로미터 가량 상류로 올라온 팔당대교에서 팔당댐까지는 4.5킬로미터밖에 되지 않는 짧은 거리지만 이곳 강변길은 아주 매력적이다. 경관이 아름답기도 하지만 지형이 매우 독특하고 의미심장하다. 양수리에서 합류한 남한강과 북한강은 팔당댐에 막혀 큰 호수를 이뤘다가 이곳의 검단산657m과 예봉산683m 사이의 좁은 협곡을 빠져나가면서 비로소 서울을 만난다. 검단산과 예봉산 사이는 상류에서 흘러온 물을 검문하는 일종의 관문이다. 실제로 관문의 입구에 세워진 팔당댐이 그런 역할을 하고 있는 셈이다. 강원도와 경기 동부의 산악지대를 흘러온 한강은 이 관문을 지나며 폭이 확 줄었다가 관문을 벗어나 너른 들판을 만나면서 급격히 넓어져 유장한 하류의 면모를 갖춘다. 미사리 일대에 드넓은 모래톱도 이 관문을 지나온 강물이 힘져 지고 온 토사를 내려놓으면서 생겨난 것이니 이 협곡이 없었다면 미사리도 없었을 것이다.

삼협의 잔도 같은 자전거길

팔당댐에 막혀 수량이 줄어든 관문 구간은 마치 거대한 계곡처럼 물이 얕게 흐르

미사리 조정경기장에서 힘차게 노를 젓는 조정 선수들. 매주 수, 목요일에는 경정 보트가 질주하며 물살을 가른다.

고, 강변에는 바위도 드러나 있다. 강변에 도열한 키 큰 나무들은 협곡의 운치를 북돋운다. 자전거길은 강 남쪽의 검단산 북면에 바짝 붙어 나 있어 오전 잠깐 외에는 늘 그늘이 지는 것이 아쉽다. 검단산과 예봉산 모두 산체가 육중하고 산록은 경사가 급하며 험준하다. 그래서 자전거길은 마치 『삼국지』에서 촉나라로 가는 길목의 거대한 협곡인 삼협三峽의 잔도棧道, 허공에 걸린 사다리길마냥 강물 위로 떠간다. 서울 근교에서 보기 힘든 귀한 풍경이다.

이곳은 꼭 | **미사리 조정경기장(경정장)**

모터보트 경주인 '경정'은 2002년부터 이곳 미사리 조정경기장에서 시행되고 있다. 6명의 선수가 600m 코스를 6바퀴 돌아 순위를 겨루고 이 순위를 추정해 베팅하는 방식이다. 돈을 걸지 않더라도 최고시속 80km로 질주하는 소형 모터보트의 시원한 질주는 한번쯤 구경할 만하다. 2월 말부터 12월 말까지 매주 수, 목 오전 11시부터 저녁까지 경기가 열린다. 조정경기장 일대는 각종 체육시설과 산책로가 잘 되어 있어 경기가 없는 날이라도 따로 둘러볼 만하다.

자전거길

팔당댐까지 가면 21km가량 된다. 강동대교 구간까지 조금 더 이어서 달리면 32km, 조정경기장까지 둘러본다면 40km에 육박하지만 거의 평지여서 4시간이면 충분하다.

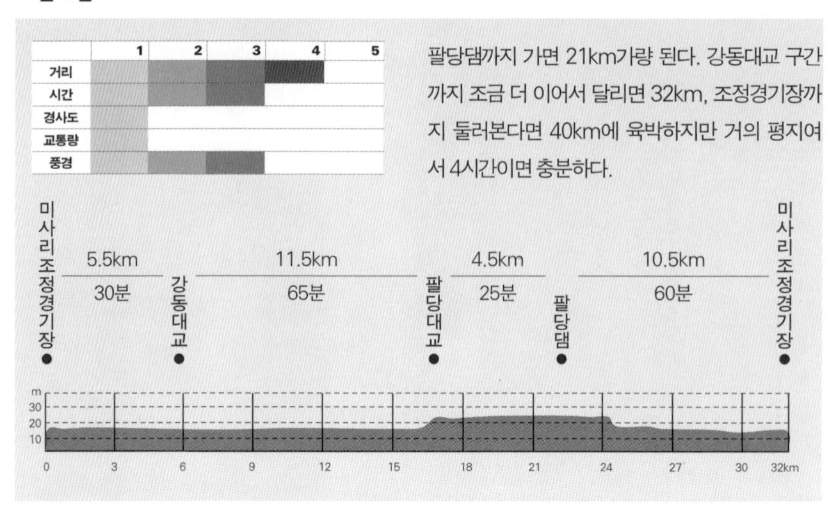

① 한강자전거도로에서 미사리 조정경기장을 거쳐 팔당댐을 다녀와도 되지만 이렇게 할 경우 도중에 고덕동 쪽의 시내로 우회해야 하기 때문에 다소 번거롭다. 미사리조정경기장에서 출발하는 것이 길 찾기는 물론 느긋하게 쉬기도 좋다.

② 조정경기장을 나와 한강 쪽으로 가면 미사리 마을이 나오고 초입은 복잡한 5거리를 이룬다. 마을은 주택과 공장, 비닐하우스 등이 뒤섞여 무질서하다. 5거리에서 10시 방향으로 700여m 가면 강변 둑길로 이어진다.

③ 둑길에 올라 왼쪽으로 가면 강동대교를 지나 고덕 수변생태공원까지 5.5km 거리다. 고덕 수변생태공원을 지나면 서울 강남 방면으로 한강 자전거도로가 계속 이어진다. 여기서는 고덕 수변생태공원에서 되돌아 나오는 여정을 소개한다.

④ 이 길을 되돌아 나와 앞서 지나온 미사리 둑길에서 그대로 직진하면 조정경기장을 지나 억새와 관목이 자라는 너른 들판이 펼쳐진다. 들판 가운데로도 길이 나 있고 강변에도 길이 있으니 마음 내키는 길을 택하면 된다. 들판의 끝은 팔당대교이므로 이 방향만 잘 잡으면 길을 헷갈릴 염려는 없다.

⑤ 자전거 길은 팔당대교 아래로 돌아서 팔당댐 방향 45번 국도 옆으로 이어진다. 이제부터 한강 최후의 협곡지대가 시작된다. 팔당대교에서 팔당댐까지는 4.5km밖에 되지 않지만 미사리와는 대조되는 경치가 이채롭다.

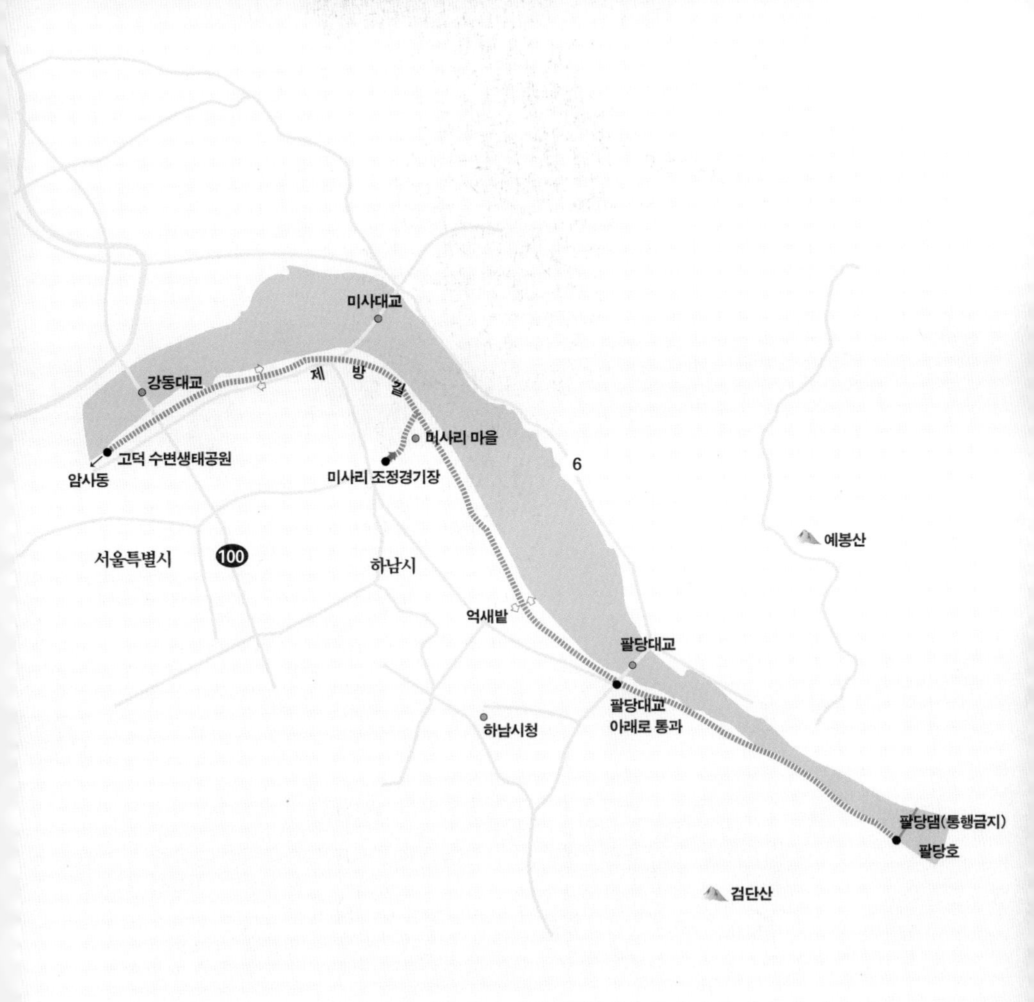

찾아가는 길

88올림픽도로 강동 방면으로 끝까지 가면 강동대교를 지나 하남시로 접어든다. 강동대교에서 4km 가량 가면 왼쪽으로 조정경기장이 보이고 진입로가 나온다. 서울외곽순환고속도로 강일 나들목에서 팔당대교 방면으로 빠져도 된다.

체크 포인트

주차 | 미사리 조정경기장 내에 주차장이 많이 있다. 주차료는 하루 3000원. 미사리 마을 근처의 공터를 이용할 수도 있다.

물과 음식 | 조정경기장 내의 매점이나 미사리의 가게를 이용하면 되지만 찾기가 번거로우므로 물을 미리 준비하는 것이 편하다. 둔치에는 매점이 없다. 조정경기장 주변에 식당이 많이 있으나 라이브 카페 형태여서 값이 비싼 편이다. 미사리 마을 오거리에서 둑길로 가는 길목에 있는 털보네 바베큐(031-791-1025)의 흑돼지구이가 유명하다.

휴식 | 조정경기장 주변이 여유 있게 쉬기에는 가장 좋다.

주의 | 이곳 둔치 코스는 제대로 개발된 곳이 아니어서 조정경기장을 벗어나면 매점과 화장실이 따로 없으므로 사전에 이를 감안해서 움직여야 한다.

11 양수리에서 시작하는 북한강변길

북한강이 가장 멋진 모습으로 단장하는 곳

한강은 양수리에서 남한강과 북한강이 만나야지 비로소 '한 하나' 강이 된다. 남한강과 북한강은 둘 중에서 약간 더 긴 남한강을 본류로 보지만 규모는 비슷하다. 반면 태생이 다른 탓인지 성격은 매우 다르다. 상대적으로 들판을 많이 흘러온 남한강은 나른한 여유로움이 넘치고, 거친 산악지대를 지나온 북한강은 깊고 강렬하다. 사람들은 남한강의 여유보다 북한강의 자극에 끌려 강가에 별장을 짓고 전원주택을 만들어 산다. 사람들을 매료시키는 북한강이 가장 멋진 모습을 보여주는 곳은 남한강을 만나기 직전이다. 이 즈음, 수백 킬로미터 산골을 흘러온 지친 물길은 남한강을 만나기 전에 매무새를 다듬는데 그곳이 바로 양수리다. 양수리에서 북한강을 거슬러 오르는 강변길은 '그녀를 만나는 곳 100미터 전'과 같은 모습이 아닐까.

한강은 풍요롭다

한강은 수량이 풍부한 큰 강이다. 물을 많이 엎지르거나 어딘가에 물이 많이 고여 있으면 "와, 완전 한강이네!" 하고 비유한다. 그만큼 물이 많다는 뜻인데, 길이는 낙동강522km이 한강482km보다 더 길지만 수량은 한강이 훨씬 많다. 강물이 모여드는 유역면적이 더 넓고 유역의 산세가 험하기 때문이다. 나일강6,690km이 세계에서 가장 길어도 유역면적이 훨씬 넓은 아마존강6,300km의 수량이 더 많은 것과 비슷하다. 어쨌든 물이 많은 한강은 그만큼 넓은 대지를 적시고 사람들을 불러 모아 여러모로 풍족함을 나누어 준다.

새벽녘 물안개와 황혼 무렵의 햇살

원래 양수리兩水里, 두물머리는 강 가운데 있는 작은 섬이었다. 산간지방을 힘들게 달려온 북한강이 남한강을 만나 긴장을 풀면서 비로소 내려놓은 토사가 쌓여 만들

◀ 두물머리 나루터의 노을은 절경이다. 텅 빈 나룻배와 가지 잘린 고목 뒤, 잔잔한 수면 위로 황혼이 젖어든다.

두물머리에서 북한강을 따라 산책로 겸 자전거도로가 길게 이어진다. 처음은 친근감을 주는 비포장 길이다.

어진 섬이다. 하지만 지금은 다리가 몇 개나 연결되어 섬이라는 생각이 거의 들지 않는다.

수령 4백 년이 넘은 거대한 느티나무가 버티고 선 두물머리의 작은 강변은 연인들의 데이트 코스로, 드라마와 영화의 촬영장으로 오랫동안 사랑받아 왔다. 브라운관과 스크린에 너무 많이 등장해서 "또 저기야!" 하는 투정이 터져 나올 정도다. 그런 유명세가 확산되어 주말은 물론 평일에도 북적인다. 이른 아침에도 두물머리의 물안개를 잡으려는 사진작가들이 삼각대를 세우기 시작하는 곳이어서 한갓진 강변을 조용하게 산책하기는 이제 어렵게 됐다.

두물머리가 이토록 사랑받는 것은 무엇보다 매혹적인 경치 때문이다. 물안개가 피어오르는 새벽녘에는 거목과 빈 나룻배가 어울려 신비로운 분위기를 띠고, 황혼이 질 때는 수면에 반사된 햇살이 몽환적이다. 이런 황홀경 앞에서 사랑을 속삭이면 그 느낌도 더욱 황홀해지지 않을까. 그래서인지 대부분의 방문객은 연인들이거나 어딘가 어색한 커플들이다.

도로변의 갓길을 이용한 자전거도로. 깊고 푸른 북한강물과 세련된 별장들, 짙은 숲의 산능선이 싱그럽다.

두물머리에서 북한강으로

양수리는 북한강과 남한강의 합수점에 자리했다. 그래서 이름도 두 물줄기가 모인다는 뜻을 지니게 되었다. 나루터가 있던 섬의 최남단을 두 물줄기가 모이는 머리라고 해서 우리말로 '두물머리'라고 한다. 재미있게도 북쪽에서 흘러오는 북한강과 남쪽에서 흘러오는 남한강은 지형과 분위기가 판이하고, 그에 따라 사람들이 강을 즐기는 방식도 다르다.

취향이나 성격에 따라 두 강의 풍경을 보는 시각이 달라지겠지만 질펀한 것보다 오밀조밀하면서도 수려한 풍경을 즐기려는 사람들은 북한강을 더 치는 것 같다. 그것은 강변에 들어서 있는 별장과 전원주택 수만 비교해 보아도 단번에 알 수 있다. 남한강은 '엄마야 누나야 강변 살자'의 무대로 어울리는 반면, 자기가 사는 곳과는 다른 특별한 어떤 것을 좇는 도시 사람들은 북한강으로 간다. 두물머리 끝에서 자전거도 북한강으로 향한다. 두물머리에서 북한강 동쪽 강변을 따라 한동안 자전거길이 이어진다. 예쁜 별장과 전원주택, 적당히 높은 산과 짙푸른 강물이 알프스의 호반을 떠올릴 만큼 다분히 이국적이다.

이곳은 꼭 | **수종사**

양수리 일대의 장관을 볼 수 있는 최고의 조망터로 꼽히는 곳이다. 1458년 조선 세조 때 창건되었으며 5층 석탑과 세조가 심었다는 거대한 은행나무가 남아 있다. 절 입구까지 자동차가 갈 수 있지만 경사가 매우 심하므로 주의한다.

다산문화유적지

양수리 바로 옆, 팔당호로 깊숙이 머리를 내민 반도 끝에 자리한다. 조선 후기의 학자 정약용(1762~1836) 선생의 묘와 생가가 있으며, 다산기념관에는 선생의 유물을 전시하고 있다.

자전거길

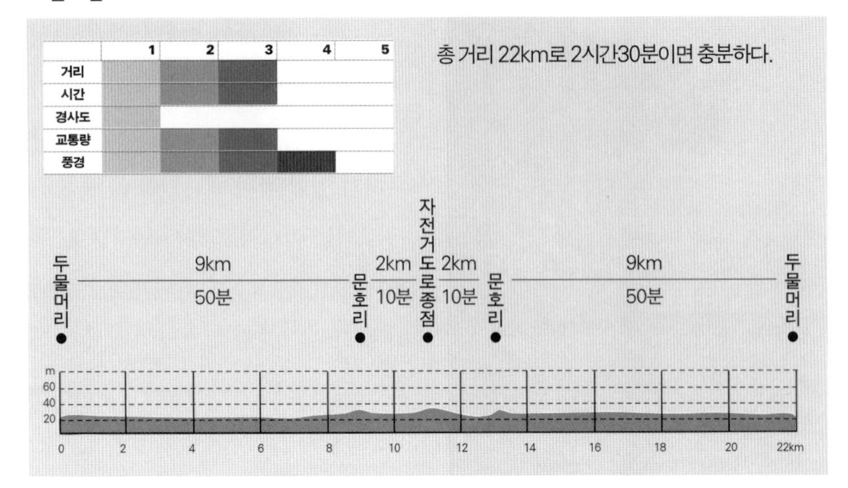

① 출발점은 두물머리로 한다. 느티나무가 있는 옛 두물머리 나루터에서 강변으로 산책로가 나 있다. 이 길을 따라 양수리 마을로 나온다. 마을에서 서종, 청평 방면 352번 지방도로 들어선다. 중앙선 철길을 지나 마을을 벗어나면 길 좌우에 자전거도로가 나 있는데, 자전거도로라는 표시는 되어 있지만 실은 폭이 조금 넓은 갓길 정도다.

② 이 길은 평일에도 교통량이 적지 않다. 그나마 강 쪽의 길이 넓고 노면도 좋은 편이니 이쪽 길을 이용하자. 다만 북상할 때는 역주행이 되므로 다른 자전거나 보행자가 마주올 때 주의한다. 길은 빤해서 잃을 염려가 없다.

③ 양수리를 벗어나자마자 왼쪽으로 보이는 높은 산은 수종사가 있는 운길산(610m)이다. 수종사로 올라가는 가파른 길이 어렴풋이 보인다. 강변에는 잠시 쉴 수 있는 휴식공간이 나오고 수상스키장도 보인다.

④ 두물머리에서 5km 가량 북상하면 오른쪽에서 흘러내리는 산세가 다급해지면서 좁은 계곡이 터져 있는데 안쪽에는 갑산공원묘지가 숨어있다. 높지는 않으나 골짜기를 옥죄는 가파른 산세가 인상적이다.

⑤ 공원묘지 갈림길에서 2km 가면 비로소 산이 물러나면서 작은 체육공원이 나온다. 길은 내륙으로 접어들어 서종면소재지인 문호리로 들어선다. 각종 가게와 식당, 관공서, 편의시설이 모여 있는 서종면의 중심지다. 문호리를 지나면 오른쪽 산언덕 위로 그림 같은 전원주택이 즐비하다. 자전거도로는 두물머리에서 11km 가량 올라온 '선 모텔'에서 끝난다. 이쯤에서 다시 출발지로 돌아가면 된다.

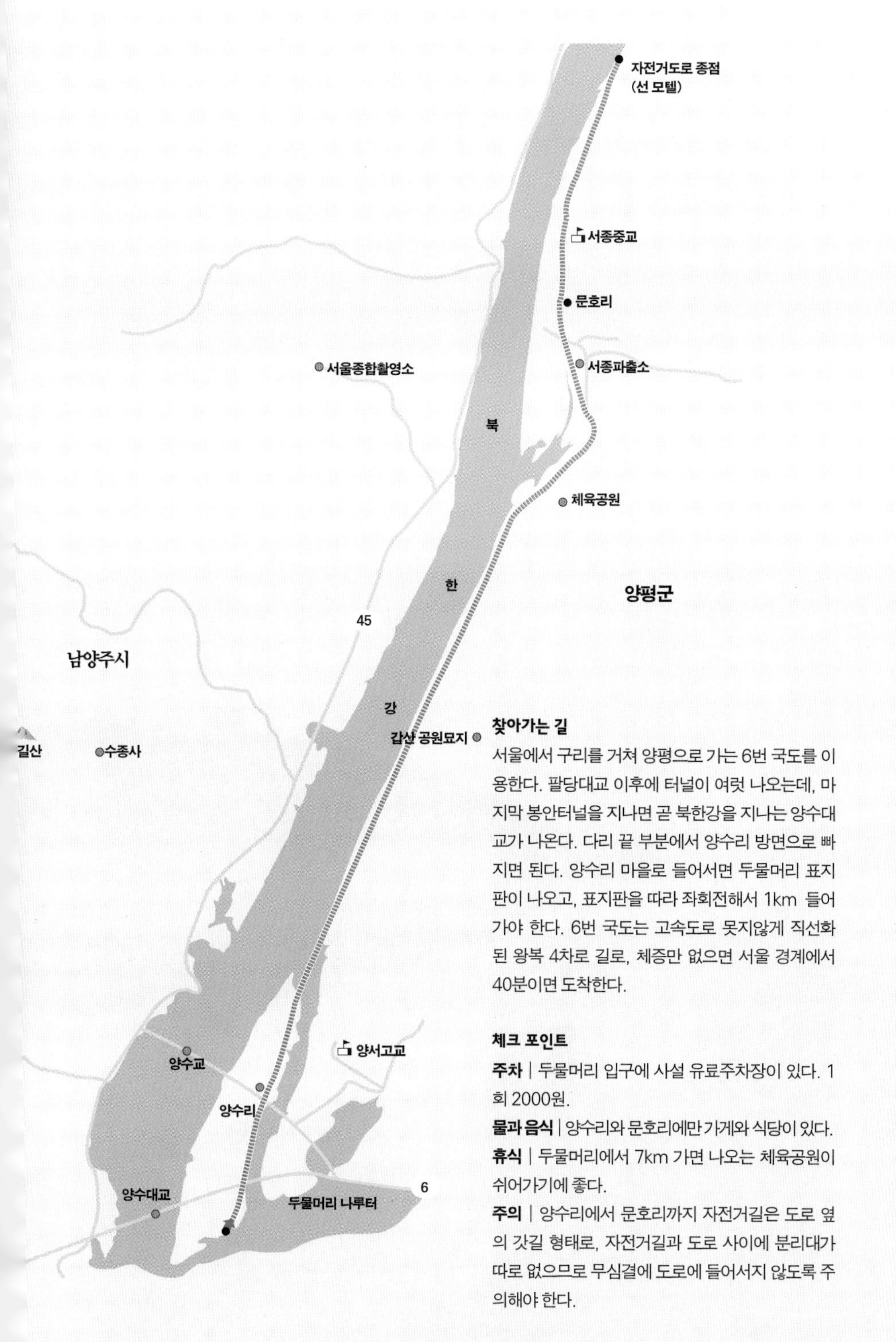

찾아가는 길

서울에서 구리를 거쳐 양평으로 가는 6번 국도를 이용한다. 팔당대교 이후에 터널이 여럿 나오는데, 마지막 봉안터널을 지나면 곧 북한강을 지나는 양수대교가 나온다. 다리 끝 부분에서 양수리 방면으로 빠지면 된다. 양수리 마을로 들어서면 두물머리 표지판이 나오고, 표지판을 따라 좌회전해서 1km 들어가야 한다. 6번 국도는 고속도로 못지않게 직선화된 왕복 4차로 길로, 체증만 없으면 서울 경계에서 40분이면 도착한다.

체크 포인트

주차 | 두물머리 입구에 사설 유료주차장이 있다. 1회 2000원.

물과 음식 | 양수리와 문호리에만 가게와 식당이 있다.

휴식 | 두물머리에서 7km 가면 나오는 체육공원이 쉬어가기에 좋다.

주의 | 양수리에서 문호리까지 자전거길은 도로 옆의 갓길 형태로, 자전거길과 도로 사이에 분리대가 따로 없으므로 무심결에 도로에 들어서지 않도록 주의해야 한다.

12 여주 남한강변 모래톱길

유장한 강물에 속삭이는 갈잎의 노래

북한강이 거친 협곡을 흘러내려 물이 맑고 경쾌하게 흐르는 반면, 남한강은 여유롭고 느긋하다. 그러나 남한강도 처음 시작된 오대산에서 원주까지는 강원도와 충북의 산악지대를 지나기 때문에 그렇게 한가로운 여정만은 아니다. 남한강이 긴장을 풀고 게으른 하품을 시작하는 것은 들판이 질펀해지는 여주에서부터다. 여주에는 한강 최대의 모래톱이 형성되어 있는데 웬만한 홍수에도 잠기지 않을 정도로 높아서 평소에는 농지로 활용된다. 이 모래톱 강변길은 한강 최고의 서정적인 자전거길이지만, 4대강 정비 공사로 일대가 크게 바뀌고 있으니 공사가 끝나는 2012년 이후에 가 보기를 권한다.

엄마야 누나야, 강변 살자

강원도와 충북의 산악지대를 숨 가쁘게 달려온 남한강은 충주에서 잠시 한시름을 놓았다가 경기도 땅인 여주 들판을 만나면서 비로소 유장해진다. 여주읍내를 지나면서는 유장한 정도가 아니라 아예 축 늘어져서 갈수기 때는 발목을 걷고 건널 수 있을 만큼 수심이 얕아진다. 여기에 거센 물결이 상류에서 실어온 잔모래를 풀어 놓아 곳곳에 모래톱이 생겨났다. 그렇게 만들어진 남한강의 질펀한 풍경은 평화롭고 아늑하며 정답다. 모래톱이 있는 강변은 더욱 친근하게 다가온다. 산악지대를 쾌속으로 흐르는 상류는 유쾌하지만 위험하고, 하류는 질펀하면서 로맨틱하다. 강변에 살고 싶다면, 모래톱이 있고 갈대가 속삭이는 이런 강가가 제격일 것이다.

서해의 변덕을 닮은 남한강

하지만 남한강의 평화로운 풍경 뒤에는 마성魔性이 숨어 있다. 물이 없을 때는 걸

◀ 텅 비었기에 더 매혹적인 강변에서 감탄은 탄성이 되어 터져 나온다. 메아리는 없고 괜히 물고기들만 놀라게 한 것만 같은 정적 속.

모래톱에 들어서면 곧 폭 10미터 정도의 개울을 건너야 한다. 발목 깊이여서 어렵지 않게 자전거로 지날 수 있다.

어서도 건너다가 우기나 홍수 때는 이 넓은 강폭을 가득 채우고도 모자라 강둑을 넘어설 기세로 모든 것을 휩쓸어간다. 수위의 기복이 매우 커서 간만의 차가 최고 8.5미터나 되는 서해의 변덕을 닮았다. 반대로 깊고 푸른 북한강은 간만의 차가 50센티미터 이내로 언제나 지긋한 동해와 상통한다고 할까.

한강에서 가장 넓은 모래톱

여주군 대신면 일대를 적시고 지나는 남한강변에는 한강 전체를 통틀어 가장 큰 모래톱이 형성되어 있다. 길이 8킬로미터, 폭은 가장 넓은 곳이 2킬로미터에 달하는 엄청난 규모다. 너무 넓어 일부는 제방을 막아 농토로 개간했고 제방 바깥은 밭과 황무지가 뒤섞여 있다.

평탄한 황무지가 드문 이 땅에서 이런 천혜의 벌판은 군 훈련장으로 안성맞춤인지 가끔 탱크부대가 몰려와 훈련을 한다. 상류에는 길이 4킬로미터의 모래톱이 하나 더 있다. 이 모래톱은 작은 실개천으로 뭍에서 분리되어 '백석리도'라는 이름을 지닌 섬이 되었다. 이곳은 전투기 사격장으로 활용된다. 50년 이상 계속된

아득히 멀어지는 둑길. 둑의 오른쪽 아래에는 성긴 숲길이 강변에 바짝 붙어 간다.

평화시대는 탱크와 전투기를 영화 속 소품이나 아이들 장난감처럼 느끼게 만들어 인명을 살상할 수 있는 무서운 무기라는 실감을 마비시킨 것 같다. 서정적인 풍경 속의 군사훈련이 영 엉뚱하게 느껴지지는 않으니 말이다. 그래도 혹시 이곳을 지나다가 탱크나 전투기가 보인다면 멀리 돌아서 가는 것이 신변안전에도, 정신건강에도 좋다. 탱크나 전투기를 동원한 훈련은 그것이 비록 가상의 상황이라 하더라도 보통 사람의 상상을 훨씬 능가하는 무시무시한 파괴력을 보여주기 때문이다.

한강에서 가장 로맨틱한 풍경

군사훈련이 없는 평상시의 남한강변은 평화롭기 이를 데 없다. 농부들이 간간이 일하는 밭이 끝없이 펼쳐진 사이로 길은 갈대밭의 환송을 받으며 아득히 뻗어 있다. 나지막한 야산들이 살며시 강물에 발을 담그고 있는 강 건너편의 풍경도 평화롭다. 사방은 자동차와 소음, 인파가 없는 적막강산이다.

넓게 펴진 얕은 강물은 첨벙 뛰어들고 싶은 충동을 일으키고, 강변의 버들 숲과 새끼 모래톱은 아무리 무딘 감성이라도 살짝 흔들어 깨워 추억과 그리움의 상념에 젖게 만든다. 여기 20리 모래톱길은 한강 전체를 통틀어 가장 로맨틱한 풍경이라고 믿어도 좋겠다.

이곳은 꼭 | **파사성**

이포대교 바로 옆, 천서리 막국수촌 맞은편에 솟은 파사산(231m) 정상 일대에 남아 있는 신라의 석성이다. 높이 5~6m, 길이 1,800m의 큰 규모다. 신라 파사왕 때인 서기 82년 축성됐다는 설이 전하며, 최근에 복원되어 당당한 모습을 되찾았다. 정상에서 보는 조망이 장쾌하다. 천서리에서 20분가량 걸어 올라야 한다.

자전거길

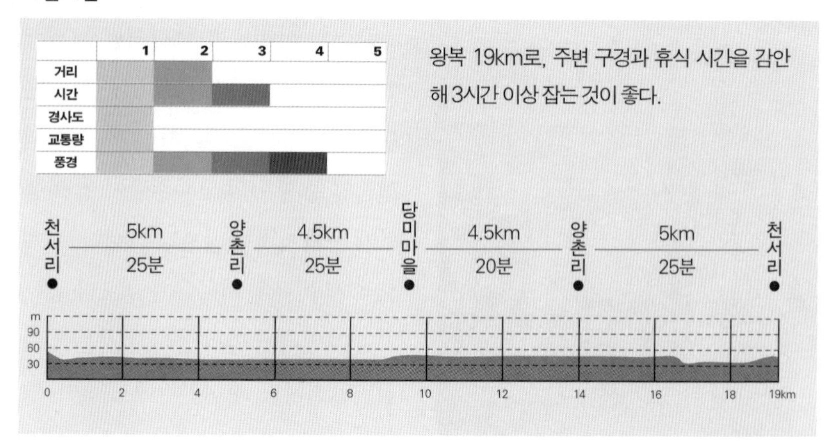

① 한적한 강변길의 시작점은 막국수촌으로 유명한 여주군 천서리다. 금사리와 천서리를 잇는 이포대교에서 모래톱이 시작된다. 천서리 방향으로 이포대교를 지나 우회전하자마자 다시 우회전하면 모래톱으로 내려가는 비포장길이 시작된다. 이포대교를 내려서면 바로 모래톱이지만 사질토가 잘 다져져 자전거를 타기에도 무리가 없다.

② 입구에서 200m 내려가면 사거리가 나오는데, 왼쪽으로 가면 강변과 떨어진 내륙쪽의 밭지대를 거쳐 가게 된다. 조금 더 직진하면 폭 10m 정도의 개울이 길을 막는다. 우기에는 물살이 세고 깊어서 건너기 어렵지만 다른 때는 자전거를 타고도 쉽게 지날 수 있다. 물을 건널 때는 기어를 가볍게 두고 어깨에 힘을 뺀 상태로 일정한 페이스로 페달을 돌리면 된다. 물이 흐르는 방향으로 비스듬히 방향을 잡는다. 깊이는 10~15cm에 불과하지만 바닥에 자갈이 깔려 있으므로 핸들바를 꼭 잡아 컨트롤을 유지한다.

③ 개울을 건너면 강변을 따라 흙길이 이어진다. 왼쪽은 밭, 오른쪽은 강물이다. 가끔 물가로 내려가는 갈림길이 나오고 도중에 물을 건너는 곳이 또 나오는데, 이 역시 처음과 마찬가지로 자전거를 탄 채 지나면 된다. 강변 모래톱이라 장마철을 지나고 나면 가끔 물길이 바뀌어 예정에 없던 개울이 길을 막는 경우도 있다.

④ 입구에서 2.5km 가량 들어서면 긴 제방이 앞을 막는다. 강변길은 제방 밑으로 계속 이어진다. 조망을 넓게 보고 싶으면 제방 위로 올라가면 된다. 출발지로 되돌아와야 하므로 갈 때는 강변길을, 올 때는 제방길을 이용하는 것도 좋은 방법이다. 제방 이후의 강변길은 성긴 포플러 숲과 어울려 한층 운치 있다. 제방길은 7km 정도 이어지다 새로 단장된 37번 국도 아래의 당미마을 입구에서 끝난다. 여기서 되돌아 제방길이나 강변길을 이용해서 출발지로 돌아오면 된다.

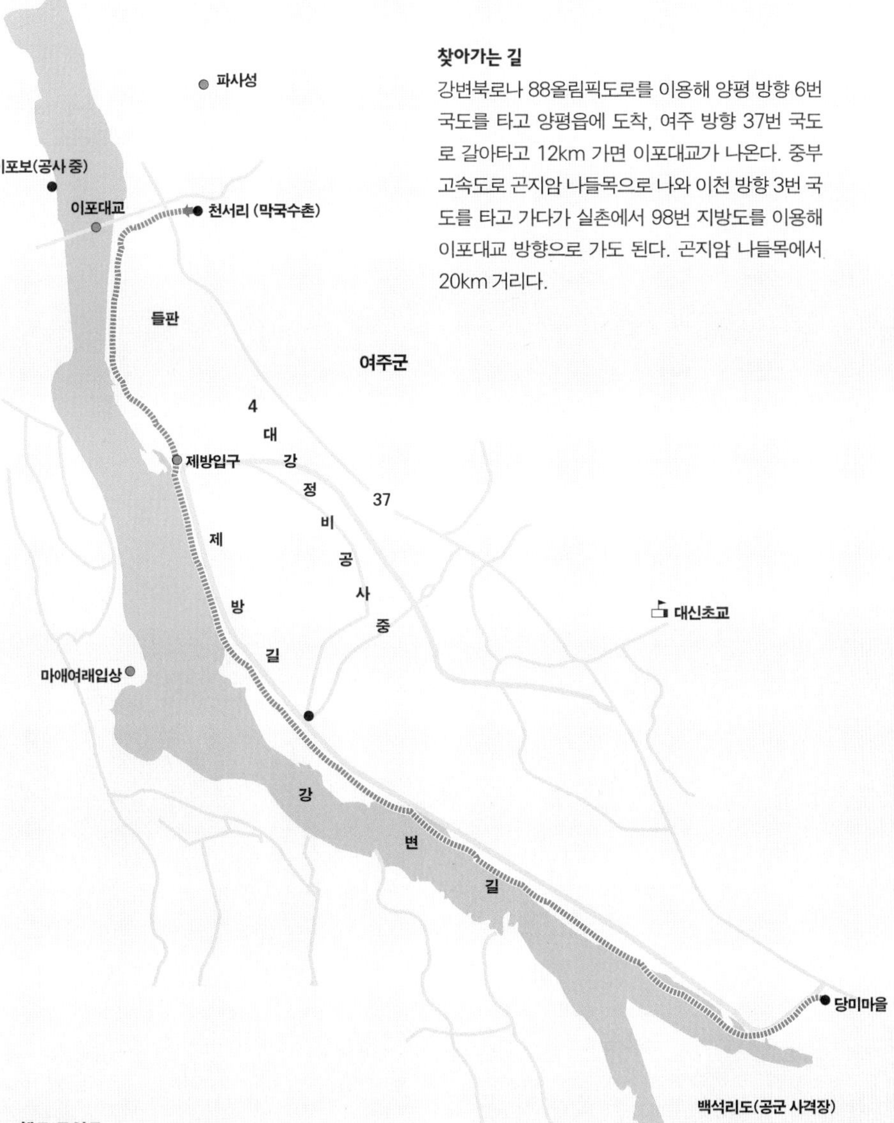

찾아가는 길

강변북로나 88올림픽도로를 이용해 양평 방향 6번 국도를 타고 양평읍에 도착, 여주 방향 37번 국도로 갈아타고 12km 가면 이포대교가 나온다. 중부고속도로 곤지암 나들목으로 나와 이천 방향 3번 국도를 타고 가다가 실촌에서 98번 지방도를 이용해 이포대교 방향으로 가도 된다. 곤지암 나들목에서 20km 거리다.

체크 포인트

주차 | 이포대교 옆의 휴게소나 천서리의 공터 또는 이포대교 아래의 공터에 적당히 주차한다.

물과 음식 | 전 구간에서 식수를 구할 수 없으므로 천서리에서 미리 준비한다. 천서리는 막국수의 명소다. 많은 식당이 있는데, 홍원막국수(031-882-8259)가 특히 유명하다.

휴식 | 입구에서 3km 가량 들어가야 나무가 있고 그 전에는 그늘이 없다. 자전거 길에서 강변으로 내려가는 곳이 몇 군데 있는데 햇볕만 강하지 않으면 쉬어가기에 좋다.

주의 | 비 온 뒤나 여름에는 수량이 많아져 물길을 건너기 힘들 수도 있다. 처음 만나는 물길이 깊다면 무리하지 말고 첫 번째 사거리에서 좌회전해 내륙 쪽으로 가자. 전 구간에서 4대강 공사 중이므로 2012년 이후에 갈 것을 권한다.

13 중랑천 따라 의정부까지

서울의 명산을 꿰고 흐르는 강북 대표 물줄기

탄천과 양재천이 강남을 흐르는 개울이라면 중랑천은 강북을 흐르는 대표 개울이다. 한강을 사이에 두고 남북으로 마주하고 있는 이들 개울은 강남과 강북의 분위기를 반영하고 있기도 하다. '강의 북쪽'에 있는 동네 중에서 '강북'이라는 이름이 어울리는 곳이 바로 중랑천이 지나가는 동네다.
중랑천 일대는 다른 지역에 비해 상대적으로 늦게 개발되었고 북쪽의 대규모 아파트촌은 1980년대 중반에야 마무리되었다. 비슷한 시기에 개발이 이뤄진 강남은 지형이 평탄해서 바둑판 같은 도로가 질서정연하게 교차한다면, 중랑천 일대는 구릉지가 많아 시가지와 도로가 무질서하다. 대신 하류 쪽에서부터 용마산, 불암산, 수락산, 도봉산, 사패산 같은 서울의 명산들이 강변에 즐비해서 한결 자연친화적이다. 이 산들은 북한산북한산도 중랑천에서 멀지 않다과 마찬가지로 모두 하얀 화강암이 돌출한 바위산이어서 경관이 빼어나고 기세가 대단하다.
한강의 작은 지류라기보다 하나의 강처럼 시원한 물줄기를 흘려보내는 중랑천을 따라가며 근처 명산들을 감상하노라면 어느새 마음도 호탕해진다.

서울을 적시는 어엿한 강줄기

중랑천을 소리 내어 발음해 보면 약간 촐랑대는 느낌이 든다. 하지만 이 하천은 이름과 달리 최대 폭이 백 미터를 넘는 어엿한 강줄기다. 중랑천은 양주시에서 발원해 의정부를 거쳐 서울 서북부를 관통해 한강과 합류한다. 도봉산과 수락산 사이를 거쳐 거의 직선을 이루며 북에서 남으로 흘러내리는 기운이 예사롭지 않아

◀ 의정부 시내를 관통하는 부용천변의 깔끔한 자전거도로는 중랑천 자전거도로와 합류해서 한강 본류까지 장장 30km나 계속된다.

중랑천은 서울 북부는 물론 의정부 시민들의 정서적 젖줄이다. 자전거를 배우는 아이의 모습이 밝고도 진지하다.

서 평소에는 얕은 개울 같지만 폭우가 쏟아지면 무서운 급류로 돌변한다. 청계천도 중랑천으로 합류하는 지류 중 하나다. 중랑천이 한강과 합류하는 지점은 옛날 뚝섬이 있던 곳으로 지금은 서울숲이 조성되어 있다. 뚝섬 때문에 예전에는 중랑천 하류가 일종의 삼각주를 형성하고 있었으나 지금은 완전히 매립되어 섬 흔적은 찾을 길이 없다.

지루할 틈 없는 자전거 길

중랑천 자전거도로는 서울숲에서 의정부 변두리까지 장장 30킬로미터에 달한다. 이 길의 매력을 하나 꼽으라고 한다면 길어도 지루하지 않다는 점을 들고 싶다. 여러 번 가보아도 한강에서 의정부까지 그 먼 길을 언제 다 왔느냐 싶게 주파해 버린다.

중랑천 자전거 길은 아름답다. 널찍하고 포장도 잘 되어 있으며 길 주변에는 꽃밭과 벤치 등 각종 휴게시설이 끊임없이 반겨준다. 중랑천의 규모도 정답다. 한강처럼 거대하지도, 불광천이나 홍제천처럼 옹색하지도 않은 적당한 크기가 친근하

중랑천에서 멀지 않은 용마 폭포공원. 거대한 채석장을 활용해 높이 51m의 인공폭포를 만들었다. 가운데가 가장 높은 용마폭포다.

게 느껴진다. 물은 바닥이 보일 정도로 깊지 않으면서 맑고, 도시의 바쁜 소동에서 물러나 앉아 세월을 낚는 낚시꾼들의 모습은 시골의 개울가처럼 평화롭다. 물줄기를 따라가며 서울의 명산들을 줄곧 볼 수 있다는 것도 눈이 느끼는 행복이다. 자전거도로 바로 옆으로 동부간선도로가 지나고 아파트단지도 밀집해 있지만 왠지 숨통이 트이는 느낌이 드는 것은 저만치 보이는 멋진 산들 덕분이다.

자전거 페달은 경쾌하게

서울을 벗어나 의정부까지 간다고 생각하면 지명에서 느껴지는 심리적 거리감이 확대된다. 그래서 한나절 외출이 아니라 멀리 여행을 떠나는 것 같은 느낌을 받기도 한다. 30킬로미터라는 물리적인 거리 외에 도계道界를 넘는다는 심리적 성취감과 잠시 만나는 전원풍경이 공간적 체감을 배가시켜주기 때문일 것이다. 중랑천 길은 거리는 멀어도 실제 달려보면 페달이 그렇게 경쾌하게 돌아갈 수 없다. 의정부로 갈 때는 다채로운 풍경에 취해서, 돌아올 때는 아주 완만하나마 하류로 내려가는 내리막이 편안해서 별로 힘을 들이지 않아도 두 바퀴는 쌩쌩 돌아간다.

이곳은 꼭 | **용마폭포공원**

가장 큰 볼거리는 51m 높이의 장대한 용마폭포. 제주도의 천지연폭포(22m)보다 두 배 반이나 높다. 높이를 떠나 흉물이 될 뻔한 채석장 터를 폭포공원으로 꾸민 것부터 기발하다. 인공폭포지만 자연미를 살려서 꾸몄고 용마폭포를 중심으로 높이 21m의 청룡과 백마 폭포가 함께 떨어지는 모습은 장관이다. 폭포는 봄부터 가을까지 오전과 오후 각 3시간씩 가동한다. 서울숲에서 7km가량 올라간 장평교에서 용마산 방면으로 1km 정도 떨어져 있어 접근이 어렵지 않다.

자전거길

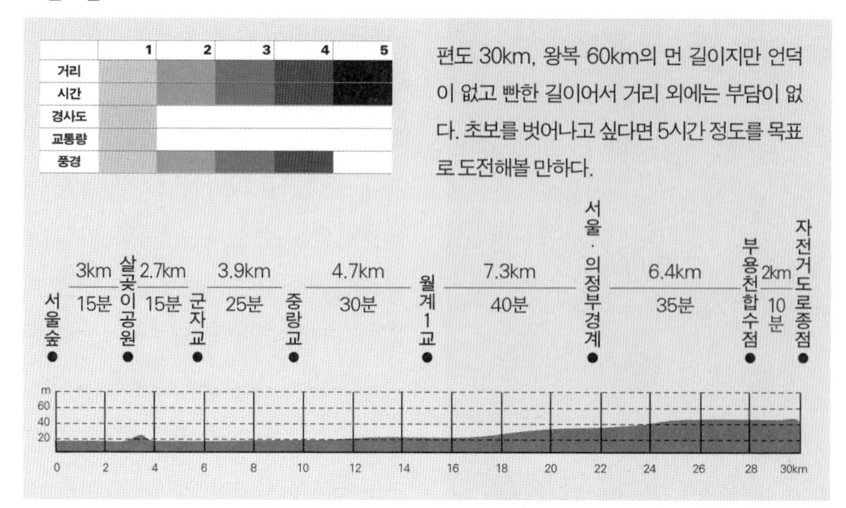

① 서울숲에서 한강변으로 나와 오른쪽으로 중랑천을 따라 간다. 중랑천 동쪽 길은 도중에 끊어지므로 용비교 아래 보를 건너 서쪽 길로 옮겨간다. 1.5km 가량 북상하면 조선시대의 돌다리인 살곶이다리가 보이고, 그 뒤쪽에 살곶이체육공원이 조성되어 있다.

② 공원 앞에서 청계천이 중랑천으로 합류한다. 공원을 돌아가면 나오는 다리로 청계천을 건너가서 우회전한다. 이제부터는 계속 직진하면 된다.

③ 군자교 이후에는 중랑천 좌우에 자전거길이 나 있다. 갈 때는 강의 서쪽 길을 이용하고 올 때는 동쪽 길을 이용하는 식으로 교대하는 것이 좋다. 다만 강을 건너려면 2~3km마다 있는 도로용 다리를 이용해야 해서 조금 번거롭다.

④ 군자교 이후는 동부간선도로가 강 좌우로 자전거도로와 함께 달리는데, 한강 본류와 달리 도로와 자전거도로의 높이 차가 크지 않아 소음이 심하다. 이후 장평교, 장안교, 중랑교, 이화교, 월릉교 등의 다리를 거쳐가며 길은 꾸준히 북상한다.

⑤ 서울숲에서 14km 가량 올라간 월계1교를 지나면 강의 좌우를 일방통행 식으로 나눠달리던 동부간선도로가 동쪽으로 합류하면서 서쪽은 다소 숨통이 트인다. 이즈음부터 왼쪽으로는 도봉산이, 오른쪽으로는 불암산의 바위 봉우리가 언뜻언뜻 보이기 시작한다. 노원교를 지나면 도봉산과 수락산이 상당히 가깝게 다가서고 곧 시가지가 끝나면서 서울을 벗어난다. 잠깐이지만 서울을 벗어나서 만나는 전원풍경이 반갑다. 의정부시내로 접어들면 자전거도로는 강 서쪽에만 있다.

⑥ 서울과 의정부 경계에 있는 서울외곽순환고속도로 의정부 나들목에서 5.5km 가량 가면 오른쪽으로 부용천이 갈라진다. 부용천 자전거도로는 송산지구까지 3km 남짓 이어진다. 부용천 합수점에서 그대로 2km 직진하면 가금교를 지난 직후에서 자전거도로는 끝난다.

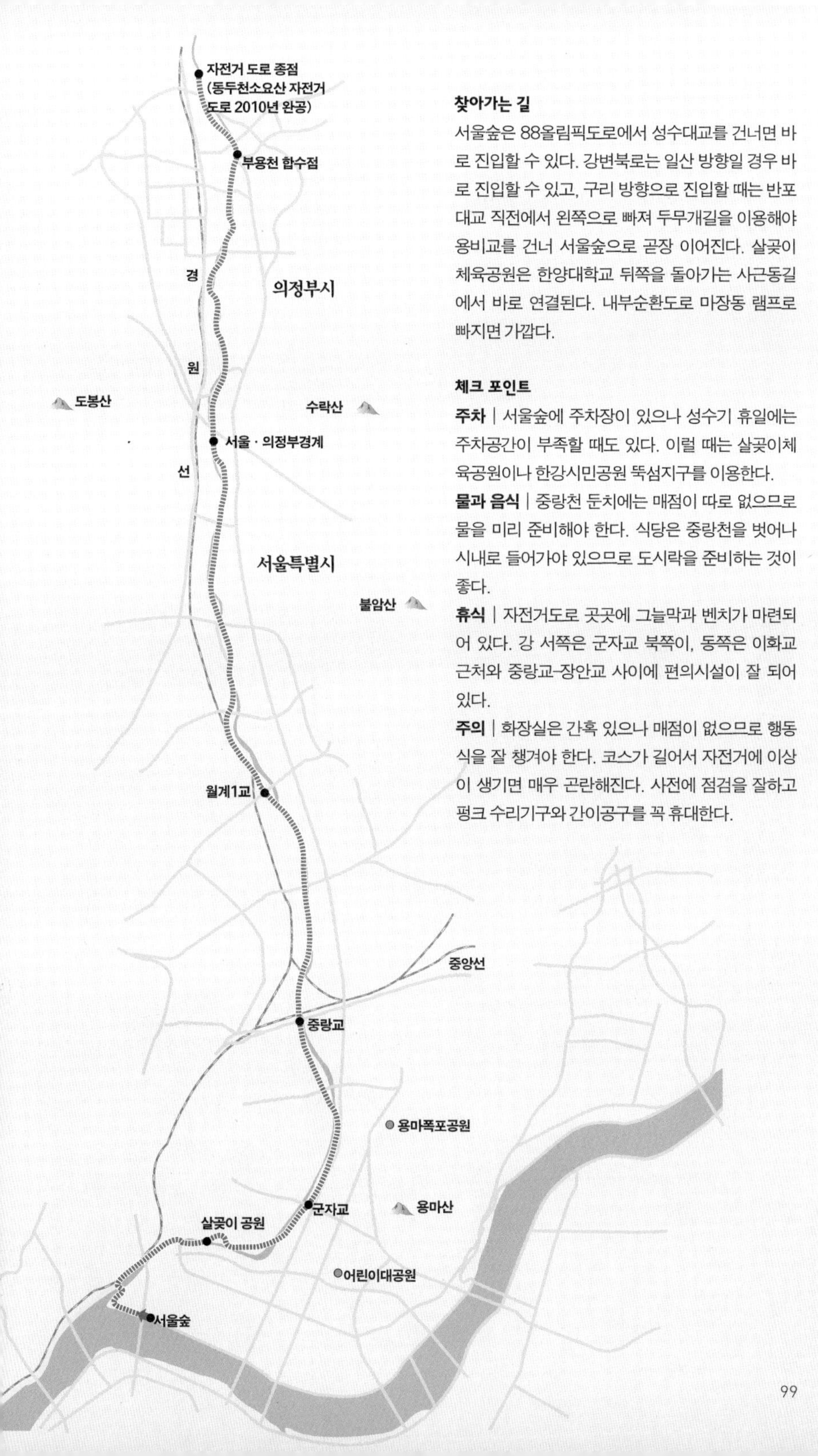

찾아가는 길

서울숲은 88올림픽도로에서 성수대교를 건너면 바로 진입할 수 있다. 강변북로는 일산 방향일 경우 바로 진입할 수 있고, 구리 방향으로 진입할 때는 반포대교 직전에서 왼쪽으로 빠져 두무개길을 이용해야 용비교를 건너 서울숲으로 곧장 이어진다. 살곶이 체육공원은 한양대학교 뒤쪽을 돌아가는 사근동길에서 바로 연결된다. 내부순환도로 마장동 램프로 빠지면 가깝다.

체크 포인트

주차 | 서울숲에 주차장이 있으나 성수기 휴일에는 주차공간이 부족할 때도 있다. 이럴 때는 살곶이체육공원이나 한강시민공원 뚝섬지구를 이용한다.

물과 음식 | 중랑천 둔치에는 매점이 따로 없으므로 물을 미리 준비해야 한다. 식당은 중랑천을 벗어나 시내로 들어가야 있으므로 도시락을 준비하는 것이 좋다.

휴식 | 자전거도로 곳곳에 그늘막과 벤치가 마련되어 있다. 강 서쪽은 군자교 북쪽이, 동쪽은 이화교 근처와 중랑교-장안교 사이에 편의시설이 잘 되어 있다.

주의 | 화장실은 간혹 있으나 매점이 없으므로 행동식을 잘 챙겨야 한다. 코스가 길어서 자전거에 이상이 생기면 매우 곤란해진다. 사전에 점검을 잘하고 펑크 수리기구와 간이공구를 꼭 휴대한다.

14 용산에서 한강 따라 광진교까지

뚝섬과 광나루, 서울의 추억이 된 강변

용산, 뚝섬, 광나루…… 이들 지명은 몹시 '서울스러운' 뉘앙스를 풍긴다. 서울에 있는 지명이어서가 아니라 14세기 말 서울이 '서울'이 된 이후 6백여 년 간 서울 사람들 입에 오르내린 세월의 내력이 스민 이름이기 때문이다. 모두 4대문 밖에 있어서 하층민들 사이에서 더욱 많이 회자되었을 테니 귀족적인 느낌을 탈색한 서민풍이 짙다. 용산에서 광진교까지 서울 한강의 동북안을 따라 나 있는 자전거길은 이제는 서울숲과 한강시민공원으로 바뀐 뚝섬을 거쳐 수많은 한강 다리의 그늘을 지나고 아직도 버드나무가 하늘거리는 광진교에서 마무리된다. 바위산인 용마산이 한강과 험악하게 만나는 바람에 강변 자전거길은 서울의 동쪽 끝인 광진교에서 끝나고 서울도 여기서 끝이 난다. 길은 평탄하지만 풍경은 다채롭고 그 속살은 사연이 깊으며, 길의 느낌은 섬세하다.

용의 기운을 담은 땅

강물 속으로 파고든 긴 산줄기는 용이 물속으로 기어들어가는 모습과 닮았다. 그래서 선조들은 이런 모양의 땅에 풍수지리의 형국론을 빌어 '용산龍山'이란 지명을 잘 붙였다. 대표적인 것이 한강의 용산과 낙동강의 용산경남 김해시 상동면이다. 서울 용산은 남산 줄기가 흘러내린 끝자락으로, 지금은 시가지로 뒤덮여 그 모습을 찾기 어렵지만 용산가족공원 주변에서 강 쪽으로 흘러내린 산줄기의 굴곡을 어느 정도 알아볼 수 있다. 용의 서슬 퍼런 기운 때문인지 용산은 예부터 군사와 관계가 깊어 조선시대부터 병영이 있었고 일제 때는 일본군이 주둔했으며, 해방 후에는 미군이 주둔하고 있으니 역사의 영욕이 골 깊이 새겨진 곳이기도 하다. 국군 역시 육 · 해 · 공군 삼군본부는 계룡산여기도 역시 용이다! 아래에 있지만 국방부와 전쟁기념관은 용산에 있으니 대한민국 군사문화의 총본산이라고 할 수 있다. 그

◀ 한강에 예쁜 노을이 진다. 천만 인구의 거대 도시마저 범접하지 못하는 별세계로 남을 만큼 한강은 크다.

햇빛을 가려주는 다리 밑은 좋은 쉼터다. 살곶이공원에서 한강 쪽으로 1km 가량 올라온 성수대교 아래의 풍경.

대단한 기세의 용이 머리를 강물에 들이민 곳은 지형으로 볼 때 아마도 동작대교와 반포대교 사이의 어디쯤이었을 것 같다.

뚝섬 일대와 광나루 어디쯤

뚝섬은 더 이상 섬이 아니고 광나루는 더 이상 나루터가 아니지만 그 이름만은 지금도 생생하게 살아남아 성수동과 광진교를 대신하고 있다. 하지만 뚝섬과 광나루가 정확히 어디인지를 지금의 주소로 표현하기는 쉽지 않다. 서울숲과 주택가로 변모한 뚝섬은 광진구 남서부 일대성수동, 자양동이고, 광나루는 광진교 북단의 광장동쯤 될 것이다. 이렇게 '일대'와 '쯤' 같은 어정쩡한 표기를 덧붙여야 뚝섬과 광나루를 가리킬 수 있다.

여의도에 버금가는 큰 섬이던 뚝섬은 1940년대에 유원지로 조성되었고, 1954년에는 경마장이, 1986년에는 체육공원이 들어서 서울의 대표적인 휴식처로 오랫동안 사랑받았다. 광나루는 광진교가 놓인 1936년 이전까지만 해도 강남과 강북을 연결하는 중요한 나루터였다. 나루가 사라진 지 70년이 넘었건만 아직도 '광

서울숲에는 작은 사파리 동물원이 있다. 사슴과 토끼가 숲속을 뛰놀고, 매우 가까이서 눈을 맞출 수 있다.

나루'라는 명칭이 생동하는 것은 그만큼 중요한 나루였고, '광나루'라는 어감에서 풍기는 낭만과 친근함 때문이 아닐까. 이제는 한강시민공원으로 말끔하게 단장되어 어디가 뚝섬이었는지, 어디에 나루터가 있었는지 흔적도 찾기 어렵지만 바로 그 때문에 뚝섬과 광나루는 이름만으로 서울의 추억이 되었다. 정확히 어딘지 모르지만 대략 어디를 가리키는지는 서울 사람이라면 말하는 사람도 듣는 사람도 짐작하는 그 한국적 애매성에 어떤 매력이 깃들어 있는 것이다. 굳이 정확히 어디인가를 캐는 사람도 없고, 그럴 필요도 없다. 우리는 그저 뚝섬과 광나루가 떠올려주는 서울의 추억을 안고 달리기만 하면 된다.

이곳은 꼭 | **서울숲**

산은 많지만 평지 숲은 드문 우리나라에서 서울숲은 참으로 귀한 존재다. 여의도광장을 공원으로 바꾼 여의도공원도 평지 숲 공원을 지향하지만 숲이 너무 성기고 시설이 많아서 숲 공원이라기보다 그냥 평범한 공원이 되고 말았다. 서울숲은 여의도공원에 비해 한결 숲이 짙고 야생처럼 뛰노는 노루와 토끼를 볼 수 있는 체험시설도 독특하다. 공원 안에는 자전거도로도 있고 옛날 뚝섬 시절의 흔적도 일부 남아 있다. 한강자전거도로에서 성수대교 아래 지하도를 통해 진입할 수 있다.

자전거길

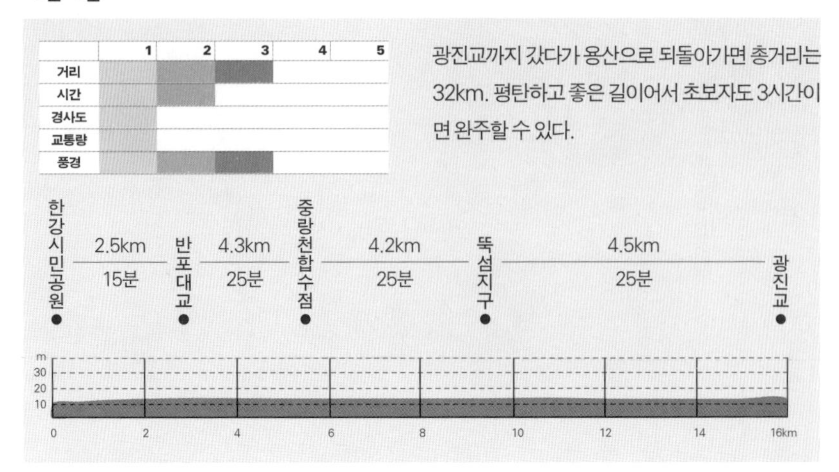

광진교까지 갔다가 용산으로 되돌아가면 총거리는 32km. 평탄하고 좋은 길이어서 초보자도 3시간이면 완주할 수 있다.

① 출발점은 한강대교와 동작대교 사이에 조성된 한강시민공원 이촌지구다. 한강시민공원의 강북 쪽 중심지답게 수영장, 축구장 등 운동시설과 꽃밭까지 다양한 편의시설이 갖춰져 있다. 자전거도로도 반듯하게 잘 닦여 있다. 동쪽으로 향하면 먼저 동작대교를 지난다. 광진교를 포함해 앞으로 12개의 다리를 거쳐야 한다.

② 동작대교 다음의 반포대교를 지나면 길은 강변북로의 고가도로 아래로 들어가 그늘이 진다. 여름이나 햇빛이 강한 때는 좋지만 겨울에는 어둡고 썰렁하다. 이후 고가도로 아랫길은 중랑천 합류지점까지 4km나 이어진다. 중랑천을 건너야 하는데, 중랑천 상류 쪽으로 500m 가량 들어가서 다리를 넘어 우회전하면 된다.

③ 중랑천을 건너면 자전거 길은 서울숲을 돌아가는데, 둔치에는 억새밭이 짙게 우거져 있다. 영동대교를 지나면 한강시민공원 뚝섬지구다. 잠실대교를 지나면 빗물펌프장이 나오면서 길은 다시 그늘이 지지만 잠실철교를 지나면 버드나무가 축 늘어진 멋진 길이 반긴다.

④ 운치 있는 버드나무 길은 천호대교 근처까지 1.7km 가량 된다. 광진교가 가까워지면서 길은 가파른 언덕에 겨우 올라붙었다가 광진교 바로 아래에서 비로소 마무리된다.

⑤ 광진교에서 구리시의 한강 둔치 사이도 자전거도로가 연결되어 구리시까지 코스를 늘려 잡아도 된다.

⑥ 왔던 길로 되돌아가는 것이 지루하다면 광진교를 건너 남쪽의 자전거도로를 거쳐 반포대교 아래 잠수교를 건너 용산으로 가도 된다. 광진교와 잠수교는 한강자전거도로와 바로 연결되고, 다리에 자전거도로도 잘 나 있어 쉽게 강을 건널 수 있다.

찾아가는 길
한강시민공원 이촌지구로 가려면 강변북로를 타야 한다. 구리 방향으로 진행하다가 한강철교 아래나 한강대교를 지나 동작대교 직전에서 진입하면 된다. 반대로 일산 방향으로 진입할 때는 반포대교를 지나 맨 오른쪽 차로로 붙어 이촌동 방면으로 빠진 다음 신동아 아파트 5동 아래의 굴다리를 통해 공원으로 들어서면 된다.

체크 포인트
주차 | 한강시민공원 이촌지구 내에 유료주차장이 있다. 1일 3000원.

물과 음식 | 한강시민공원 이촌지구와 뚝섬지구에 매점이 많이 있다. 자전거도로에는 식당이 따로 없고 매점에는 컵라면뿐이다. 식당은 진입로를 거쳐 시내로 들어가야 하므로 도시락을 준비하거나 서울숲을 이용하는 것이 편하다.
휴식 | 자전거도로 곳곳에 그늘막과 나무, 벤치가 있다. 햇살 따가운 여름에 반포대교~중랑천 사이의 고가도로 아랫길은 기막힌 피서코스가 된다. 서울숲과 뚝섬지구에서 쉬어가기 좋다.
주의 | 이촌지구~잠실대교 구간은 날씨 좋은 휴일이면 보행객이 매우 많으므로 조심해서 주행한다.

15 용산에서 한강 따라 행주산성까지

도시 속의 강변 서정

서울시내의 한강자전거도로 중 가장 서정적인 풍경은 행주대교에서부터 가양대교까지다. 강 건너로는 여전히 아파트촌이 보이지만 이쪽에는 시가지가 없다. 강물과 도로 사이의 강변은 자연스러움을 살리면서 개발되어 억새밭과 작은 갯벌과 백사장이 남아 있고, 포장 안 된 흙길과 아무렇게나 자란 풀밭도 곳곳에서 볼 수 있다. 흙길은 자연스럽고 포장된 길은 예쁜 색깔을 입혀 동심마저 불러일으킨다. 이 강변길을 본다면 차마 달리지 않고는 배기지 못할 것이다.

강江을 노래함

강변은 한국적 풍경을 대표하는 무대다. 자연풍경을 정신세계와 접목시킨 산수화에 숱하게 등장하고, 향수를 자극하는 이발소 풍경화의 단골 배경이었다. 국문학사상 최초의 시가로 꼽히는 '공무도하가公無渡河歌'도 강물을 소재로 한 비극을 노래하고 있다. 한국 한시漢詩 중 절창으로 꼽히는 고려 중기의 문인 정지상?~1135의 '송인送人'도 '비 갠 긴 둑에 풀빛 푸르고雨歇長堤草色多'로 시작한다. 소월은 '엄마야 누나야 강변 살자'고 애잔하게 부르짖는다. 이수복 시인도 '이 비 그치면 강나루 긴 언덕에 서러운 풀빛이 짙어 오것다'라며 강변 언덕을 배경으로 시정을 풀어낸다.

서울을 여유롭게 하는 한강

우리는 삼면이 바다로 둘러싸인 반도에 살고 있지만 내륙지방에 사는 사람들에게는 바다보다 강이 더 쉽게 볼 수 있는 풍경이다. 예부터 바다가 함부로 넘볼 수 없는 미지의 세계였다면, 강은 만남과 이별이 있는 극적인 무대인 동시에 빨래하고 물을 긷는 생활의 무대이기도 했다. 소월이 바다가 아니라 강변 살자고 읊조린 것도 어쩌면 그런 연유에서였던 게 아닐까.

◀ 콘크리트로 둘러싸인 서울 한강에도 이렇게 강물과 땅이 만나는 곳이 있다. 서정적인 풍경 뒤로 보이는 도시도 어색하지 않다.

새파란 하늘 아래 억새밭 사이로 흙길이 휘돌아 간다. 도시는 저 만치 물러나고 마음은 한가롭다.

세계적으로 유명한 대도시 중에는 도시를 가로지르며 강이 흐르는 곳이 많다. 하지만 강이라고 다 같은 강이 아니다. 런던이나 파리 같은 대도시가 서울보다 삭막한 잿빛 느낌으로 다가오는 것은 그곳에 산이나 강 같은 숨통이 없기 때문이다. 런던에는 템즈 강이, 파리에는 세느 강이 흐르지만 강폭이 1, 2백 미터 남짓한 개울 정도여서 거대한 시가지에 파묻혀 버린다. 서울이 런던이나 파리보다 한결 인간적으로 다가오는 것은 사방 어디에나 보이는 웅장한 산들과 거대한 한강 덕분이라고 해도 과언이 아니다.

강변 따라 행주산성 가는 길

서울에 처음 온 외국인들은 대개 한강의 규모에 놀란다. 서울은, 공해와 교통체증을 떠올리면 답답한 도시지만 폭 1킬로미터가 넘는 큰 강이 시가지를 양분하는 대도시는 여기 서울과 카이로나일강 외에는 달리 찾기 힘들다. 게다가 서울 주변의 한강 본류와 지류에는 2백 킬로미터가 넘는 자전거도로가 나 있다.

한강의 자전거길은 대부분 연결되어 있지만 대개 한강 본류를 이야기할 때는 강

성산대교를 지나면 숲과 풀밭, 강물이 자연스럽게 어울린 강 언덕이 반겨준다.

남과 강북 구간을 각기 동서로 이등분해서 설명하는 경우가 많다. 그런데 이런 구분은 단순히 지도 상의 위치를 양분하는 데 그치는 것이 아니라 길 주변의 풍경과 느낌도 크게 다르다. 용산의 이촌지구에서 행주산성으로 가는 강북 서쪽은 한강에서도 전원적인 느낌이 물씬한 곳이다. 도심 부근의 강변 풍경은 다른 곳과 비슷하게 고층 아파트로 포위되어 단조롭기 짝이 없지만 성산대교, 가양대교를 지나 하류로 가면 정경이 판이하게 바뀐다. 애상이 깃든 갈대밭, 작은 백사장과 오솔길이 멀리 행주산성까지 포근하게 펼쳐진다.

이곳은 꼭 | **절두산 성지**

양화대교에 못 미쳐 오른쪽 바위 절벽 위에 우뚝 서 있다. 조선 말 개화기 때 천주교 신자들이 조정의 탄압을 받아 처형당한 곳으로, 이들을 위로하는 순교기념관이 있다. 바로 옆에는 한국을 사랑하다 이 땅에서 생을 마친 외국인 선교사들의 묘가 있다. 한강변에서 드물게 보는 절벽지형이 특이하다.

자전거길

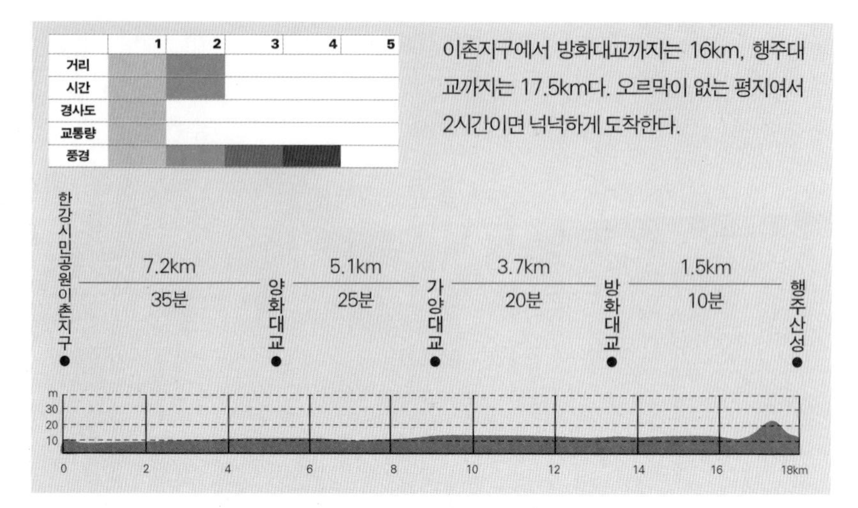

이촌지구에서 방화대교까지는 16km, 행주대교까지는 17.5km다. 오르막이 없는 평지여서 2시간이면 넉넉하게 도착한다.

① 출발점은 강북 자전거도로의 중간 지점인 한강시민공원 이촌지구. 주차장이 잘 갖춰져 있고 공간이 널찍하며 다양한 레포츠시설이 들어서 있다. 강변 자전거도로를 따라 서쪽으로 가면 노들섬을 관통하는 한강대교를 거쳐 한강철교 아래를 지나게 된다. 여유가 된다면 한강대교 위로 올라가 한강 안의 작은 섬인 노들섬을 둘러본다. 섬 위쪽에는 테니스장이 있고, 아래쪽은 낚시꾼들만 가득하지만 앞으로는 시드니 못지않은 오페라 하우스가 들어설지도 모르는 한강의 보물섬이다. 이후에도 여의도를 비롯해 밤섬, 선유도까지 여러 섬들이 기다린다.

② 한강철교를 지나면 넓던 둔치가 좁아지면서 공원 시설물이 사라지고 강변북로와 한강 사이의 좁은 강변에 자전거도로만 외로이 뻗어 있다. 일부 구간은 고가도로를 이룬 강변북로와 너무 가까워 그늘이 지거나 소음이 심한 곳도 있다. 마포대교와 서강대교 사이에 이르면 한강의 철새도래지로 유명한 밤섬을 가까이 볼 수 있다.

③ 강변북로와 바짝 붙어 달리는 구간은 한강대교에서 양화대교까지 5.5km가량 된다. 양화대교를 지나면 다시 둔치가 넓어지면서 시민공원(망원지구)이 펼쳐진다.

④ 성산대교를 통과해 한강 지류인 홍제천을 건너면 마침내 시가지가 끝나고 둔치의 공원도 한결 자연스럽다. 오른쪽에는 옛날 쓰레기 매립장이었던 높이 90m의 거대한 하늘공원이 나란하고 야영장을 지나면 비포장길도 나온다.

⑤ 가양대교에서 행주산성 아래 방화대교까지 4km가 이 구간의 핵심이다. 도시는 강 건너 멀찍이 물러나고 강변의 낮은 언덕은 예쁜 자전거길과 억새밭, 작은 개울이 수놓는다. 방화대교 아래를 돌아 강변북로 오른쪽(북쪽)의 샛길을 따라 행주산성으로 갈 수 있다. 방화대교에서는 창릉천을 따라 화도교까지 3km의 자전거도로도 나 있다.

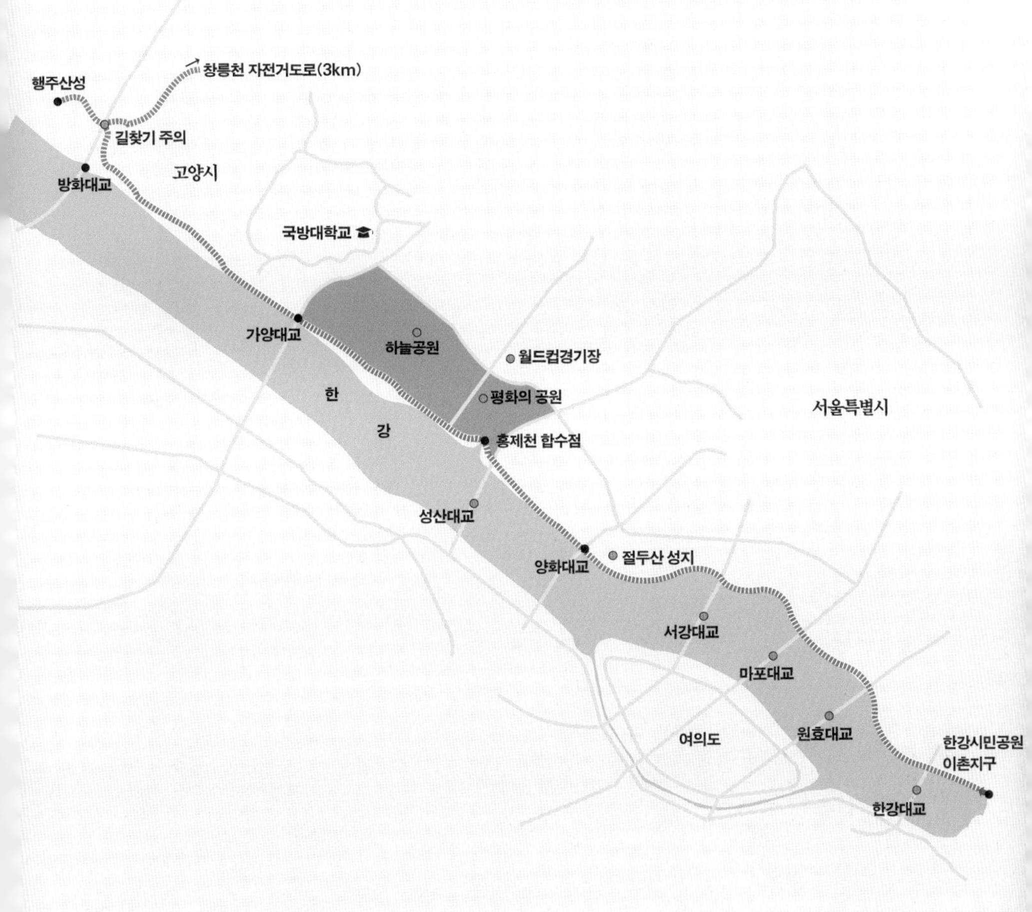

찾아가는 길

한강시민공원 이촌지구로 가려면 강변북로를 이용해야 한다. 구리 방향으로 진행하다가 한강철교 아래나 한강대교를 지나 동작대교 직전에서 진입하면 된다. 반대로 일산 방향으로 강변북로를 이용할 때는 반포대교를 지나 맨 오른쪽 차로로 이촌동 방면으로 빠져 신동아아파트 5동 아래의 진입통로(굴다리)를 통해 공원으로 진입하면 된다.

체크 포인트

주차 | 한강시민공원 이촌지구 내에 유료주차장이 있다. 방화대교에 800m 가량 못 미친 곳에 자유로 일산방향에서 인천공항으로 가는 회차용 굴다리가 있는데, 그 옆에 무료주차공간이 약간 있다.

물과 음식 | 성산대교를 지나면 매점이 없으므로 물과 간식은 미리 준비한다. 자전거도로에는 식당이 따로 없고 매점에는 요깃거리가 컵라면뿐이다. 식당은 진입로를 거쳐 시내로 들어가야 하므로 도시락을 준비하는 것이 편하다.

휴식 | 자전거도로 곳곳에 그늘막과 나무, 벤치가 있다. 햇빛을 피하기는 다리 아래가 좋고, 성산대교 이후에는 강물과 자연스럽게 접촉할 수 있는 수변공간도 많다.

주의 | 이촌지구에서 성산대교까지의 자전거도로는 휴일이면 보행자가 매우 많으므로 조심해서 주행한다. 방화대교에서 행주산성 가는 길은 주변이 어수선하니 길찾기에 유의한다.

16 여의도에서 한강 따라 암사동까지

강남 가는 길은 경쾌한 '스피드 코스'

강남江南은 원래 중국 양자강 이남 지방을 뜻하는 말이었다. '강남 갔던 제비'라고 할 때의 강남도 따뜻한 중국의 강남을 말한다. 그래서 예전에 강남은 '따뜻한 남쪽 나라' 정도의 뜻으로 쓰였다. 그런데 언제부턴가 '강남'은 외국인이 많은 이태원과는 또 다른 의미에서 서울 속의 이방지대다. 강남이란 애매모호한 지명은 '서울특별시 강남구'를 가리키는 걸까, '한강 남쪽'을 가리키는 걸까. 누구도 강남이 정확이 어디부터 어디까지인지를 모르지만 누구나 강남이 어떤 곳인지는 안다. 서울 속의 서울, 강남은 어느덧 일시적인 트렌드가 아니라 지속적인 현상이 되었다.

강남은 어디에 있나

강남은 도대체 어디인가. 사전적인 강남은 서울의 한강 남쪽 지역이지만 실질적인 강남은 땅값이 천정부지이며 학군이 좋다는 강남구와 서초구, 송파구 일원에 한정된다. 그러나 강남은 서울이 아니라 그냥 강남이다. 강남은 단순히 땅값이 비싼 일부 지역을 넘어서 지금은 보이지 않는 울타리가 쳐진 일종의 '구역zone'이 되었다. 이를테면 강남 사는 사람은 이런저런 차림을 하고 어떤 브랜드의 옷을 입으며 어떤 차를 타는지 대략 어림할 수 있는 스타일이 정형화된 것이다. 강남은 강남 사람들도, 비非 강남 사람들도 다름을 인정하는 특별구역이 되었다.

강남 가는 길

그런 강남으로 가는 길은 만만치가 않다. 단순히 거리가 멀거나 길이 나빠서가 아니라 하루 종일 교통체증이 빚어지기 때문이다. 거리에는 수입 차와 명품 매장이 넘쳐나고 사람들도 와글와글하다. 넓은 길을 가득 메운 자동차들 사이에서는 대중교통도 별 힘을 못 쓴다. 버스는 교통체증에서 자유롭지 않고, 지하철은 제 시

◀ 여의도 한강시민공원의 오후는 황금빛 햇살을 반사하는 63빌딩으로 눈이 부시다.

올림픽대교 근처 자전거도로의 풍경. 탁 트인 한강과 도시를 한 발 물러나 바라보며 달리는, 유쾌한 길이다.

간에 가기는 하지만 몹시 비좁고 공기는 탁하다. 도대체 강남에는 뭐가 있기에 이다지도 강남 가기가 힘들까 싶다.

하지만 막히는 길이 있으면 뚫리는 길도 있는 법. 다행히 자전거로 강남 가는 길은 빠르고 경쾌하다. 출퇴근 시간대에 외지에서 강남 가는 길은, 자전거가 자가용이나 전철보다 효과적이라는 것이 많은 사람들의 경험으로 입증되고 있다. 자전거길은 교통체증이 아예 없고 달리면서 한강의 시원한 풍경까지 감상할 수 있다는 점에서 강남 가는 고속도로다.

열일곱 개의 다리를 지나

한강시민공원의 여러 지구 중에서도 강남 쪽은 월등히 편의시설이 잘 갖추어져 있다. 강남은 자전거도로도 '강남스럽다'고나 할까. 깨끗하게 정돈 된 자전거길 너머로 보이는 풍경은 아파트가 대부분을 차지한다. 이렇게 미적 감각을 잃어버린 획일적 풍경 때문에 금방 지루함을 느끼는 사람도 많다.

그러나 조금만 시선을 돌리면 눈요기 거리는 얼마든지 있다. 여의도서강대교 기준에

자전거도로 종점 근처에 있는 암사 선사주거지에 복원된 움집들. 신석기시대부터 한강변에는 많은 사람들이 살았다는 증거다.

서 강동구 암사동까지 25킬로미터 구간에는 서울 시내 한강 다리 스물세 개 중에서 열일곱 개가 놓여 있다. 장쾌한 한강을 보며 달리는 멋진 길에 틈틈이 나타나는 각양각색의 다리가 있어 눈이 더욱 즐겁다. 시원한 풍경 속에서 막힘없는 도로를 경쾌하게 달리는 기분, 아마 차를 가지고 강남 가는 사람들은 좀처럼 맛보기 힘들 것이다.

이곳은 꼭 | **암사 선사주거지**

암사동 자전거도로 종점 근처에 있으며, 1925년 한강 대홍수 때 선사시대 유물이 발견된 터에 꾸며진 사적공원이다. 1980년대 유물조사와 움집 복원을 마무리하고 공원으로 개장했다. 공원 규모는 8만2천㎡로 기원전 4천~3천 년 경 신석기시대 사람들의 주거지와 생활모습을 볼 수 있다. 유물전시관과 잔디밭, 산책로도 잘 조성되어 있어 아이들과 함께 가볼 만하다. 주변에는 대규모 암사역사생태공원도 조성하고 있다. 자전거도로 종점에서 여의도 방향으로 올 때의 첫 번째 진출입로(굴다리)로 88올림픽도로를 통과해 선사 사거리에서 좌회전하면 된다. 입장료 500원.

자전거길

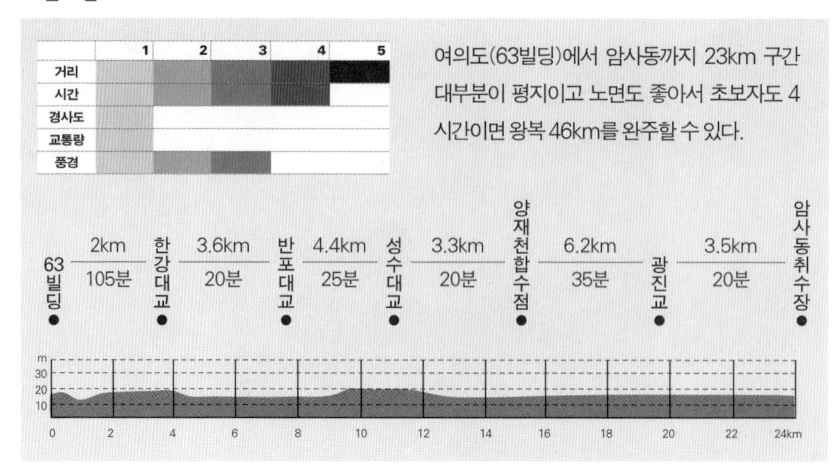

① 63빌딩을 돌아서 샛강을 지나면 철교 네 개가 하나의 다리처럼 모인 한강철교가 나오고, 길은 강변으로 바싹 다가서면서 좁아진다. 잠시 후 한강대교가 눈앞에 보이고 한강대교 직전에서 길은 오른쪽으로 살짝 꺾이며 작은 언덕을 올라 88올림픽도로의 고가(노량대교) 아래로 들어선다.

노량대교는 1986년 완공 당시에는 길이 2,070m로 국내최장의 다리였지만 지금은 강과 나란히 놓여 있어 별도의 다리라기보다는 88올림픽도로의 고가도로 구간쯤으로 여겨질 뿐이다. 노량대교 구간은 늘 그늘이 져서 여름에는 시원한 한편 다소 음습한 것이 흠이다.

② 노량대교를 벗어나면 곧 둔치가 넓어지면서 반포지구 공원이 시작된다. 편의시설은 별로 없으나 작은 인공섬과 풀밭이 어울려 아늑한 느낌을 준다. 반포대교를 지나서 잠원 수영장부터는 반포지구와 구분되는 잠원지구다. 강남 분위기가 물씬한 잠원지구는 동호대교에서 끝나고 길은 다시 강변 언덕에 올라붙어 청담대교까지 3.8km 가량 조금 위태롭게 이어진다.

③ 청담대교를 지나 탄천을 건너면 서울종합운동장 옆에서부터 잠실지구 공원이 시작된다. 잠실지구는 올림픽대교까지 4km에 이를 정도로 매우 길게 늘어져 있다.

④ 올림픽대교를 지나면 마지막으로 광나루지구가 나타난다. 광나루지구는 공간이 널찍하고 시가지를 거의 벗어나 있어 청량감을 준다. 강 건너로는 용마산 줄기가 흘러내리고, 서울의 동쪽 끝인 쉐라톤워커힐 호텔도 보인다.

⑤ 코스 소개는 암사 취수장에서 끝나지만 자전거도로는 88올림픽도로를 따라 고덕 수변생태공원을 거쳐 미사리와 팔당대교까지 계속 이어진다.

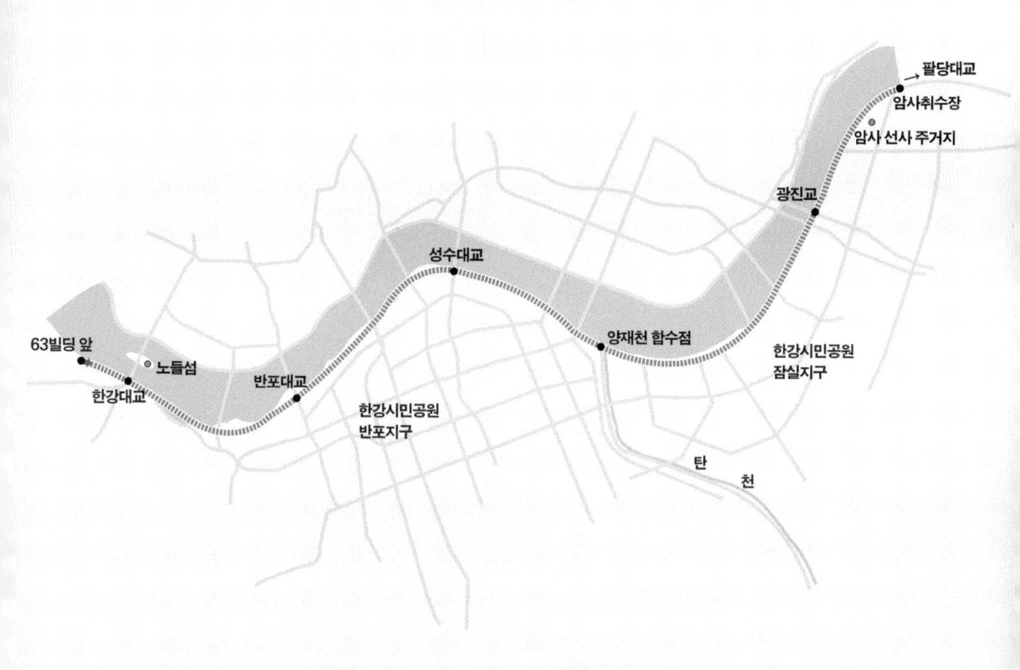

찾아가는 길

한강시민공원 여의도지구 63빌딩 아래쪽 주차장으로 가려면 88올림픽도로를 이용하는 것이 편하다. 여의상류 나들목에서 63빌딩 쪽으로 나와 63빌딩 바로 앞에서 우회전해 둔치로 내려서면 된다. 주차료 1일 3000원.

체크 포인트

주차 | 한강시민공원 여의도지구에 주차장이 다수 있다. 같은 지구 내에서는 영수증이 있으면 하루에도 여러 번 들락거릴 수 있다.

물과 음식 | 한강시민공원 곳곳에 매점이 많이 있어서 물을 구하기는 쉽지만 식당은 따로 없다. 식사는 매점에서 간단히 해결하거나 도시락을 준비하는 것이 좋다.

휴식 | 자전거도로 곳곳에 그늘막과 나무, 벤치가 마련되어 있다. 반포지구와 광나루지구의 잔디밭이 쉬어가기에 좋다.

주의 | 여의도~잠실 구간 자전거도로는 한강 자전거도로 중 가장 많은 사람들이 찾는 곳이다. 휴일이면 산책객과 관광객, 달리는 사람, 인라이너까지 뒤섞여 매우 혼잡하므로 통행에 조심한다.

17 여의도에서 한강 따라 행주대교까지

욕망의 섬을 벗어나 새파란 전원 속으로

'서울다움'이 어떤 것인지 꼭 짚어 말하기는 어렵지만 '세련, 집중, 전통'의 궁극적인 어떤 형태라고 가정한다면, 가장 서울다운 곳은 어디일까? 아마도 서울의 장년층은 고궁이 즐비한 사대문 안을 꼽을 것이고, 젊은 층은 강남의 사치스런 거리를 가리킬 것이다.
반면 지방 사람들은 여의도를 절대 빼놓지 않는다. 고궁 비슷한 한옥과 고급스런 상가는 지방에서도 볼 수 있지만 여의도 풍경만은 서울 아닌 곳에서는 볼 수 없기 때문이다. 얼굴 한 번 보기도 힘든 '금배지'를 장날 김 서방 보듯 할 수 있는 국회의사당, 질서정연하게 들어선 세련된 고층 빌딩, 최고의 파워매체가 된 방송사, 경제를 좌지우지하는 금융업체 등이 바로 여의도에 있기 때문이다.
옛날에는 한강 속의 한낱 모래섬이었던 여의도가 지금은 대한민국의 정치와 금융, 대중문화의 중심지다. 어느 시인이 '여의도의 바람은 직각으로 분다'고 노래했던 고층빌딩의 잿빛 모퉁이에는 권력과 돈과 인기를 찾는 사람들의 욕망이 서성인다.

여의도 이모저모

여의도는 섬이 아니다. 북쪽은 드넓은 한강 본류가 흐르는 반면 남쪽은 거의 물이 마른 샛강이 저습지를 이뤘고, 88올림픽도로 여의도 상류와 하류 나들목은 아예 물길을 막아 여의도가 더는 섬이 아니게 만들었다. 하지만 홍수가 나면 샛강도 폭 백 미터가 넘는 강줄기로 변해서 이 때 만큼은 여의도를 진짜 섬으로 가둬버린다. 샛강은 특별한 시설물 없이 자연 그대로의 모습을 살린 생태공원이다. 한강 본류 쪽과는 완전히 단절되어 국회나 성모병원 아래쪽의 주차장을 통해 별도로 진입

◀ 행주대교를 살짝 벗어나면 돌연 김포의 들판이 펼쳐진다. 도시에서 10분 만에 만나는 새파란 전원풍경이 생경하면서도 반갑다.

행주대교 하류의 강변은 낚시꾼들의 사랑을 받는 명소다. 한강은 강폭이 더욱 넓어져 건너편 언덕이 까마득하다.

해야 하는 점이 번거롭기는 하지만 여유가 있다면 한번쯤 찾아볼 만한 곳이다.
여의도라는 독특한 이름에 대해서는, 옛날에 홍수가 지면 국회의사당 자리에 있던 양말산만 빼꼼 드러나는 쓸모없는 땅이라고 해서 '너나 가져라' 라는 뜻으로 '너 섬'이 되었다가, 이를 한자로 표기한 것이 여의도汝矣島라는 얘기가 정설로 통한다. 지금도 여의도에서는 '너섬'이라는 상호를 많이 볼 수 있다.
여의도는 종종 다른 지역과의 면적 비교 기준이 되곤 한다. 뉴스를 보면 면적을 나타낼 때 꼭 '여의도의 몇 배' 하는 식으로 여의도 크기가 기준으로 인용된다. 그런데 이렇게 여의도를 기준으로 사용하려면 전 국민이 여의도 크기를 미리 알고 있어야 하지만 도대체 여의도가 얼마나 큰지 먼저 밝혀주는 경우는 드물다. 여의도의 면적조차 2.95제곱킬로미터와 8.4제곱킬로미터로 크게 다른 수치가 혼용되고 있다. 이는 여의도와 여의도동을 혼동한 결과다. 섬의 면적만 따지면 2.95제곱킬로미터가 맞으나 행정구역인 '여의도동'은 경계선이 지나는 한강까지 포함해 3배 가까운 8.4제곱킬로미터나 되기 때문이다.

방화대교 주변에 자연스럽게 조성된 습지 생태공원. 갈대밭 사이로 구비치는 길이 운치 있다.

행주대교 끝은 진한 흙 내음

여의도는 욕망의 화신이다. 권력을 좇는 정치 지망생은 국회가 있는 서여의도를 들락거리고, 돈을 좇는 사람들은 증권거래소가 있는 동여의도 언저리를 떠돈다. 인기를 좇는 미남미녀와 온갖 재주꾼들은 방송국 근처로 모여든다. 여의도는 도시의 구멍이다. 출퇴근 시간과 점심시간에는 넥타이를 맨 엘리트 직장인들이 넘쳐나지만 휴일에는 밀물처럼 사람들이 빠져나가 마치 유령도시처럼 텅 비어버리는, 도심의 빈 점이 된다.

권력이든 돈이든 인기든 뭔가를 좇아 막상 여의도에 들어서면 아무리 대단한 야망가라고 해도 가끔은 이 숨 막히는 욕망의 냄새에 질려 탈출을 떠올리게 마련이다. 그런 사람이라면 자전거를 타 보자. 직각들의 홍수에서 벗어나 가장 화려하고 가장 넓으며 가장 다채로운 한강시민공원 여의도지구를 출발한 자전거는 서쪽으로 향한다. 길은 평범하지만 넓은 강폭의 장쾌한 풍경 속으로 15킬로미터에 걸쳐 한강을 가로지르는 다리 일곱 개를 지나면63빌딩 출발 기준 마침내 서울의 서쪽 끝인 행주대교에 닿는다. 행주대교 바깥쪽에는 여의도와는 전혀 다른 새파란 전원풍경이 기다리고 있다. 2011년 행주대교 옆에서 시작되는 아라뱃길경인운하이 완공되면 운하 옆에 조성될 자전거도로를 따라 서해안영종대교 옆까지도 갈 수 있다.

이곳은 꼭 | **선유도공원**

선유도는 1978년부터 2000년까지 서울 서남부 지역에 상수도를 공급해 온 정수장이 있었던 섬이다. 지금은 폐쇄된 정수장을 재활용해 공원으로 꾸며 2002년, 국내 최초의 재활용생태공원으로 개장했다. 면적은 11만400㎡. 옛 정수장 설비를 그대로 활용한 아이디어가 돋보인다. 양화지구에서 연결되는 선유교도 빼놓을 수 없는 볼거리. 다만 선유교와 선유도는 자전거 출입이 금지되어 있다.

자전거길

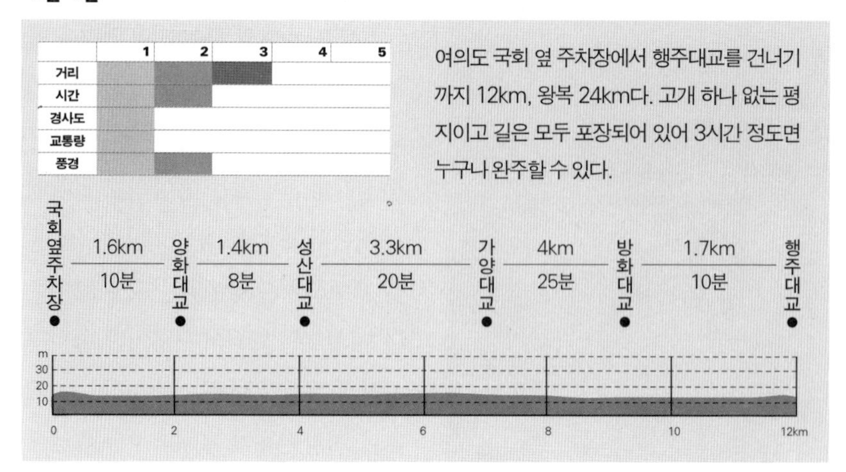

① 국회의사당 아래쪽 주차장을 나와 자전거도로를 따라 서쪽으로 간다. 샛강을 막아선 여의상류 나들목을 지나면 곧 당산철교가 보이고 양화지구 공원이 시작된다. 당산철교 다음의 양화대교 중간에 선유도가 매끄럽게 물살을 가른다.

② 성산대교 직전에서 공원지구는 끝나는데, 들어가서 뒹굴 수 있는 매력적인 잔디밭이 있다. 성산대교 옆에는 세계최고의 고사(高射)분수인 월드컵분수대가 있다. 50층 빌딩 높이인 최고 202m까지 물줄기를 쏘아 올리는 장관을 연출한다(4~9월 가동).

③ 성산대교에서 1km 남짓 가면 안양천이 왼쪽에서 합류한다. 안양천을 건너면 길은 88올림픽도로 아래쪽에 바짝 붙은 좁은 강변길로 변한다. 이 길은 방화대교 근처까지 5km 정도 계속된다.

④방화대교 직전에서 다시 둔치가 넓어지고 운동장 등 체육시설이 보인다. 방화대교를 지나면 마지막 매점이 나오고 행주대교까지 1.6km 구간은 습지생태공원으로 조성되어 있다. 방화대교를 지나면 시가지가 끝나기 때문에 이곳 생태공원은 마치 도시에서 동떨어진 야외 느낌을 주고 인파도 붐비지 않는다. 강 건너편으로는 행주산성이 가깝다.

⑤ 행주대교에서 자전거도로는 끝나고 일대의 강변은 넓은 공터를 이루고 있다. 이곳은 육군의 도하훈련장으로, 가끔 군인들의 훈련 장면을 볼 수 있다. 행주대교는 두 개다. 먼저 나오는 옛 행주대교는 폐쇄되었고 지금은 신행주대교로 차량이 통행한다. 신행주대교 하류 쪽 인도로 진입하는 램프가 만들어져 있어 행주산성이나 일산 방향으로 건너가기 쉽다. 행주대교를 넘어서면 작은 들판과 한강변의 낚시터가 보이고 제방 너머로는 김포의 전원풍경이 기다린다.

⑥ 2011년 아라뱃길(경인운하)이 완공되면 행주대교 옆에 김포터미널이 들어선다. 그러면 서해안까지 18km의 자전거도로를 따라 바닷가로도 나갈 수 있게 된다.

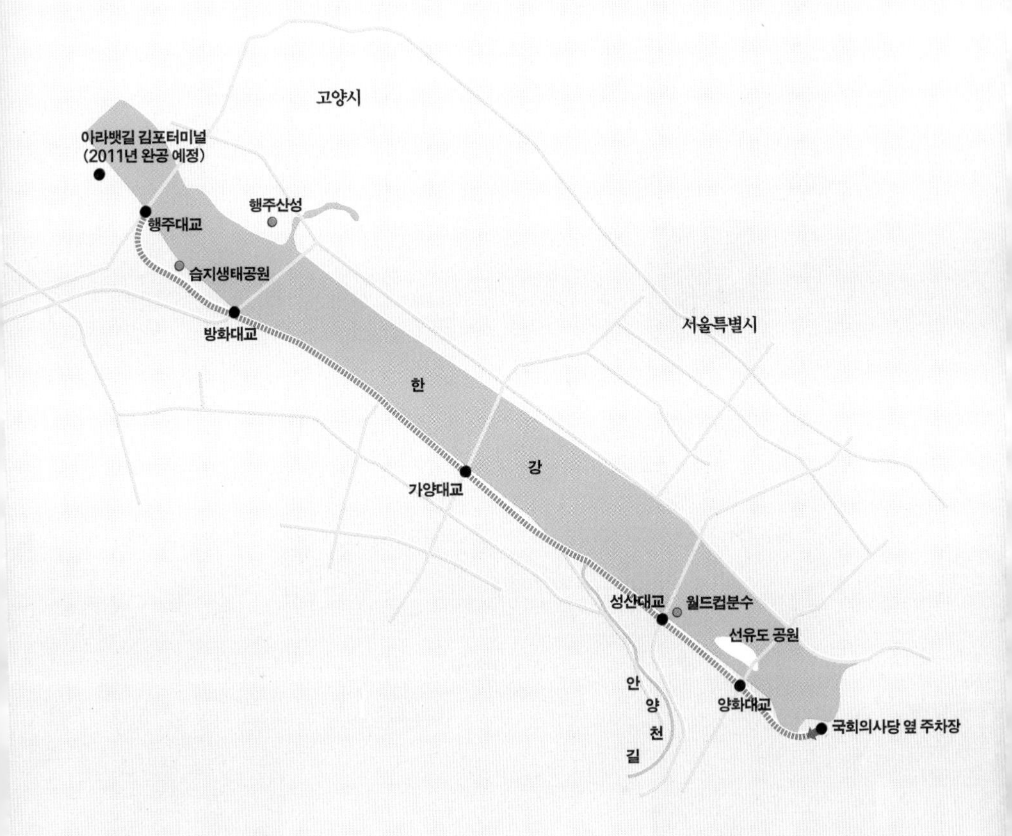

찾아가는 길

한강시민공원 여의도지구로 간다. 국회의사당 아래쪽 주차장으로 가려면 88올림픽도로를 이용하는 것이 편하다. 여의하류 나들목에서 국회 쪽으로 나와 국회의사당 외곽을 끼고 도는 윤중로에서 좌회전, 국회의사당을 돌아서 둔치로 내려서면 주차장이 나온다.

체크 포인트

주차 | 한강시민공원 여의도지구, 양화지구에 유료주차장(1일 3000원)이 많이 있다. 같은 지구 내에서는 영수증이 있으면 하루에도 여러 번 들락거릴 수 있다. 비교적 한적한 국회의사당 아래쪽 주차장을 권하고 싶다. 이 주차장 옆에는 넓은 억새밭도 펼쳐져 있다.

물과 음식 | 한강시민공원 여의도지구, 양화지구, 방화지구에 매점이 있다. 여의도지구와 양화지구에는 매점 외에 간이식당도 있으나 휴일에는 붐비므로 도시락을 준비하는 것이 좋다.

휴식 | 자전거도로 곳곳에 그늘막과 나무, 벤치가 있다. 양화지구의 잔디밭이 쉬어가기에 좋다. 모든 다리 아래는 여름철 피서공간이 된다.

주의 | 여의도지구는 한강시민공원 중에서 가장 많은 인파가 몰리는 곳이다. 휴일이면 산책객과 관광객, 달리는 사람, 인라이너까지 뒤섞여 북새통을 이루므로 통행에 조심한다.

높은 빌딩 아래 개울물 따라 달리는 천변길

백운호수는 안양천의 끝일까, 시작일까?

서울에서 꽤나 먼 곳이었던 안양이 이제는 서울과 시가지가 연결되어 서울의 외연이 되었고, 작은 근교 마을이던 군포와 의왕은 다시 안양과 연접한 신흥도시로 급성장했다. 이들 도시를 거쳐 한강과 합류하는 안양천은 한때 밀집한 공장지대를 지나와 폐수로 악명을 떨쳤지만 지금은 맑은 물이 흐르는 산뜻한 공원으로 변모했다. 안양천 자전거도로는 변두리 시골과 허름한 공장지대에서 신도시와 첨단 산업단지로 바뀌어가는 선진 대한민국의 견학로이자 꽃과 풀이 우거진 생태 산책로다. 한강에서 안양천으로 접어들어 백운호수까지 몰라보게 건강해진 그 길을 달려가 보자.

굴뚝도시에서 생태도시로

색 바랜 굴뚝들이 하늘을 향해 포문을 열고 있던 공업단지는 한때 경제 성장의 동력이었다. 동시에 생활 주변을 누추하게 만드는 오염원이자 값싼 노동력을 팔아 생계를 유지해야 했던 엄숙한 삶의 현장이었다. 그런 공단의 대명사가 서울 구로공단이었다. 수많은 시골 소녀들이 정든 고향을 떠나 낯선 도시에서 주경야독하며 미래를 꿈꾸던 '상경上京' 신화의 눈물어린 주 무대가 바로 여기였다. 서울의 남쪽 변두리에 자리한 구로공단과 함께 안양도 공업지대였으며, 군포와 의왕 역시 80년대 이후 공업화로 도시가 커졌다.

오직 잘 살기 위해 발버둥치던 그 시절은 어느덧 깨끗하게 정돈된 신도시에 묻혀 아주 먼 얘기가 되어버렸다. 수많은 공장들이 밀집해 수출산업을 이끌었던 구로와 안양의 공단은 이제 과거의 기억으로만 남았다. 공장지대는 아파트 단지가 들어서거나 첨단 산업 단지로 재편되어 커다란 굴뚝이 매연을 내뿜는 모습은 더 이상 찾아보기 힘들다. 더불어 공단시대에는 폐수로 오염되어 악취를 풍기던 썩은

◀ 너무나 자연스럽고 소박한 학의천 자전거도로. 오른쪽의 갈대밭과 습지는 자연 그대로인 것 같지만 세심하게 조성한 것이다.

해맑은 백운호수 뒤로 바라산과 광교산 능선이 하늘선을 그린다.

물이 지금은 맑은 물을 되찾아 도시인의 훌륭한 휴식처가 되고 있다. 바로 안양천이다.

강물이 머물다 가는 곳

강물은 어딘가 출발점이 있기 마련이다. 한강의 본류를 끝까지 되짚어 가면 강원도 태백 금대봉1,418m 기슭의 작은 샘검룡소 에 이른다. 낙동강도 금대봉 바로 옆의 함백산1,573m에서 발원해 장장 천삼백 리를 흘러내린다.

서울권역의 한강에는 수많은 지류가 있는데 중랑천, 탄천과 더불어 가장 규모가 큰 편에 드는 안양천은 의왕시와 성남시 경계에 솟은 백운산564m에서 발원해 성산대교 근처의 한강 본류까지 34.8킬로미터를 흘러내린다. 안양천의 발원지는 백운산 기슭이지만 물줄기는 의왕시내 방면의 본류와 백운호수 방향으로 크게 나뉜다. 의왕 시내 쪽이 조금 더 길어 본류로 치는데 수량은 백운호수 쪽이 더 풍부하다.

백운호수에서 안양시 비산동까지는 안양천 본류와 구분해 '학의천'이라는 이름으로 부른다. 그러니까 백운호수는 학의천이 백운산에서 발원해 잠시 모였다 가는 곳이다.

이 아름다운 길을 가보지 않고 견딜 수 있는가.

삶의 격을 높여주는 도시하천

한때는 교외였던 청계산, 백운산, 광교산 일대는 의왕, 수원, 수지, 분당의 시가지에 둘러싸여, 이제는 도시가 산 밑에 있는 것이 아니라 산이 시가지 안에 솟아 있는 모양으로 형세가 역전되었다. 백운호수는 성남 경계의 바라산, 백운산, 모락산 능선에 둘러싸여 대도시 지척답지 않은 전원풍경을 보여준다. 주변에는 일주 자전거도로가 나 있고 카페와 식당 등이 모여 있어서 가족과 연인들의 휴식처로도 인기가 좋다. 학의천을 포함한 안양천 전체 자전거도로는 백운호수에서 한강 본류의 성산대교 근처까지 논스톱으로 32.5킬로미터가 이어진다. '학'처럼 고결한 느낌을 주는 학의천은 주택가와 공장지대를 지나는데도 물이 맑고 경관이 아름다워 격조를 잃지 않는다. 안양과 광명, 서울 구로구와 금천구 일대의 산업 단지를 지날 때도 안양천 주위는 놀랄 만큼 깨끗하다. 생활주변이 정갈해지면서 우리 삶의 격도 높아지고 있음을 실감하게 해주는, 괄목상대刮目相對의 개울길이다.

이곳은 꼭 | **청계사**

백운호수 입구 포일동에서 5km 가량 청계산 계곡을 거슬러 오른 깊은 산중에 자리하고 있다. 신라 때 창건되었고 고려 충렬왕 때 중건된 고찰로, 불경 목판과 동종 등 문화재를 품고 있다. 도시에서 가깝지만 매우 아늑하고 조용해서 서울 근교의 절 중에서 가장 깊숙한 느낌을 주는 곳 중 하나다. 90년대까지 절 주변에서 호랑이를 목격했다는 이야기가 나돌기도 했다.

자전거길

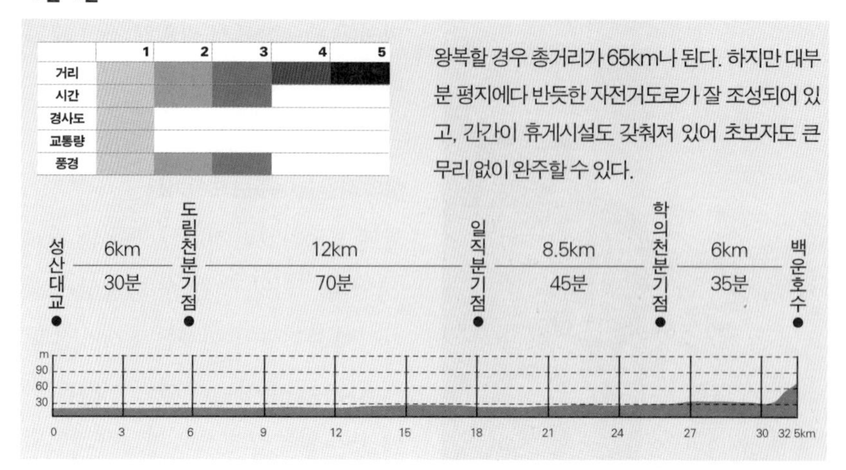

① 출발점을 서울 쪽인 성산대교 부근으로 잡는다. 자전거 도로를 따라 행주대교 방면으로 200m 가면 성산대교다. 성산대교를 지나 1km 가면 안양천이 갈라지는데, 좌우측 모두 자전거길이 나 있다. 왼쪽길로 가는 것이 도중에 끊어지지 않아 편하다.

② 길은 꾸준하게 남쪽으로 내려간다. 5km 가면 도림천이 합류하지만 그대로 직진한다. 구로의 공업지대와 광명의 아파트단지를 거쳐 안양으로 들어선다.

③ 안양 초입의 석수역 근처까지 17km. 서해안고속도로와 제2경인고속도로가 만나는 일직 분기점 아래를 지나면 시가지가 잠시 사라지지만 하천이 왼쪽으로 크게 돌면서 곧 안양 시가지가 시작된다. 석수역에서 8.5km 가면 안양천 본류와 학의천이 갈라지는 삼거리다. 백운호수 쪽으로 가려면 학의천 방면으로 좌회전한다.

④ 최근에 단장된 학의천 자전거도로는 자연스러움을 살리면서도 품위를 유지한 멋진 개울길이다. 길 자체만 보면 수도권 천변 자전거도로 중 가장 시골스럽다. 자전거길은 백운호수 바로 아래 다리에서 끝난다.

⑤ 도로로 나와 자동차전용극장을 우회하면 곧 아름다운 호수가 펼쳐진다. 호수 주변에는 3km 정도의 일주 자전거도로가 나 있어 쉬엄쉬엄 둘러보기 좋다. 가을에는 호수 주위를 빙 둘러싼 백운산과 바라산 일대 단풍이 멋지다.

⑥ 코스를 반대로 잡아 백운호수에서 출발해 한강까지 갔다가 되돌아올 수도 있다. 거의 평탄하지만 백운호수가 상류여서 한강을 향해 가면 아주 완만한 내리막길이 된다. 자전거는 예민해서 조금만 내리막이어도 한결 경쾌하게 달린다.

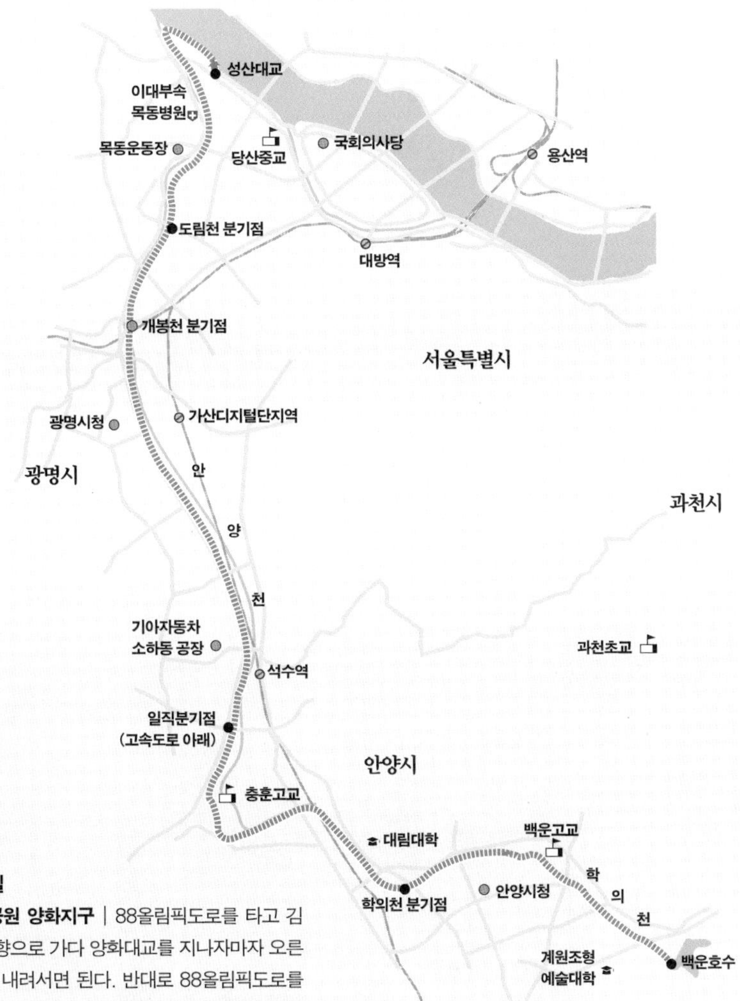

찾아가는 길

한강시민공원 양화지구 | 88올림픽도로를 타고 김포공항 방향으로 가다 양화대교를 지나자마자 오른쪽 둔치로 내려서면 된다. 반대로 88올림픽도로를 잠실 방향으로 탔을 때는 성산대교 아래에서 오른쪽으로 빠져 88올림픽도로 밑의 굴다리를 통해 둔치로 진입한다.

백운호수 | 서울외곽순환고속도로를 이용해 학의 분기점에서 의왕 방향 고속화도로로 빠진 다음, 1.5km 가다 청계 나들목으로 나와 좌회전하여 1km 가면 된다. 학의 분기점이 백운호수 바로 옆에 있다.

체크 포인트

주차 | 한강시민공원 양화지구에 있는 유료주차장을 이용한다. 주차료는 1일 3000원이다.

물과 음식 | 양화지구를 벗어나 안양천에 들어서면 매점이 없다(여름에는 노점이 생긴다). 가게를 찾으려면 둑을 넘어 시가지로 들어가야 하므로 미리 준비한다. 백운호수 주변에 맛있는 식당이 많다. 백운호수에서 평촌 방향으로 모락산 터널(터널 내에도 자전거도로가 있음)을 지나면 계원조형예술대학이 나오는데, 학교 후문 쪽에 있는 일출보리밥집이 맛있다.

휴식 | 도중에 수많은 다리를 지나가므로 햇빛이 강할 때는 다리 밑에서 쉬어간다. 자전거도로 곳곳에 쉼터가 마련되어 있다. 안양천에서 학의천이 갈라지는 지점 부근은 느긋하게 쉬어가기 좋다.

주의 | 길은 평탄하고 잘 포장되어 있지만 거리가 꽤 멀고 다시 돌아와야 하는 왕복코스여서 여름에는 체력안배를 잘 해야 한다. 초입의 목동 부근은 휴일은 물론 평일에도 보행자가 매우 많으므로 조심한다.

19 성산대교에서 광명돔경륜장까지

개울 따라 경륜장 가는 길

광명에 있는 국내최대의 실내 돔경륜장에서는 주말마다 자전거로 속도의 한계를 겨루는 남자들의 진검승부가 펼쳐진다. 이곳은 거대한 실내 돔이어서 전천후로 경기가 진행되고 주변은 공원으로 단장되어 나들이 장소로도 좋다. 특히 한강자전거도로가 연결되어 있는 광명의 목감천변에 자리하고 있어서 안양천과 개봉천, 목감천 자전거도로를 따라 교외로 나가는 가벼운 소풍길로도 제격이다.

자전거로 겨루는 진검승부

경륜競輪은 단거리 자전거 경기다. 선수들의 순위를 예측해서 돈을 거는 게임으로, 1848년 네덜란드에서 처음 시작됐으나 꽃을 피운 것은 1948년 첫 경기가 열린 일본에서였다. 일본에서는 경륜 시작 3년 만에 63개의 경륜장이 생겨날 정도로 폭발적인 인기를 모았고 지금도 46개가 운영되고 있다. 국내에는 1994년에 도입되어 광명, 부산, 창원 세 곳의 경륜장에서 매주 금, 토, 일요일에 경기가 열린다. 자전거를 타는 행위는 친환경적이고 건강한 레포츠지만 경륜은 조금 다른 세계다. 경륜은 국민체육진흥공단이나 지방자치단체 같은 공공기관에서 시행하고 수익금의 대부분을 공익사업에 환원하는 점에서 순기능을 내세울 만하다. 그렇지만 돈을 걸고 순위를 맞추는 도박성까지 부인할 수는 없다. 물론 적당한 선에서 경륜을 즐긴다면 역기능에 대해 지레 걱정할 필요는 없겠지만.

경륜이 돈을 걸고 경기를 본다는 점 때문에 인식이 좋지 않은 것은 사실이지만 자전거에 관심 있는 이들에게는 흥미로운 볼거리다. 고속으로 코너를 돌 수 있게 가파른 경사를 이룬 333미터의 트랙벨로드롬을 7~9명의 선수가 여섯 바퀴2,000m 돌아 승부를 가른다. 마지막 한 바퀴는 치열한 전력질주가 펼쳐지는데, 사람의 두 발로 달리는 자전거의 속도가 시속 70킬로미터를 넘나든다. 돈을 걸지 않더라도 선수들의 호쾌한 진검승부 자체가 흥미진진하다.

◀ 부와 효율을 상징하는 목동의 초고층 아파트 옆으로 자전거가 느릿느릿 달린다. 여유로운 두 바퀴 덕분에 도시는 한결 인간적으로 다가온다.

광명돔경륜장까지 자전거를 타고 오거나, 여기서 자전거를 빌려 타는 사람들이 많다.

자전거 타고 가는 자전거 경기장

1994년 도입된 경륜은 서울 올림픽공원 내 사이클 경기장에서 처음 열렸다. 하지만 노천 경기장이어서 날씨에 취약하고, 시멘트 바닥은 선수들의 부상으로 이어지는 일도 많았다. 그래서 2006년 광명 외곽지대에 국내최대의 돔경륜장을 만들었다.

자전거로 하는 경기인 만큼 경륜 시행처인 국민체육진흥공단과 광명시는 안양천 자전거도로와 연결되는 자전거도로를 추진하여 2007년에 개통했다. 이렇게 해서 광명시 변두리의 들판에 자리한 경륜장도 수도권 한강수계 자전거도로망에 편입된 것이다. 이는 서울과 주변 도시들에 걸쳐 한강 본류와 지류, 지천에 조성되어 있는 약 2백 킬로미터의 자전거도로 네트워크에 포함되어, 이 길과 접한 곳은 어디든 갈 수 있고 어디서든 올 수 있다는 의미가 된다.

공원 같은 경륜장, 소박한 전원풍경

경륜장 가는 길은 안양천 자전거도로 구간 중 구로에서 갈라지는 개봉천을 따라간다. 개봉천은 서울과 광명의 경계를 이루는데, 서울 경계를 벗어나 광명으로 들

거대한 우주선 모양의 경륜장 옆으로 자전거도로가 한가롭다. 옆의 개울은 개봉천과 이어진 목감천.

어가면 목감천으로 불린다. 개봉천과 목감천의 작은 둔치에는 자전거도로와 함께 주민들을 위한 체육시설이 들어섰고 경륜장까지도 자전거길이 연결되었다. 경륜장은 시가지 끝단에 자리해서 자전거길이 끝나는 곳은 바로 농촌 마을과 들판이 펼쳐진 전원지대다. 주변은 완연한 시골 풍경이고 경륜장 내에는 공원과 광장, 산책로, 자전거도로가 잘 조성되어 있어 쉬어가기도 좋다. 혹시 경기가 있는 날이라면 돈을 걸지 않더라도 자전거를 주차장에 두고 한번쯤 구경하는 것도 좋겠다. 많은 논란에도 불구하고 경륜은 비인기 종목인 자전거 선수들이 직업선수로서 생계를 영위하고, 자전거 종목의 후진들이 끊이지 않게 해주는 자전거의 삶터이기도 하다.

이곳은 꼭 | **광명돔경륜장**

국내 최대의 실내 돔 경기장으로 3만 명을 수용할 수 있다. 매주 금, 토, 일요일 12시부터 저녁 7시까지 하루 17~18번 경기가 열린다. 경륜은 선수들의 순위를 예측하고 돈을 거는 일종의 도박이지만 흥미로운 단거리 경기이기도 하다. 돈을 거는 것과 관계없이 한번 볼 만하다. 주차는 무료이며 성인은 입장료 400원을 내야 한다. 경륜장 내에 식당과 매점이 있다.

자전거길

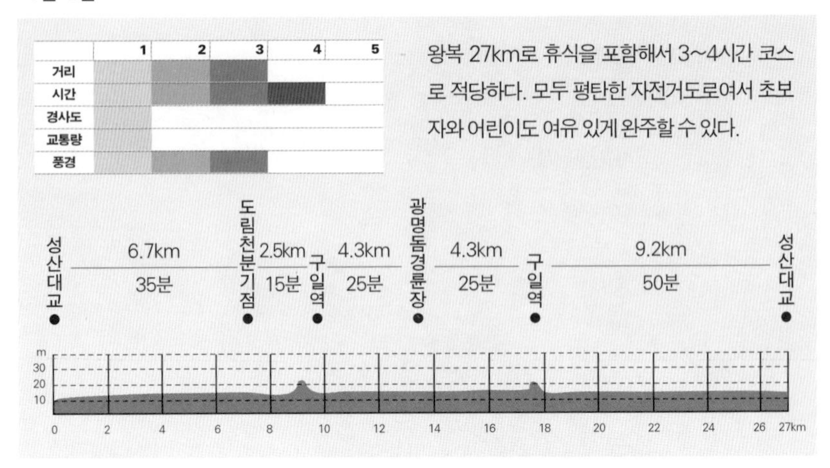

왕복 27km로 휴식을 포함해서 3~4시간 코스로 적당하다. 모두 평탄한 자전거도로여서 초보자와 어린이도 여유 있게 완주할 수 있다.

① 출발점은 성산대교 부근으로 잡는다. 한강시민공원 양화지구에서 자전거도로를 따라 행주대교 방면으로 200m 가면 바로 성산대교다. 성산대교를 지나 1km 가면 안양천이 갈라지는데, 좌우 모두에 자전거길이 나 있다. 안양천은 좌우에 자전거길이 잘 나 있지만 반대쪽으로 건너가기가 쉽지 않은 것이 단점이다. 여기서는 오른쪽으로 가야 나중에 개봉천으로 빠지기가 편하다.

② 5km 가량 가면 도림천이 왼쪽으로 합류하고 2.5km 더 직진하면 오른쪽에서 개봉천이 합류한다. 합류지점에 수문이 있어 길을 놓치기 쉽지만 바로 직전에 구일역이 강을 횡단하고 있으니 이를 기준으로 찾는다(성산대교에서 9.2km).

③ 구일역을 지난 직후 작은 다리를 건너면 오른쪽 아파트단지로 언덕길이 갈라진다. 이 길로 접어들어 아파트단지를 지나면 개봉천 자전거도로가 시작된다. 개봉천에도 좌우에 자전거도로가 나 있지만 오른쪽 길은 경륜장 직전에서 끊어지므로 왼쪽 길을 이용한다. 개봉천은 안양천에 비해 폭이 좁고 주변에는 다세대주택이 밀집해 있어 소박한 느낌을 준다.

④ 안양천 합수점에서 4.3km 들어가면 마침내 은빛 우주선 모양의 거대한 광명돔경륜장이 보인다. 자전거길은 경륜장을 살짝 지난 들판 가운데서 끝난다.

찾아가는 길

한강시민공원 양화지구 | 88올림픽도로를 타고 김포공항 방향으로 가다 양화대교를 지나자마자 오른쪽 둔치로 내려서면 된다. 반대로 88올림픽도로를 잠실방면으로 탔을 때는 성산대교 아래에서 오른쪽으로 빠져 88올림픽도로 아래의 굴다리를 통해 둔치로 진입한다.

광명돔경륜장 | 제2경인고속도로 광명 나들목에서 나와 우회전하면 3km 지점에 있다. 남부순환도로 오류 나들목에서 빠져나오면 광명 시내를 관통해 4km 지점이다.

체크 포인트

주차 | 한강시민공원 양화지구에 유료주차장이 있다. 반대편인 경륜장에는 무료로 주차할 수 있다.

물과 음식 | 출발점인 한강시민공원과 경륜장에 매점이 있다. 도중에 매점이 따로 없으나 개봉천은 동네가 가까워 쉽게 가게를 찾을 수 있다. 식당은 경륜장 앞쪽 동네와 경륜장 안에 있다.

휴식 | 곳곳에 휴게시설이 있으며, 개봉천에는 체육시설도 많다. 경륜장 외부 공원은 쉬어가기 좋다.

주의 | 안양천에서 개봉천 갈림길을 잘 찾아야 한다. 하천을 가로지르는 구일역 바로 옆에 있으므로 주의를 기울여야 한다.

20 인천 문학경기장에서 송도국제도시까지

세계 속 첨단도시를 향해 달리는 천변길

인천은 인구로 따지면 국내 3위를 차지하는 대도시지만 '특별한 도시' 서울의 그늘에 가려 존재감은 늘 부족했다. 그리고 바다가 있어도 공업도시의 갑문에 갇힌 바다는 사람의 가슴을 시원하게 해주는 그 무엇인가가 부족했다. 그렇게 위상이 낮았던 인천이 어느 날 후줄근한 때를 벗고 사람들 앞에 나타났다. 바로 인천국제공항과 송도국제도시가 계기가 되어 이제는 한국을 벗어나 세계 속의 도시로 급성장하며 자신만의 색깔을 가진 독자적인 도시로 거듭나고 있다. 서울 옆의 인천이 아니라 세계 속의 인천으로 떠오르고 있는 것이다. 문학경기장 부근에서 남동공단을 지나 최첨단 송도국제도시로 흐르는 승기천 둔치의 자전거길은 몰라보게 달라진 인천의 '천지개벽'을 체험하는 길이다.

첨단 도시로 가는 길

승기천은 인천 남동구 북쪽의 간석동 일대에서 발원해 연수구를 거쳐 송도국제도시 입구에서 바다로 흘러드는 길이 10.3킬로미터의 작은 하천이다. 승기천 상류는 복개되어 흔적을 찾기 어렵고, 실제 물줄기는 인천종합터미널 근처에서 시작된다. 하천의 하류는 서쪽의 아파트촌과 동쪽의 남동공단 공업지역을 구분 짓는 경계선 구실을 한다.

승기천은 수량이 적어 둔치가 생각보다 널찍하다. 그래서 주민들이 개간한 곳도 있다. 여름에는 주변에서 흘러내린 하수로 냄새가 나기도 한다. 하지만 이렇게 거대한 공단과 시가지를 끼고 흐르는 작은 하천 치고는 그렇게 엉망으로 망가진 정도는 아니다. 인천시는 2008년 중으로 승기천을 자연스러운 생태하천으로 조성할 계획이어서 수질은 훨씬 나아질 것으로 기대된다. 승기천을 따라가는 9킬로

◀ 송도국제도시의 쉼터인 중앙공원(해돋이공원). 고층빌딩과 아파트에 둘러싸인 한국의 센트럴파크로, 시설과 조경이 최첨단이다.

송도국제도시 외곽을 둘러싼 갈대밭과 산책로는 친환경 분위기를 강조한다.

미터 여정은 정제되지 않은 이런저런 풍경들을 지나 마침내 세계 속의 최첨단 인공 섬으로 이어진다.

세계로 연결되는 인공 섬

송도국제도시는 '색깔 없는 공업도시, 조금 멀지만 그래도 서울의 위성도시' 라는 인천의 불명예스런 수식어를 말끔히 씻어 내줄 거대 프로젝트다. 하루가 다르게 바다가 메워지고 빌딩이 서는 지금도 경이롭지만 인천타워와 인천대교 같은 세계적인 건축물까지 들어서면 그야말로 국내에서도 독보적인 위상의 도시가 될 것이다.

인천타워는 버즈 두바이에 이어 세계 2위 높이가 될 151층 6백 미터 규모로 2013년 완공 예정이다. 두 개의 건물이 마주선 거대한 쌍둥이 빌딩은 먼 바다에서 보면 인천을 상징하는 등대 역할을 할 것이다. 2009년 완공되는 인천대교는 송도국제도시와 인천국제공항이 있는 영종도 사이의 바다를 넘는, 길이 12.3킬로미터의 장대 교량이다. 바다 위에 끝없이 도열한 수많은 교각과 63빌딩과 맞먹는 주탑

원인재 근처에 있는 이채로운 숲길. 도시에서는 보기 힘든 평지 숲으로 오른쪽 아래에 승기천 자전거도로가 지난다.

의 높이238.5m는 국가적 자부심을 넘어 인간 능력에 대한 외경심을 갖게 한다. 이런 엄청난 공사를 우리 힘으로 해내는 사실에 가슴이 절로 뿌듯해진다. 이 다리가 완공되면 송도국제도시와 인천국제공항은 겨우 15분 거리로 가까워진다.

모습을 드러내는 새 도시

송도국제도시는 아직까지 외지인들에게는 뉴스로만 듣는 '남의 일'로 인식되는 경향이 없지 않다. 그래서 조금은 신기루 같은 섬이기도 하지만 '국제화, 세계화, 개방, 자유의 선구 도시'라는 이미지를 유감없이 보여줄 날도 멀지 않았다. 2008년 1단계 공사가 끝나고 2014년에 완공될 예정인데, 2008년 4월 현재, 이미 도시로서의 기능을 시작하고 있다. 아파트에는 사람들이 살고 있고 초고층 빌딩들도 속속 들어서는 중이다. 도시 중심에는 대규모의 중앙공원해돋이공원도 문을 열었다. 바다도 달라졌다. 송도국제도시의 바다는 옛날 자유공원에서 보이던, 갑문에 갇힌 인천항의 그 바다와는 판이하다. 물은 가까이서 보면 아직도 탁류지만 멀리서 보면 하늘색을 머금은 푸른빛이 희망처럼 감돌고 아스라이 수평선도 탁 트였다.

이곳은 꼭 | **원인재**

인천 이씨의 중시조인 이허겸의 사당이다. 인천시 문화재자료 제5호로 지정되어 있으며 승기천 자전거도로 출발점인 승기2교에서 3km 내려간 지점의 하천변에 있다. 원래는 연수동 적십자병원 근처에 있던 것을 택지개발 때문에 이허겸의 묘가 있는 현재 위치로 옮겼다. 지금의 건물은 19세기 초에 지어진 것으로 추측되며 '원인(源仁)'이라는 이름은 인천 이씨의 근원을 뜻한다고 한다. 아파트와 공단 사이에 끼어 있으면서도 한옥의 품위가 깊이 느껴진다. 주변의 작은 숲과 숲길도 근사하다.

자전거길

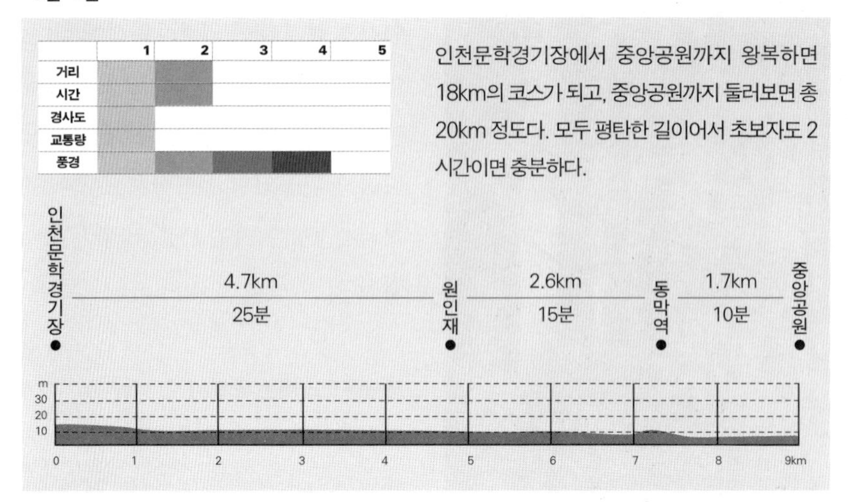

① 인천문학경기장 앞의 대로(문학로)를 따라 인천종합터미널을 지나면 왼쪽으로 농산물도매시장이 나오고, 전재울 삼거리 직전에 있는 승기2교에서 하천 좌우로 자전거길이 시작된다. 갈 때와 올 때 좌우의 길을 번갈아 이용하면 좋다. 출발은 하천 오른쪽(서쪽) 길을 따라간다.

② 승기2교에서 1.5km 정도는 반농반도 상태로 정리되지 않은 주변이 무질서하다. 선학교 직전부터 오른쪽은 아파트촌, 왼쪽은 공업단지를 이룬 승기천의 전형적인 풍경이 시작된다. 오른쪽 아파트촌 쪽에는 공단의 오염된 대기를 걸러주는 작은 숲길이 하천과 나란히 나 있어 뜻밖의 운치를 자아낸다.

③ 승기2교에서 3km 가량 내려오면 발바닥 모양 지압 체험장이 있고 여기서 300m 더 내려오면 원인재의 한옥이 작은 숲 사이에 자리하고 있다. 원인재에서 2.6km 내려가면 동막교에서 자전거도로는 끝나고 도로로 올라선다. 승기천을 흘러온 물은 곧장 바다로 들어가지 않고 바다 옆의 유수지에서 정화과정을 거친 후 바다로 방출된다.

④ 자전거도로 종점에는 인천지하철 동막역이 있고, 좌회전해서 외암도 사거리를 지나면 드디어 송도국제도시로 들어선다. 송도국제도시의 외곽은 아직 공사 중이서 도로가 정리되지 않았으나 2009년이면 외암도 사거리에서 송도국제도시로 진입한 직후 우회전해서 3km 가량 가면 인천대교의 웅장한 모습을 바로 옆에서 볼 수 있다. 2014년 송도국제도시가 완공되면 새로운 명물 코스가 될 해안 일주도로는 18km에 달한다.

⑤ 외암도 사거리를 지나 그대로 직진하면 동막역에서 1.7km 지점 오른쪽으로 송도국제도시의 중심부이자 가장 큰 공원인 중앙공원이 펼쳐진다. 국제도시답게 잘 꾸며진 중앙공원은 구석구석 느긋하게 둘러보기에 좋으므로 일반 자전거보다는 미니벨로가 어울리겠다.

찾아가는 길

문학경기장으로 가려면 제2경인고속도로를 이용하는 것이 가장 쉽고 빠르다. 문학 나들목에서 나와 첫 번째 사거리에서 우회전, 1km 가면 경기장이 나온다. 야구장을 끼고 오른쪽으로 돌면 나오는 P7 주차장이 이용하기에 가장 편하다. 미니벨로를 이용한다면 인천지하철 1호선 문학경기장역에서 내려도 된다.

체크 포인트

주차 | 문학경기장 주차장을 이용한다(무료).

물과 음식 | 시내로 들어가지 않으면 의외로 가게를 찾기 어려우므로 미리 준비한다. 코스 근처에서 식당 찾기가 쉽지 않다. 문학경기장 옆 문학동 골목의 식당이나 승기천 하류의 동춘교 옆에 있는 이마트를 이용한다.

휴식 | 원인재 주변과 송도국제도시 중앙공원이 쉬기에 가장 좋다.

주의 | 승기천을 벗어나 중앙공원까지 1.7km 정도는 도로변의 인도를 따라가야 한다. 송도국제도시 주변은 공사 중인 곳이 많아 대형차가 자주 다니므로 도로보다는 인도로 다니는 것이 안전하다. 인도는 넓은 편이고, 자전거와 보행자 겸용도로도 있다.

21 잠실에서 마천동까지

백제를 더듬는 역사 산책로

역사는 승자의 기록만 남긴다. 중국대륙까지 진출하고 일본을 속국으로 두었던 백제가 결국에는 패배한 역사가 되어 기록과 유물이 망실되면서 백제사는 미스터리가 되고 말았다. 백제의 수도였던 공주와 부여에 남은 유적은 너무나 초라해서 정말 백제가 큰 나라였는지 의심이 갈 정도다. 그도 그럴 것이 공주와 부여가 백제의 수도였던 것은 채 얼마 되지 않고 그 이전의 5백 년은 위례성이 백제의 중심지였기 때문이다. 위례성은 지금의 송파구 일대에 있었던 것으로 추정된다. 위례성으로 비정되는 풍납토성과 몽촌토성 덕분에 서울의 수도 역사는 조선왕조 5백 년을 넘어서 기원전으로까지 소급된다. 잠실에서 남한산성 아래까지 이어지는 성내천 자전거길은 미스터리에 묻힌 백제의 초기 역사를 더듬는 역사기행 코스다.

깊이 잠든 백제를 깨우다

성내천은 남한산성이 자리한 청량산496m 서쪽 기슭에서 발원해 잠실철교 아래에서 한강과 합류하는 길이 9킬로미터 정도의 작은 하천이다. 상류는 복개되었고 마천동까지 6킬로미터가 드러나 있으며, 개울 옆에 자전거길이 조성되어 있다. 짧지만 이 길이 스쳐가는 길목은 역사적 의미가 매우 깊다.

성내천이 거쳐 가는 최고의 명소는 올림픽공원이고, 올림픽공원 최고의 볼거리는 둔중한 초원 언덕을 이룬 몽촌토성이다. 1980년대 초, 올림픽공원을 조성하면서 몽촌토성을 발굴하게 됐는데 그때 비로소 위례성이 몽촌토성이 아니었을까 짐작하게 된다. 흙으로 쌓은 토성이지만 규모는 장대하다. 둘레가 2.7킬로미터에 이르고 높이는 최저 6미터에서 어떤 곳은 30미터에 달해 산인지 성벽인지 구분이 안 갈 정도다. 발굴유물로 봐서는 3세기 초에 축성된 것으로 추정되나 천칠백

◀ 몽촌토성의 가장 높은 성벽 아래로 한 가족이 탄 4륜 자전거가 스쳐간다. 고목이 자라고 있는 이곳 성벽의 높이는 무려 30m에 달한다.

마천동의 성내천 최상류 지점. 위쪽의 복개 구간에서 흘러온 물이 폭포로 떨어지고, 큼직한 징검다리는 물길을 살짝 가둔다.

년 동안 풍우에 깎여나가고 허물어진 것을 감안하면 원래는 훨씬 더 높고 가팔랐을 것이다 이후 이웃한 풍납토성이 발굴되면서 풍납토성이 위례성의 주성이고 몽촌토성은 보조성인 것으로 추정되고 있다. 백제 초기의 국력과 왕권이 대단했음을 알 수 있다.

몽촌토성에서 남한산성까지 역사는 흐른다

자전거길은 마천동에서 끝나지만 성내천을 따라가면 결국은 남한산성 아래에 이른다. 남한산성은 삼국시대부터 북한산성과 함께 한강의 방어선이었고, 전국의 산성 중 가장 완벽하게 보존된 곳이다. 그러나 이곳은 임진왜란에 이어 또 한 번 외세에 무릎을 꿇은 조선의 굴욕적인 현장으로 더 많이 알려져 있다.

임진왜란이 끝나고 40년도 되지 않은 1636년, 중국대륙의 신흥 지배자 청은 명나라와의 사대주의 의리에 묶여 청을 인정하지 않던 조선으로 쳐들어온다. 인조와 신하들은 부랴부랴 남한산성으로 피하고, 10만 청군은 성을 포위한 채 봉쇄작전을 편다. 조정은 논란만 거듭하다 결국 제대로 싸워보지도 못하고 성문을 열어 항복하고 마는데, 인조는 삼전도에서 청 태종 앞에 무릎을 꿇는 치욕을 당했다.

몽촌토성 내부. 인상파 화가의 그림처럼 이국적인 잔디밭 위에 선 고목과 향나무가 마치 동서양을 대비하는 듯하다.

그러나 남한산성 그 자체는 난공불락의 요새였다. 청의 대군도 공격을 못하고 봉쇄작전을 편 것이 고작이었다. 최근에는 길이가 50미터에 달하는 통일신라 때의 거대한 건물터가 발견되었는데, 함께 발굴된 기와는 무게가 19킬로그램에 이르는 세계최대 크기였다. 이런 대규모 건축물이 우리나라에도 있었다는 것이 놀라운 만큼, 역사 속에서 당당했던 문화유산을 지금 만나볼 수 없다는 사실이 참으로 안타깝다. 소실된 남대문뿐 아니라 세계적인 규모의 경주 황룡사 9층 목탑과 여기 남한산성의 건물도 복원하면 어떨까. 규모나 덩치는 짧은 시간에 강한 인상을 남기는 법. 우리도 그런 자랑거리 몇 개쯤 갖고 싶다.

이곳은 꼭 | **풍납토성**

백제 초기 수도인 하남 위례성으로 추정되는 곳으로, 지금은 풍납동 시가지 속에 성벽의 절반 정도가 남아있다. 둘레 3.5km, 높이 15m, 성내 면적이 86만㎡에 이르는 거대한 토성이다. 구릉지처럼 허물어진 몽촌토성과 달리 반듯한 형태의 성벽이 인상적이다. 이런 엄청난 유적이 주택가에 남아 있는 것 자체가 서울의 다채로움과 역사적 깊이를 드러내주는 장관이다. 역사성과 규모에서 남한산성이나 북한산성에 뒤지지 않지만 관광지로 거의 알려지지 않았고 그런 노력도 없는 것이 놀라울 뿐이다. 올림픽공원 초입의 성내천 자전거도로에서 500m 떨어져 있다.

자전거길

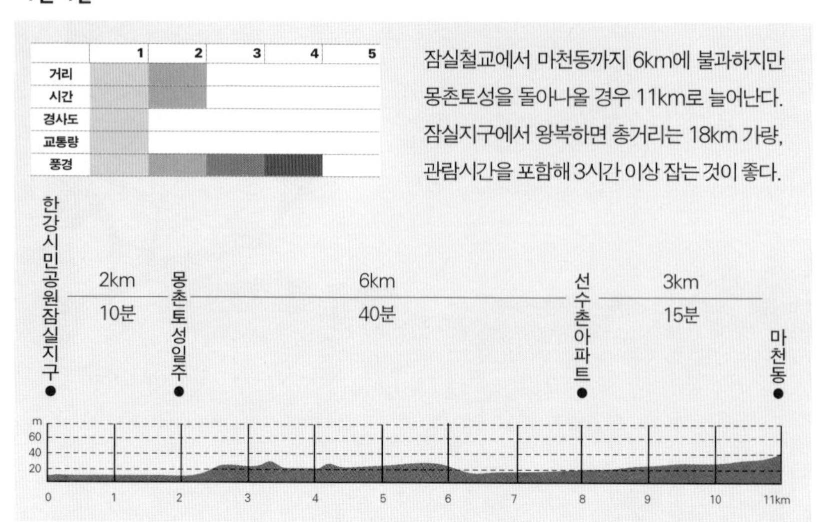

① 한강시민공원 잠실지구에서 강동 방면으로 가면 잠실대교 다음에 전철2호선이 지나는 잠실철교가 나온다. 성내천은 잠실철교 바로 아래에서 한강과 합류한다.

② 성내천 자전거도로는 철교 아래로 들어가면서 시작된다. 여기서 올림픽공원까지 1.3km는 산뜻한 둑길이다. 올림픽공원으로 들어서면 성내천은 몽촌토성의 천연 해자(垓字)를 이루며 성벽을 빙 두른다.

③ 자전거도로는 올림픽공원 북쪽 출입문인 청룡다리를 지나 계속 이어지지만 올림픽공원에 들어선 만큼 몽촌토성을 한 바퀴 돌아보고 가자. 청룡다리를 건너면 곧 오른쪽으로 까치다리가 보인다. 이 다리를 넘어가면 성벽 바깥쪽 코스를 일주할 수 있다. 성 외부를 한 바퀴 돌면 3km 가량 되고, 안쪽 부분도 둘러보면 몽촌토성 구경만으로도 5km는 잡아야 한다.

④ 성내천 자전거도로는 청룡다리 밑에서 남쪽으로 계속된다. 올림픽공원을 벗어나면 올림픽선수촌아파트를 관통해 남하한다. 올림픽선수촌아파트를 나오면 갑자기 800m 가량 전원풍경이 펼쳐지다가 오금동에서 다시 시가지로 들어선다. 서울외곽순환고속도로 아래를 지나 마천동의 주택가에서 자전거도로는 끝나고, 그 이상의 상류는 복개도로 아래로 숨는다.

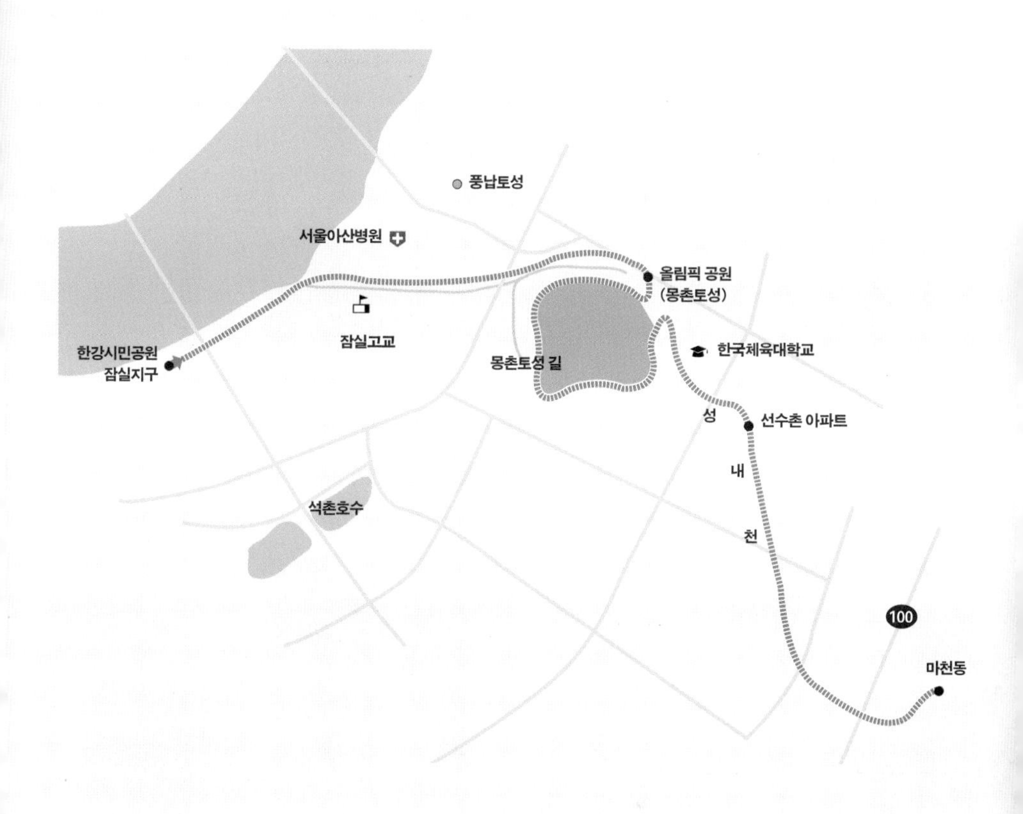

찾아가는 길

한강시민공원 잠실지구는 88올림픽도로에서 바로 진입할 수 있다. 여의도 방향에서는 잠실종합운동장 옆에서 오른쪽으로 빠지면 된다. 강동 방향일 경우 종합운동장으로 빠져서 88올림픽도로 아래의 굴다리를 통과해 진입한다.

올림픽공원을 출발지로 할 경우 방향을 가늠하기 쉬운 동1문(전철 5호선 올림픽공원역)으로 진입해서 테니스장 근처에 주차하면 편하다.

체크 포인트

주차 | 한강시민공원 잠실지구와 올림픽공원 내에 넓은 유료 주차장이 있다(1일 3000원).

물과 음식 | 잠실지구와 올림픽공원 내에 매점이 있다. 이후에는 하천 근처의 주택가 가게를 이용한다. 매점 외에 코스에는 식당이 따로 없다. 코스 옆의 주택가로 들어가 식당을 찾거나 도시락을 준비한다.

휴식 | 올림픽공원과 마천동 종점 근처의 마천공원이 쉬어가기 좋다.

주의 | 몽촌토성의 성벽 위 산책로는 자전거 출입이 금지되어 있으므로 주의한다.

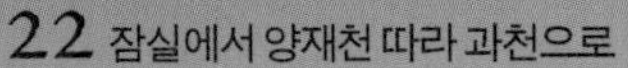

22 잠실에서 양재천 따라 과천으로

높고 높은 빌딩 아래 개울물 따라 과천 가는 길

도시는 빌딩이다. 좁은 면적을 최대한 효과적으로 활용하려면 건물은 하늘로 높이, 땅으로 깊이 들어가는 수밖에 없다. 세계적인 대도시들이 조금은 과시적인 이유로 초고층 빌딩 경쟁에 들어선 지는 벌써 오래되었다. 뉴욕이 세계최고의 도시로 명성을 굳힌 데는 1930년대부터 1970년대 초까지 세계 최고층 빌딩이었던 엠파이어스테이트 빌딩의 역할이 지대했다. 타이베이는 현존 세계최고 빌딩을 지어 일약 세계적인 도시로 급부상했다. 빌딩은 결국 높이로 말한다. 서울의 대표적인 도시하천 양재천은 유별난 특수지역 '강남'을 지나고, 자전거는 국내 최고층 겸 최고급 아파트를 지나 과천으로 간다.

가장 비싼 빌딩과 가장 비싼 개울물

국내 건설사가 짓고 있는 버즈 두바이2010년 완공는 그동안의 세계 초고층 빌딩의 거의 두 배에 달하는 160층, 8백 미터나 된다고 한다. 이렇게 우리나라 기술로 세계최고의 빌딩을 만들고 있으나 정작 국내의 최고층빌딩은 1985년 이후 63빌딩249m 부근에서 맴돌고 있다. 63빌딩의 키를 살짝 넘어선 현존 국내최고 빌딩은 2002년 완공된 고급 아파트인 타워팰리스66층, 264m다. 가장 높기도 하고 가장 비싸기도 한 타워팰리스는, 그 높이와 집값으로 강남의 대명사가 되었다. 탄천의 지류인 양재천은 바로 이 빌딩 옆을 흐르는데, 그러다 보니 서울에서 가장 후한 대접을 받는 개울물이 되었다. 양재천에 가보면 다른 어느 곳 보다 정갈하면서도 '럭셔리'한 개울이라는 느낌을 받을 수 있을 것이다.

과천은 서울일까 경기도일까

양재천은 서울의 남쪽을 수호하는, 불꽃처럼 치열한 산세의 관악산 남쪽 기슭에

◀ 최고급 아파트이자 국내에서 가장 높은 빌딩인 타워팰리스를 배경으로 자전거가 폼 좀 잡았다. 양재천은 자연과 인공을 적절히 가미해 멋진 생태하천으로 거듭 났다.

유럽의 오래된 숲처럼 격조있는 아름다움이 느껴지는 양재 시민의 숲.

서 발원해 강남구 대치동에서 탄천에 합류하는 길이 18.5킬로미터의 탄천 지류다. 대치동, 도곡동 같은 강남의 핵심 주택가를 흘러내리는 강남의 강이기도 하다. 그러나 강남을 흐르는 하류와 달리 양재천의 상류지역인 과천은 어떤 도시와도 다른 독특한 분위기를 지니고 있다. 행정구역은 경기도지만 전화번호의 지역번호가 서울과 같고 청계산 기슭의 공원 이름도 서울대공원과 서울랜드다. 광화문의 정부중앙청사보다 훨씬 큰 정부과천청사가 있어서 공무원의 도시로도 불린다. 국내최대 규모의 경마장도 있어 '경마장 가는 길'이기도 하다. 한 마디로 과천은 서울의 '부록' 같은 도시라고나 할까. 과천만의 정체성보다는 서울 시내에 더 이상 공간이 없어 밀려난 시설들이 모여서 만들어진 보완성 도시가 과천인 것만 같다.

'밀려나도' 기분 좋은 도시, 과천

여기서 '밀려났다'는 표현은 중요하다. 서울이 꽉 찬 이후에야 생겨난 도시이니 모든 시설과 조경이 한층 세련되었고, 관악산과 청계산이 남북을 가로 막아 천혜

양재천 최고의 풍경은 아무래도 강남의 초고층빌딩과 자연스런 생태하천의 멋들어진 조화다.

의 분지를 이룬 입지조건도 뛰어나다. 봄부터 가을까지 과천 일대는 거리와 들판, 산이 온통 진초록의 녹색공간을 이뤄 도시가 숲에 묻힌 것처럼 보인다. 서울과 과천 경계의 남태령 고개만 넘어도 공기가 달라진다는 말은 과장이 아니다. 서울과 가장 가까우면서도 가장 전원적인 도시가 바로 과천이다. 게다가 경마장과 서울대공원, 서울랜드는 과천으로 가는 발걸음을 왠지 가볍게 해준다. 명절이나 축제가 있는 날, 괜히 마음이 들뜨는 것처럼 굳이 공원 안으로 들어가지 않아도 과천에 가면 기분이 좋아진다. 흥겨움은 쉽게 전파되는 신비한 특성이 있어서 많은 사람들이 즐거우면 그 기운을 받아 나도 덩달아 즐거워지는 것이다.

이곳은 꼭 | **양재 시민의 숲**

양재 시민의 숲은 여의도공원이나 서울숲이 생기기 훨씬 전인 1986년 조성되어 숲이 무성하게 자리를 잡아 한결 자연스럽고 벤치와 산책로가 잘 정비되어 있다. 이 숲은 또 위령의 장소이기도 해서 윤봉길의사 기념관, 한국전쟁 때의 유격백마부대 충혼탑, 1987년 대한항공 858기 희생자 위령탑, 1995년 삼풍백화점 붕괴사고 희생자 위령탑 등이 모여 있다. 잔디밭과 숲속은 산책하기 좋고 변두리에 자리해 휴일에도 많이 붐비지 않는다. 주차요금은 10분에 500원.

자전거길

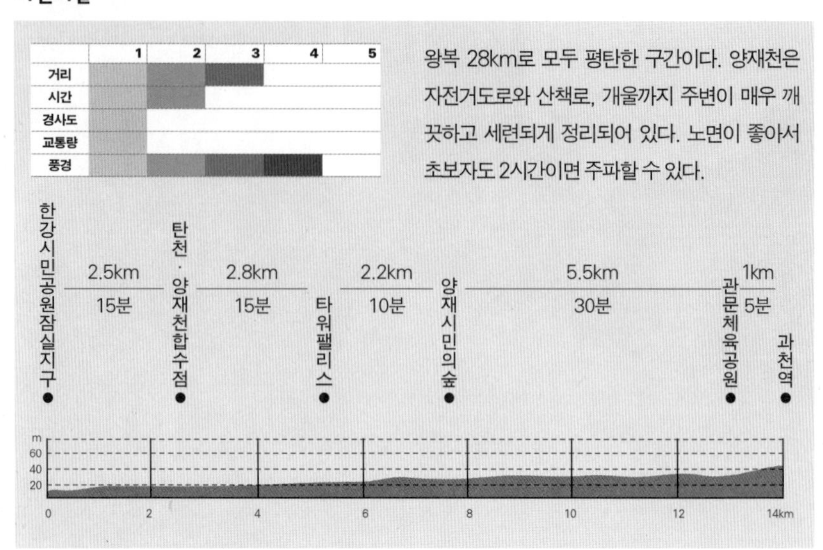

① 양재천은 탄천의 지류이기 때문에 탄천이 한강과 합류하는 한강시민공원 잠실지구에서 출발하는 것이 편하다. 탄천 합수점에서 분당 방향으로 2km 가량 내려오면 양재천이 오른쪽에서 합류한다. 왼쪽은 분당을 거쳐 용인까지 이어지는 탄천 본류다. 합수점 일대는 '학여울 생태공원'으로 지정된 저습지다. 탄천과의 합수점에서 1.5km 가량 들어가면 저 앞으로 타워팰리스의 웅장한 모습이 시선을 압도한다.

② 타워팰리스에서 2km 가량 더 가면 시가지를 벗어나면서 양재 시민의 숲이 나온다. 여기를 지나면 과천으로 들어서면서 시가지가 사라지고 한적한 시골 들판이 펼쳐진다. 금방 타워팰리스를 지나온 눈에 빌딩은 고사하고 아파트도 보이지 않는 들판 길이 조금 생경하면서도 반갑다.

③ 양재 시민의 숲에서 3km 가량 가면 지하철 4호선 선바위역이 나오고, 경마장과 서울대공원으로 가는 큰길이 하천 위를 지난다. 1km 더 직진하면 사당에서 남태령고개를 넘어온 도로 아래를 지나면서 과천시내로 들어선다. 200m쯤 가면 왼쪽으로 관문체육공원이 나오고, 자전거도로는 1.5km 정도 더 시내로 들어가서 지하철 4호선 과천역 부근인 별양교에서 끝난다.

찾아가는 길

한강시민공원 잠실지구는 88올림픽도로에서 바로 진입할 수 있다. 여의도 방향에서는 잠실종합운동장 옆에서 오른쪽으로 빠지면 된다. 강동 방향일 경우 종합운동장으로 빠져서 88올림픽도로 아래의 굴다리를 통과해 진입한다.

체크 포인트

주차 | 한강시민공원 잠실지구에 넓은 유료 주차장이 있다(1일 3000원).

물과 음식 | 잠실지구에 매점이 있다. 이후에는 하천 근처의 주택가 가게를 이용한다. 잠실지구의 매점 외에는 식당이 따로 없다. 코스 옆의 주택가로 들어가 식당을 찾거나 도시락을 준비한다.

휴식 | 탄천과 양재천 합수점, 양재 시민의 숲, 과천 관문체육공원이 쉬어가기 좋다.

주의 | 강남 구간의 양재천에는 산책객이 상당히 많은 편이다. 길이 좋으므로 과속하기 쉬운데, 애완견이나 사람이 갑자기 튀어나올 수 있으니 서행한다.

23 잠실에서 용인 구성까지

남쪽으로 커져만 가는 서울의 끝을 찾아가다

속도와 거리감은 언제나 반비례 관계다. 옛날 제주도는 얼마나 먼 곳이었는가. 1653년 제주도에 표류한 하멜 일행은 왕명으로 불러올렸는데도 서울까지 가는데 보름이 걸렸다. 이제는 비행기로 한 시간이니 아침에 갔다 볼일 다 보고 저녁에 돌아올 수 있다. 1990년대 초 분당신도시가 들어서기 전만해도 용인은 또 얼마나 먼 곳이었는가. 1980년대까지만 해도 교외의 한적한 시골이었던 용인은 이제, 서울과 성남 시가지가 연결되었고 잠실에서 신갈 간 자전거도로가 뚫려 용인도 한강수계 자전거도로망에 편입되었다. 베테랑이라면 잠실에서 신갈까지 자전거를 타고 한 시간에 주파할 수 있는 거리로 가까워졌다.

불과 20년 사이의 일

1980년대 중반, 서울의 시작과 끝은 성남과 서울 경계의 달래내고개였다. 해발 백 미터 정도의 낮은 고개지만 경부고속도로가 지나는 이 고개를 넘어서면 저 멀리 남산타워가 보이면서 서울에 다 왔다는 안도감 혹은 긴장감이 든다. 반대로 서울을 떠날 때도 이 달래내고개를 넘으면 서울을 벗어났다는 탈출감에 젖는다. 그런데 지금은 달래내고개에서 20킬로미터나 더 내려온 수원을 지나쳐야 서울을 빠져나왔다는 생각이 든다. 달래내고개를 넘어서면 판교신도시가, 그 다음에는 분당과 수지 신도시가, 또 그 다음에는 죽전, 구성, 신갈 일대의 신도시들이 계속 이어져 행정구역은 달라도 사실상 서울의 확장으로 여겨지기 때문이다. 불과 20년 사이의 일이다.

도시의 끝은 어디일까

탄천은 용인 기흥에서 발원해 서울 잠실에서 한강과 합류하는 하천이다. 성남과

◀ 탄천 옆의 자전거 시험장 뒤로 서울공항에서 막 이륙한 비행기가 속도를 높인다. 철새들은 비행기에 질세라 열심히 날개를 퍼덕인다.

용인 구성, 신갈 지역을 흘러왔는데도 탄천은 물고기가 살 만큼 맑다. 서울-성남 경계 근처는 낚시꾼들의 단골 모임 터가 되었다.

분당, 용인을 거쳐 오면서 한때는 심각하게 오염되어 악명을 떨쳤으나 최근에는 낚시꾼들이 찾을 정도로 많이 회복되었다. 이 탄천변에 난 자전거길을 달리다보면 서울이 얼마나 커지고 있는지, 새로운 도시들은 얼마나 세련되어졌는지를 실감하게 된다. 동시에 언제까지, 어디까지 도시가 뻗어나갈 것인지 걱정도 생긴다. 벌써 수원 아래에 동탄신도시가 들어섰고 그 다음은 오산을 집어삼킬 태세다. 오산이라면 달래내고개에서 40킬로미터나 떨어진 곳인데 말이다.

큰 서울과 작은 서울

서울의 지나친 집중을 걱정하지만 서울은 단순히 대한민국의 서울이 아니라 세계 속의 브랜드인 점을 감안하면, 서울의 규모는 곧 국가 경쟁력과 통한다. 도시가 커지면 교통과 환경 측면에서 부작용이 생겨나지만 서울은 이런 문제점을 충분히 제어할 수 있는 비장의 무기가 있다. 서울이 다른 대도시와 크게 다른 점이 하나 있는데, 큰 산이 많고 큰 강이 흘러서 아무리 도시가 커져도 쾌적함을 유지해주는 원천이 된다는 것이다.

서울과 분당 사이의 자전거도로는 한동안 산뜻한 전원풍경을 거쳐 간다.

수도권이 점점 팽창해 온 지난 20여 년 간 서울은 더 깨끗하고 더 쾌적해졌으며 더 살기 좋아졌다. 이는 서울의 '울타리'가 커진 것과 관계 있다. 조선시대에는 4대문 안만 서울이었다가 점점 확대되어 1970년에 지금의 행정구역으로 넓어졌다. 1980년대까지는 여전히 '서울'이라는 울타리 안에 갇혀 있어서 온갖 문제가 과장되게 불거졌으나 근교까지 서울이 확장되면서 그 수위도 덩달아 누그러졌다. 한때는 무질서하고 복잡한 서울이었지만 점점 정리가 되고 세련되어 가는 모습에 지금은 자부심을 갖기에 충분한 도시가 되었다. 앞으로 자전거 이용만 늘어난다면 서울은 성장과 환경, 삶의 질까지 갖춘 일류도시가 될 것이다.

이곳은 꼭 | **헌인릉**

서울 서초구와 강남구 사이의 대모산 남쪽 자락에 있는 조선 왕릉으로, 헌릉은 3대 태종과 왕비인 원경왕후의 쌍분이고 인릉은 23대 순조와 순원왕후의 합장릉이다. 이 일대는 행정구역으로는 서초구 내곡동으로 '강남'에 들지만 산간지방이나 다름없는 서울 최고의 시골풍경을 보여준다. 공원으로 단장된 헌인릉은 매우 한적하고 높직한 언덕에 자리한 단아한 봉분과 숲길이 그윽한 정취를 자아낸다. 탄천 자전거도로에서 가려면, 성남 입구의 대왕교를 건너 헌릉로를 따라 4km 가량 들어가야 한다. 헌릉로 보도에 자전거길이 나 있다. 헌인릉 바로 옆의 큰 건물은 국가정보원이다.

자전거길

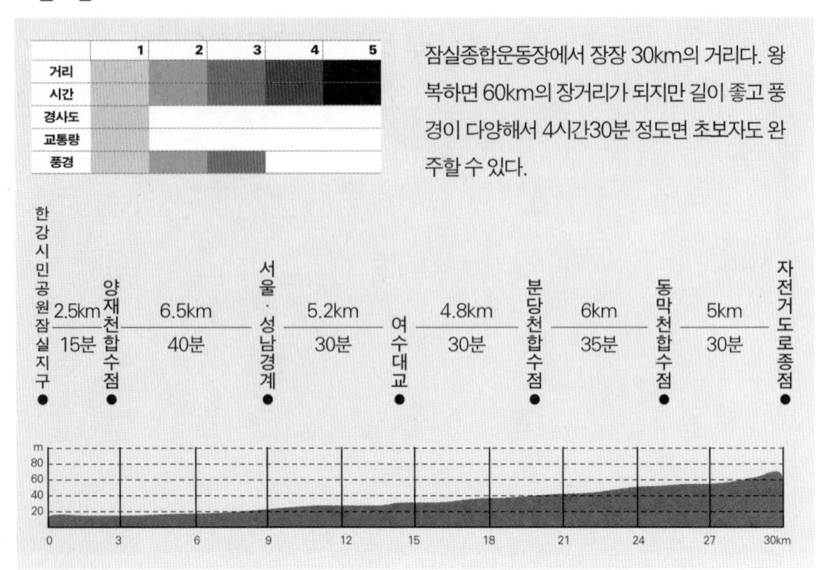

잠실종합운동장에서 장장 30km의 거리다. 왕복하면 60km의 장거리가 되지만 길이 좋고 풍경이 다양해서 4시간30분 정도면 초보자도 완주할 수 있다.

① 출발점은 한강시민공원 잠실지구로 잡는다. 잠실종합운동장을 왼쪽으로 끼고 돌면 한강으로 탄천이 합류한다. 탄천 동쪽은 주차장뿐이므로 반대편의 자전거도로를 따라 남하한다. 합수점에서 2km 내려가면 양재천 합수점이다. 오른쪽이 양재천, 왼쪽이 탄천 본류다. 탄천 본류로 들어서면 저쪽으로 남한산성이 있는 청량산(480m)이 보이면서 근교 느낌이 성큼 다가선다.

② 남부순환도로 아래를 지나 양재천 합수점에서 3.5km 들어간 곳에서 길은 강을 건너 동쪽 둔치를 타게 된다(서쪽에는 자전거길 없음). 잠시 후 대곡교와 대왕교를 지나면 이제부터는 성남이다. 성남으로 들어서면 강 오른쪽은 전투기가 뜨고 내리는 서울공항이 보이고, 5km 떨어진 여수대교까지는 호젓한 분위기가 일품이다. 여수대교를 지나면 강 양쪽에 자전거도로가 나타나면서 분당신도시가 시작된다.

③ 여수대교에서 4.5km 가량 더 가면 왼쪽으로 분당천이 합류한다. 분당천 합수점에서 6km 내려가면 이번에는 오른쪽에서 동막천이 합류한다. 동막천 합수점에서 1km 직진하면 용인시로 넘어가고, 죽전교를 지나면 비로소 시가지가 잦아들고 전원풍이 짙어진다.

④ 죽전교 근처에서 오른쪽으로 성복천이 합류한다. 성복천 자전거도로는 수지 중심부까지 1km 가량 계속된다. 이 길은 2009년 말, 광교신도시까지 3km가 더 연장된다.

⑤ 주변은 새로운 아파트단지가 가득 들어서고 있어 다소 혼란스럽지만 자전거길은 계속 개울을 따라간다. 경부고속도로와 영동고속도로가 만나는 신갈분기점 근처의 용인시 마북동에서 마침내 자전거길은 끝난다. 2009년 10월에는 수원의 신갈호수공원까지 7.9km가 더 연장된다.

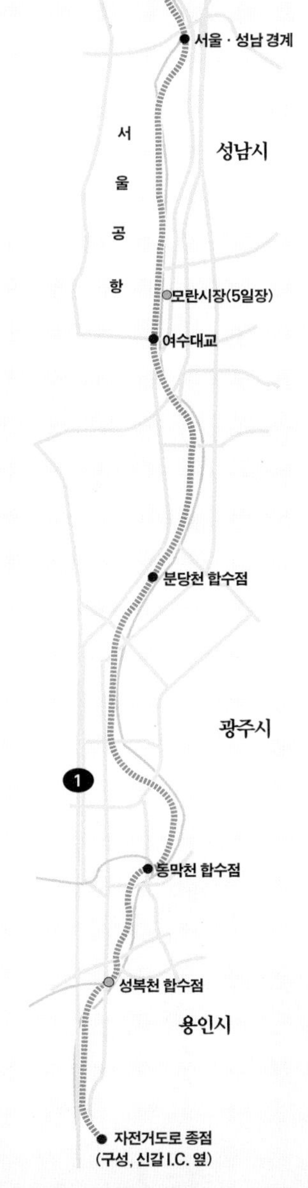

찾아가는 길

한강시민공원 잠실지구는 88올림픽도로에서 바로 진입할 수 있다. 여의도 방향에서는 잠실종합운동장 옆에서 오른쪽으로 빠지면 된다. 강동 방향일 경우, 종합운동장으로 빠져서 88올림픽도로 아래의 굴다리를 통과해 진입한다.

체크 포인트

주차 | 한강시민공원 잠실지구에 넓은 유료 주차장이 있다(1일 3000원).

물과 음식 | 잠실지구 외에 탄천에는 매점이 없으므로 물을 미리 챙겨야 한다. 매점 외에 코스 도중에는 식당이 따로 없다. 코스 옆의 주택가로 들어가 식당을 찾거나 도시락을 준비한다. 코스가 길어서 간식을 여유 있게 마련하는 것이 좋다.

휴식 | 양재천 합수점, 여수대교 근처, 동막천 합수점, 성복천 합수점 등이 쉬어가기에 좋다.

주의 | 왕복할 경우 총거리가 60km에 달하기 때문에 체력 안배와 시간계획이 중요하다. 양재천 합수점에서 여수대교까지 12km 구간은 시가지에서 떨어져 있고 해가 진 뒤에는 인적이 뜸하므로 일몰 전에 일정을 마치는 것이 좋다. 펑크나 고장에 대비한 휴대공구를 준비하고, 충분한 간식과 식수를 챙겨야 하며, 지치기 전에 틈틈이 쉬어간다.

'왕들의 계곡'으로 가는 '왕들의 하천'

동구릉 앞을 흐르는 왕숙천은 왕이 묵었다王宿는 뜻을 지니고 있다. 하천 상류인 진접읍 팔야리에서 태조 이성계가 여드레를 묵은 데서 유래했다고 한다. 세조를 광릉에 장사지낸 후 왕이 잠든 곳이라 해서 왕숙천으로 붙였다는 설도 있으니 조선의 왕과 특별한 인연이 있는 물줄기임은 틀림없겠다. 광릉수목원으로 유명한 세조의 무덤 광릉도 왕숙천 상류에 있다. 그러고 보면 왕숙천은 동구릉뿐 아니라 태조와 세조 등 조선 왕들의 사연이 가득한 '왕들의 하천'으로 불릴 만하다. 한강에서 '왕들의 하천'인 왕숙천으로 접어드는 자전거 여행길에 '왕들의 계곡' 동구릉東九陵을 빼놓을 수는 없다. 동쪽에 있는 아홉 개의 왕릉이라고 해서 동구릉이란 무미건조한 이름이 붙었지만 고대 이집트 왕들의 무덤이 모여 있는 카이로 근교의 '왕들의 계곡'과 다를 바 없다. 합장과 쌍분을 포함해 열일곱 명의 왕과 왕비가 아홉 기의 능에 묻혀 있는, 조선 최대의 능원이다.

명당 중의 명당, 조선왕릉

신라는 평지에, 고려는 산자락에 왕릉을 조성한 데 비해 조선은 산도 아니고 들도 아닌非山非野 구릉지에 왕릉을 만들었다. 이는 풍수지리의 영향이 지대했기 때문으로 보인다. 전통 풍수지리에서는 흙을 생기生氣를 모으는 몸체로 보는데, 북한산처럼 바위가 솟구쳐 기세가 좋은 산세에서 생기가 생겨나고 이 기운은 능선을 따라 낮은 구릉지에서 맺혀 명당이 된다고 한다. 조선의 왕릉 입지는 대부분 이 원리를 따르고 있다. 수많은 왕릉 중에서도 동구릉은 명당이 밀집한 조선 최고의 능원으로 알려져 있다. 그랬기에 한 골짜기에 태조를 비롯한 아홉 기의 왕릉이 들어서 조선 최대의 '왕들의 계곡'을 이뤘을 것이다.

◀ 구리의 한강시민공원에는 엄청난 규모의 태극기가 언제나 휘날린다. 게양대의 높이는 무려 50m, 태극기는 가로 12m, 세로 8m로 이층버스보다 크다.

태조 이성계의 무덤인 건원릉. 나무가 허리를 숙여 시립한 가운데 높은 언덕 위의 봉분이 당당하다. 무덤에는 태조의 고향인 함흥에서 가져와 심은 억새가 무성하게 자라 묘한 느낌을 준다.

조선의 역사를 만나는 산책길

명당을 과학적으로 증명할 방법은 없지만 동구릉에 들어서면 범상치 않은 분위기를 느낄 수 있다. 고목이 우거진 그윽한 숲과 바위 한 점 보기 힘든 부드러운 능선, 마치 인공수로처럼 완만하면서 작은 골짜기는 매우 보기 드문 지형을 이루고 있다. 왕릉들은 한결같이 높이 10~20미터의 잔디밭 둔덕을 이룬 능선 끝에 높직이 올라 있다. 무덤 부근의 고목들이 시립하듯 왕릉 쪽으로 비스듬히 기울어진 모습도 신비롭다. 특히 태조가 묻힌 건원릉은 까마득한 언덕과 관을 뚫고 나온 듯 무성하게 뻗쳐 나온 봉분 위의 억새가 역성혁명을 주도한 무장의 기세를 그대로 보여준다. 옛날에는 일반 백성은 들어올 수 없었을 이 고색창연한 금단의 숲길을 산책하는 것은, 궁궐과는 또 다른 면에서 조선의 역사를 만나는 과정이다.

왕은 6만 평 백성은 6평

동구릉을 안고 있는 포근한 산세는 바로 북쪽의 불암산과 남쪽의 용마산에서 흘러내린다. 동구릉 터를 잡을 때도 분명히 이 산들의 비범한 기세를 감안했을 것이

동구릉 근처의 왕숙천 자전거도로. 완연한 전원풍경 속이다.

다. 그런데 용마산에 서울 최대의 망우리 공동묘지가 자리하고 있다는 점이 특이하다. 중국 낙양에 북망산北邙山이 있다면 서울에는 망우리忘憂里가 있다고 할까. 망우리에 공동묘지가 들어서게 된 데는 일제의 음모가 있었던 것으로 보인다. '왕들의 계곡'인 동구릉 바로 옆에 공동묘지를 만들어 용마산에서 동구릉으로 이어지는 기운을 끊고 조선왕조의 부흥을 잠재우려고 했다는 설이 있다. 그리고 왕들의 능역은 58만 평에 9기가 있어 1기당 6만 평이라면, 망우리 공동묘지는 19만 평에 2만8천 기의 서민들이 누워있어 1기당 6평을 겨우 넘는다. 딱 만 배 차이다. 일제는 이런 격차를 백성들이 느끼고 조선왕조의 특권을 비난하도록 의도한 것인지도 모르겠다.

이곳은 꼭 | **구리타워**

2001년 완공된 구리의 새로운 명소로, 쓰레기 소각장의 굴뚝을 전망타워로 재활용한 멋진 아이디어가 놀랍다. 높이는 100m 밖에 되지 않으나 주변에 높은 건물과 산이 없어 조망이 시원하다. 100m 높이의 아래층에는 전망대가, 위층에는 회전식 레스토랑이 있어 경치를 보며 식사를 할 수 있다. 그밖에 실내수영장, 사우나, 축구장, 곤충생태관찰동 등의 편의시설이 마련되어 있다. 한강과 왕숙천 합수점에서 600m 가량 가면 바로 왼쪽에 있으며 입장료는 없다.

자전거길

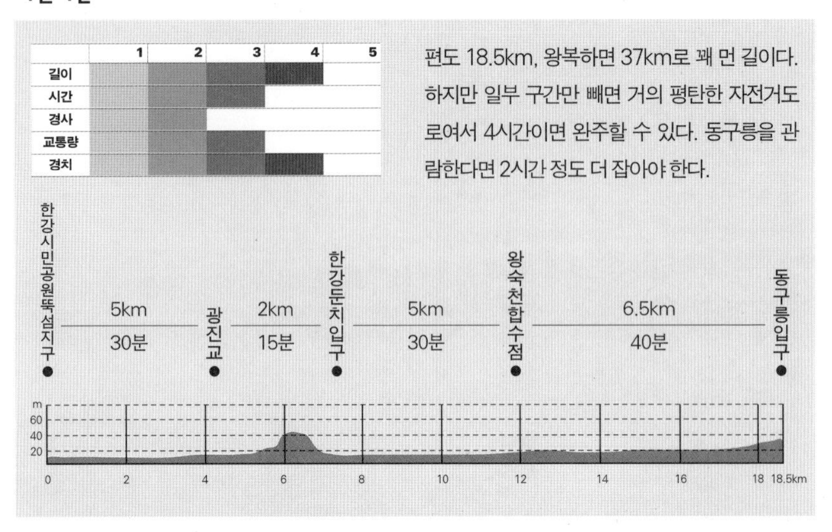

편도 18.5km, 왕복하면 37km로 꽤 먼 길이다. 하지만 일부 구간만 빼면 거의 평탄한 자전거도로여서 4시간이면 완주할 수 있다. 동구릉을 관람한다면 2시간 정도 더 잡아야 한다.

① 한강시민공원 뚝섬지구의 중심인 청담대교를 기준으로 삼으면, 광진교까지 5km가량 된다.
② 광진교에서 1.7km 가면, 강변북로 고가로 아래를 거쳐 널찍한 둔치로 나서게 된다. 여기서 500m 가면 구리 시민공원이 시작되고, 4km 정도 더 가면 한강으로 흘러드는 왕숙천이 나온다.
③ 한강 합수점에서 5km 정도 올라가면 서울외곽순환도로 구리 나들목 옆에 도착한다. 자전거도로는 구리 나들목 북쪽으로 시가지를 벗어나 1.6km가량 더 이어진다.
④ 동구릉으로 가려면 구리 나들목 바로 옆에 있는 한진그랑빌 아파트 뒤쪽으로 돌아가 서울외곽순환고속도로 아래를 통과해 좌회전하면 된다. 자전거는 출입할 수 없으므로 주차장이나 근처 식당에 맡기고 들어가야 한다.

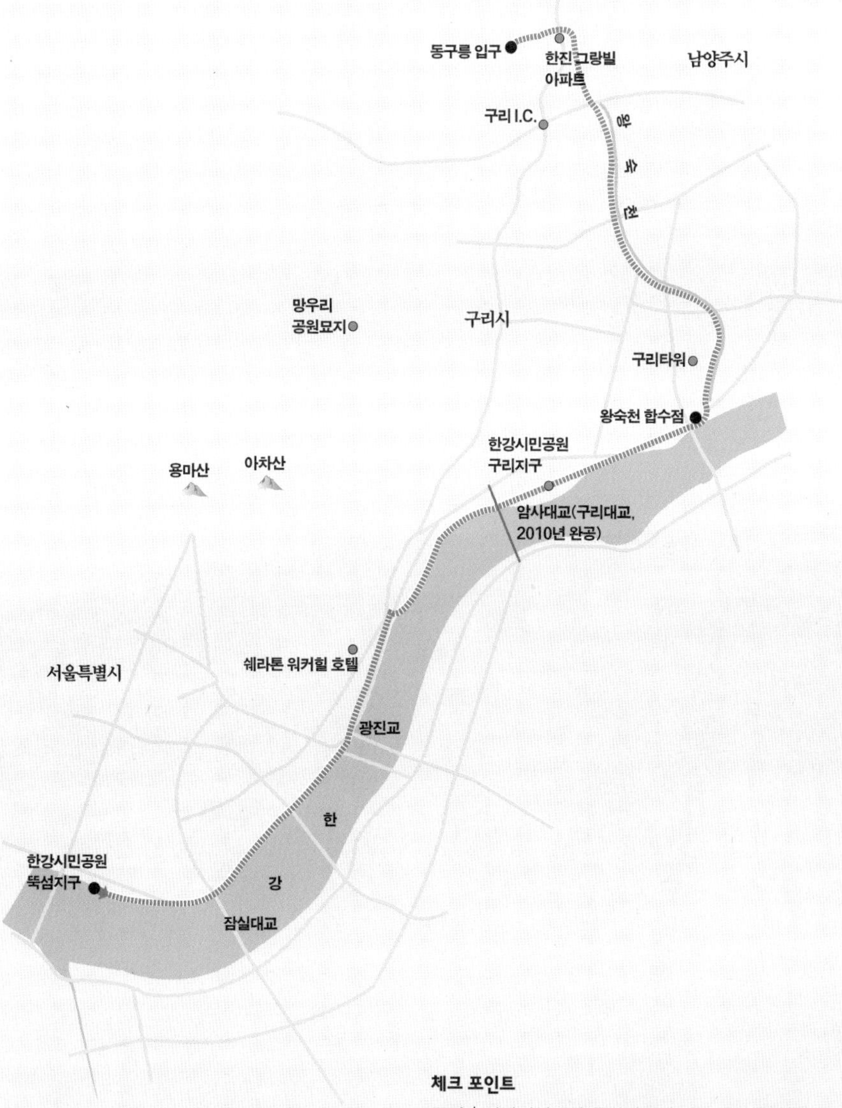

찾아가는 길

한강시민공원 뚝섬지구는 구리 방향 강변북로에서 곧장 진입할 수 있다. 동구릉으로 가려면 서울외곽순환고속도로 구리 나들목에서 서울 방향으로 나와 퇴계원 방향 43번 국도로 들어서면 바로 왼쪽에 입구가 보인다.

체크 포인트

주차 | 한강시민공원 뚝섬지구에 넓은 유료 주차장이 있다(1일 3000원). 동구릉 입구에도 주차장이 있다(1일 2000원).

물과 음식 | 뚝섬지구와 동구릉 근처의 가게에서 물을 구할 수 있다. 왕숙천에는 매점이 따로 없다. 자전거 길 도중에는 식당이 없다. 동구릉 입구의 식당들을 이용하면 주차료를 면제 받는다.

휴식 | 구리타워 근처와 동구릉에서 쉬어간다.

주의 | 동구릉 주변에는 자전거도로가 따로 없고 마을을 관통해야 하므로 길 찾기에 주의한다.

25 홍제천과 불광천

주택가에 스며든 북한산의 매력 찾기

불광천과

홍제천 유역의 집들은 표백한 듯 새하얀 암벽이 돌출한 북한산의 봉우리들을 병풍처럼 두르고 있다. 인구 천만이 넘는 거대도시 바로 옆에, 그것도 주택가에서 이처럼 극적인 풍경을 볼 수 있는 데가 또 있을까. 금강산의 한 자락을 떼어놓은 듯 대단한 경치를 울타리로 삼고 사는 곳. 외국인은 물론 지방 사람들도 이런 풍경을 보면 '과연 서울은 다르구나'하고 감탄하게 된다. 정작 이곳에 사는 사람들은 매일같이 보는 풍경이어서 그런지 그다지 크게 감탄하지는 않는 것 같기도 하다. 하지만 바쁜 일상에 쫓기다가 어느 날 문득 고개 들어 북한산 봉우리를 바라본다면, 이 풍경이 일상인 사람들도 커다란 감흥을 느낄 것이 틀림없다.

서울을 구경하려면 북한산을 보라

예부터 '서울 구경' 간다는 것은 번잡한 도시를 구경하는 것이지 서울의 산과 강을 보러가는 것은 아니었다. 산과 강은 서울보다 시골에 더 많고, 더 좋다는 생각이 일반적이었을 테니까. 같은 맥락에서 혹시 북한산을 과소평가 하는 사람이 있다면 그는 틀림없이 북한산에 올라보지 않았을 것이다.

북한산을 처음 찾은 사람들은 인수봉811m 아래에서 전율한다. 전국의 어떤 산에서도 그런 위용을 만날 수 없기 때문이다. 훨씬 더 높고 더 큰 암벽도 많은 바위산은 있지만 인수봉처럼 말쑥한 암벽은 드물다. 하늘을 향해 수직으로 불끈 솟은 250미터 독립바위를 생각해 보라. 그뿐이 아니다. 정상인 백운대836m의 장관과 서울 시내를 굽어보는 보현봉과 문수봉의 조망, 신라 진흥황 순수비가 있던 비봉 능선의 활갯짓 등 북한산의 경치는 실로 놀랍다. 그럼에도 북한산이 1983년에야 비로소 열다섯 번째 국립공원으로 지정된 것은 사람들이 그 가치를 잘 몰랐기 때문일 것이다. 서울 사람은 늘 보는 풍경이어서 쉽게 생각하고, 지방 사람은 '서울

◀ 월드컵경기장 옆으로 불광천의 작은 물줄기가 곧 마를 듯 가까스로 흘러내린다.

최신 체육시설을 갖춘 불광천 상류 자전거도로. 고만고만한 주택가와 잘 어울려 친근한 느낌을 준다.

에 있는 산이 얼마나 아름다울라고?' 하고 생각했을 테니 말이다.

홍제천은 산속 깊이, 불광천은 땅속 깊이

북한산은 전형적인 바위산으로, 동쪽보다는 서쪽의 기세가 더 가열차고 그런 산자락이 주택가와 가장 가까이 만나는 곳이 바로 은평구와 서대문구 일대를 흐르는 홍제천, 불광천 유역이다.

홍제천은 보현봉과 문수봉 아래의 구기동, 평창동 일대 골짜기에서 발원해 세검정 계곡을 거쳐 성산대교 부근에서 한강과 합류한다. 불광천은 홍제천의 지류로 구파발 인근에서 발원해 길이가 10킬로미터 정도 되지만 응암역 북쪽이 복개되어 땅 위로 드러난 구간은 5.5킬로미터에 불과하다. 두 하천 모두 짧고 소담하지만, 북한산 특유의 바위산 기세를 간직하고 주택가를 흘러내리며 풍경의 격조를 더해주는 기특한 하천이다.

안타깝게도 불광천은 상류가 복개되어 북한산과 주택가 사이에서 품위 있게 어우러진 모습을 보기 어렵지만 홍제천에서는 인왕산-북악산-형제봉-보현봉-

서대문구청 근처에서 바위절벽이 드러나 작은 산수화를 빚어내는 홍제천 자전거도로 풍경.

비봉으로 이어지는 능선의 맥동을 느낄 수 있다. 이 장쾌하고 아름다운 능선에 파고든 모든 골짜기에서 흘러내리는 물길이 바로 홍제천이다. 홍제천과 불광천은 서울의 한강 지류 중에서 가장 폭이 좁고 수량도 적지만 아담한 둔치에는 예쁜 자전거도로가 잘 나 있다. 사람들은 이곳에서 조깅도 하고 자전거도 타며 시나브로 북한산의 기운을 들이마시는지도 모르겠다. 겨울에는 바위처럼 바짝 말랐다가 여름이면 숲처럼 맑은 물이 흘러내리는 작은 개울에는 북한산의 기운도 함께 흐른다.

이곳은 꼭 | **하늘공원**

난지도 쓰레기 매립장은 높이 90m가 넘는 거대한 산더미 두 개로 남았다. 그 산더미를 2002년 월드컵을 앞두고 공원으로 꾸민 것이 하늘공원과 노을공원이다. 노을공원은 골프장이고, 하늘공원은 억새가 만발한, 이름 그대로 하늘 속의 공원이다. 한때 쓰레기 매립지였다는 것이 믿기지 않는 19만 ㎡에 이르는 드넓은 천상벌판은 자못 낭만적이다. 전망도 매우 좋아서 일출과 일몰의 명소로 떠오르고 있다. 자전거는 출입이 제한되어 걸어 오르거나 셔틀버스를 이용해야 한다. 하늘공원과 노을공원 아래쪽에는 공원 전체를 순환하는 산책로가 나 있는데, 강변북로와 공원 사이에 가로수가 늘씬한 비포장 길이 매우 운치 있다. 이곳은 자전거로도 갈 수 있다.

자전거길

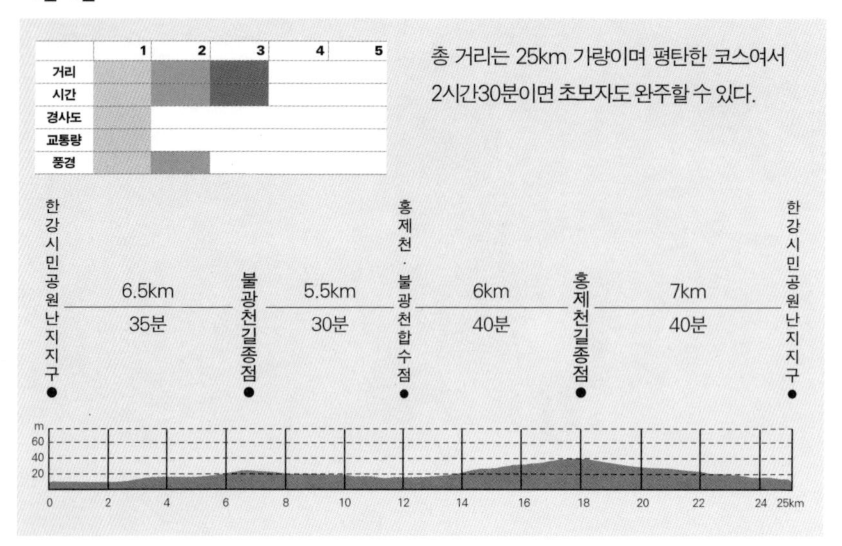

① 출발점은 한강시민공원 난지지구가 적당하다. 성산대교 방면으로 내려오면 다리에 도착하기 전에 홍제천이 왼쪽으로 합류한다. 홍제천 양쪽에 자전거도로가 나 있으나 불광천으로 먼저 가려면 왼쪽으로 진입한다.

② 월드컵경기장 옆 평화의공원을 끼고 700m 가량 올라가면 왼쪽으로 불광천이 합류한다. 이후 응암역까지 불광천 자전거도로는 5.5km 계속된다. 강폭은 20~30m 정도로 작지만 소박한 체육시설과 벤치 등이 잘 정비되어 있어 한강시민공원의 축소판처럼 느껴진다. 자전거도로는 하천 좌우에 잘 나 있어 오갈 때 다른 길을 택할 수 있다. 길이 끝나는 응암역에서 되돌아 나온다.

③ 이번에는 앞서 홍제천 합수점에서 좌회전해 홍제천 본류를 탄다. 홍제천은 불광천을 아우르는 본류로 폭은 50m 가량 되지만 수량은 더 적다. 하천 위를 지나는 내부순환도로가 들어서고부터 유량이 줄었다고 한다. 원래도 수량이 많지 않았다고 하는데, 상류지역은 옛날부터 모래가 드러난 개울이라고 해서 '모래내'로 불렸다. 내부순환도로 때문에 그늘이 져서 여름이나 햇살이 따가울 때는 좋지만 도로 아래를 달리는 기분은 그다지 상쾌하지 않다. 불광천과 마찬가지로 하천 좌우로 자전거도로가 나 있다.

④ 합수점에서 4km 가량 들어간 서대문구청 근처에는 안산(296m) 끝자락의 바위절벽이 물길을 돌려 시선을 끈다. 하지만 자전거길은 여기서 1.5km 가량 더 올라간 그랜드힐튼호텔 근처인 홍제 사거리에서 끝나고 만다. 세검정 방면의 상류로 가려면 일반 차도를 이용해야 한다.

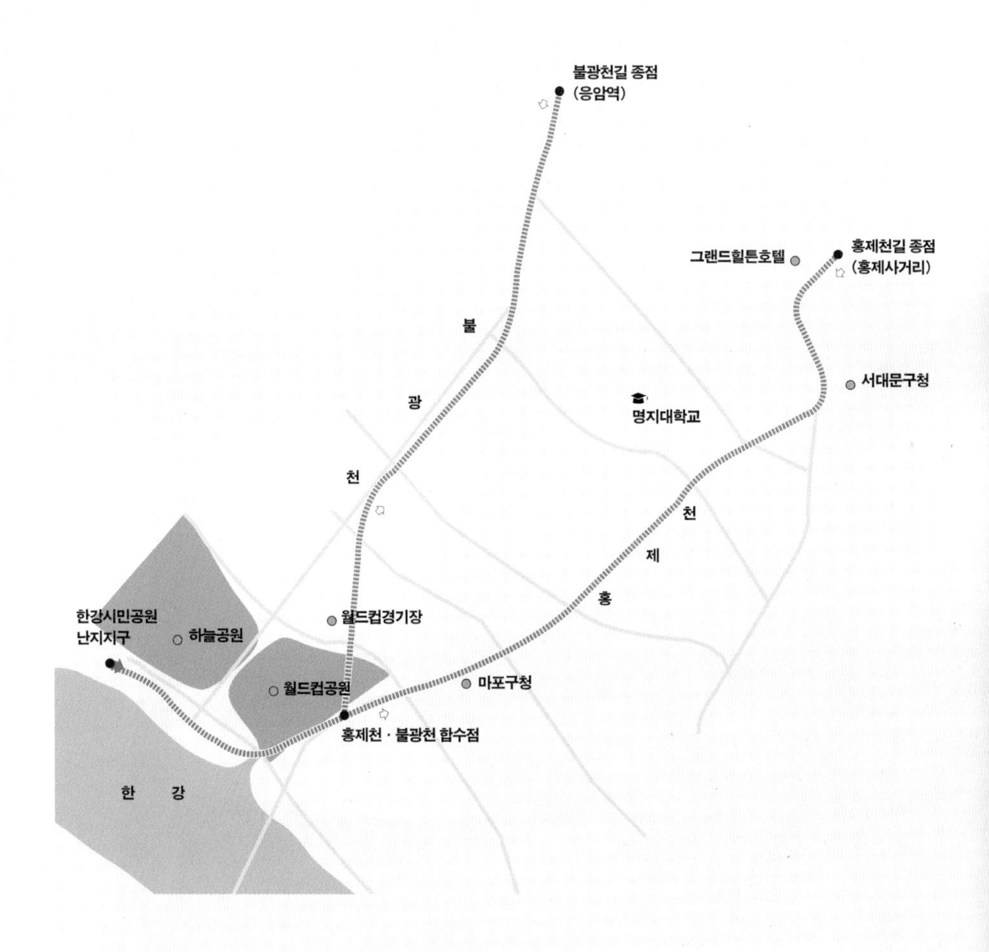

찾아가는 길

한강시민공원 난지지구는 강변북로에서 진입할 수 있다. 일산에서 올 때는 그대로 진입할 수 있지만 반대 방향일 경우 월드컵경기장으로 나갔다가 유턴해서 구리 방향 강변북로에 잠시 진입했다가 바로 오른쪽으로 내려서면 된다.

체크 포인트

주차 | 한강시민공원 난지지구에 유료 주차장이 있다(1일 3000원).

물과 음식 | 난지지구 외에 홍제천과 불광천에는 따로 매점이 없지만 바로 옆이 주택가여서 가게를 쉽게 찾을 수 있다. 난지지구의 매점 외에는 코스 중에 식당이 따로 없다. 코스 옆의 주택가로 들어가 식당을 찾거나 도시락을 준비한다.

휴식 | 서대문구청 옆의 암벽지대가 경관도 좋고 휴게시설도 마련되어 있다. 홍제천과 불광천에 화장실은 따로 없으며 코스를 벗어나 주택가 안이나 근처 지하철역 화장실을 이용해야 한다(안내표시 있음).

주의 | 홍제천과 불광천 모두 자전거도로의 폭이 좁은 편이고, 휴일과 성수기에는 산책객들로 붐비므로 충돌사고에 조심한다. 어차피 길지 않은 코스이니 과속하지 말자.

26 살곶이다리에서 청계천으로

많고 많은 볼거리에 시속 5킬로미터도 빠른 곳

청계천 복원을 두고 참으로 논란이 많았다. 고가도로 상하를 포함해 총 16차로의 도로가 없어지는 데 따른 극심한 교통체증을 어떻게 감당할 것이며, 공사기간 동안 주변 상인들의 피해는 또 어떻게 보전할 것인지 막막했기 때문일 것이다. 그러나 공사는 진행되었고 도심을 뚫고 물줄기가 아득히 흘러내리는 모습에 많은 사람이 감격했다. 이제 청계천은 여러 측면에서 서울의 작은 기적이다. 겨우 5.4킬로미터의 복개구간을 뜯어내고 공원화 시킨 현장은 서울의 명소가 되었다. 삭막한 고층빌딩의 틈바구니에서 사막처럼 메말라가던 도심에 한줄기 오아시스로 재탄생한 것이다. 처음 계획과는 달리 길이 좁고 인파로 붐벼 자전거 통행은 금지됐으나 하천을 내려다보며 흥미진진한 구경거리가 많은 도심을 유유히 산책하는 것도 유쾌하다.

6백 년 수도의 명당수

고려와 조선시대는 집과 묘 터를 잡을 때 풍수지리를 신성시해서 이를 반드시 고려했다. 통일신라 말 도선국사가 중국에서 최초로 도입했다는 풍수지리는 이후 국정과 백성들의 삶에 막대한 영향을 미쳐 땅과 관련된 문제에서는 강력한 이론적 토대가 되었다. 하층민들조차 풍수지리가 아니면 꼼짝을 못 했으니 한 나라의 수도인 도성을 정할 때는 얼마나 엄중했겠는가.

고려의 수도였던 개성은 풍수지리 문외한이 보아도 '좌청룡우백호'에 '배산임수'가 분명한 완벽한 형국을 보여준다. 서울의 사대문 안도 풍수지리에 따라 정해졌고 지형은 개성의 아류로 평가된다. 개성의 진산인 송악산489m은 서울의 진산인 북악산344m보다 훨씬 높고 화강암이 드러난 산세도 더욱 빼어나다. 서울은 북악산 뒤에 조산祖山, 할아버지 산 으로 북한산836m이 우뚝하고 개성은 조금 낮지만

◀ 고산자교 근처에 있는 청계천문화관 앞에는 옛날 복개 전의 청계천변 판자촌을 복원해 놓았다. 음울한 색깔의 나무집이 지독한 가난을 말해준다.

조선 초기 세종 때 만든 살곶이다리는 길이 78m로 조선에서 가장 긴 다리였다. 지금도 인도로 사용된다.

천마산764m이 우람한 기세로 주변을 압도한다. 천마산 일대의 산악지대는 매우 깊어서 조선 개국에 반대한 고려의 충신 72명이 은거한 두문동과 임꺽정 일당이 숨어살았던 청석골도 여기에 있었다.

당시의 기록을 보면 조신들도 개성을 천하제일의 명당으로 인정했지만 결국 고려가 망했으니 이성계는 도읍을 옮기고 싶었을 것이다. 진짜 명당이라면 나라가 망하면 안 되는 것 아닌가. 그렇게 해서 조금 부족하지만 개성과 비슷한 서울이 수도로 채택된다. 서울이 개성보다 나은 점은 명당수청계천 가 흘러내리는 터사대문안 가 조금 더 넓다는 정도였다. 이렇게 해서 청계천은 1394년부터 수도의 젖줄이 되어 6백여 년을 수도의 탁류로 흘러내렸다. 임금과 왕비의 세숫물도, 중신들의 양칫물도, 서민들의 피눈물도 이 청계천으로 흘러내렸다.

아직도 복개된 청계천

촌각을 다투고 빨리 움직여야 하는 개발시대에 도시 한가운데를 흐르는 작은 하천은 도로부지로 전용될 수밖에 없다. 한강도 폭이 좁았다면 필시 복개도로가 되

청계천에 남아 있는 옛 삼일고가의 교각도 이제는 특별한 볼거리다.

었을 것이다. 콘크리트 동굴 속을 흐르던 청계천에 40년 만에 다시 햇살이 비춰졌다. 처음 계획에는 개울 옆에 자전거도로가 생긴다고 했으나 노폭이 좁고 보행자가 많다는 이유로 보행자 전용으로 된 것이 아쉽지만, 서울 중심지에 파란 물줄기가 그려진 모습은 신통스럽다.

그런데 청계천은 최근에 복원된 5.4킬로미터 구간만 있는 것이 아니다. 실제 청계천은 길이가 10.8킬로미터에 이른다. 복개되지 않았던 하류부분 2.4킬로미터를 더하면 여전히 3킬로미터는 어딘가 땅 속에 숨어 있고, 복원구간은 전체의 50퍼센트에 불과하다는 얘기다. 청계천의 원류가 분명한 삼청공원 골짜기의 물은 어디로 갔을까? 인왕산과 남산의 물은? 이들 실뿌리처럼 가는 물줄기들은 지금도 콘크리트와 아스팔트 아래를 하수구처럼 흘러내리고 있을 것이다. 광화문이 청계천의 시발점은 결코 아니라는 뜻이다. 물론 지금 와서 그 모든 물줄기를 복원하기는 난망한 일이 되어버렸지만.

청계천 복원 구간은 서울의 생생한 르포 현장이다. 생계를 위해 절치부심하며 바삐 움직이는 시장통이 밀집해 있고, 초라한 노점은 여전히 발길에 채인다. 도심으로 갈수록 빌딩은 높아지고 세련되어 가며 서울의 중심, 곧 대한민국의 행정 중심인 광화문과 만난다. 서울의 초라함과 영예로움이 여기 작은 물줄기에 녹아 있다.

이곳은 꼭 | **황학동 풍물시장**

청계천 주변에서 가장 볼만한 곳으로 황학동 풍물시장과 헌책방 골목을 들 수 있다. 온갖 잡동사니들이 추억을 되살리고 아주 헐값에 뜻밖의 보물을 찾아내기도 한다. 예전에 노점상이 많던 청계7~8가에도 풍물시장이 남아있고, 일부 노점상들은 동대문운동장으로 옮겼으나 동대문운동장이 철거된 후에는 황학동 근처로 다시 옮겨온다고 한다. 헌책방은 청계5가에 모여 있다.

자전거길

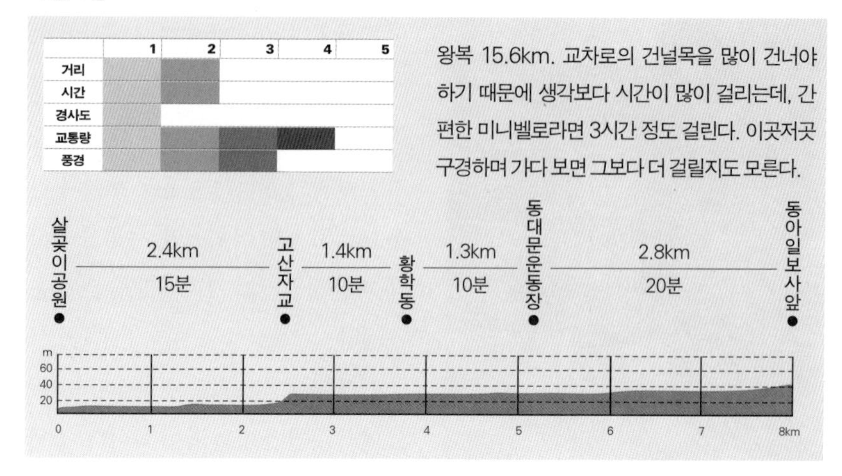

① 살곶이체육공원에서 청계천 방면으로 들어서면 강을 건너는 다리가 나온다. 청계천 왼쪽 길은 내부순환도로 아래를 지나 그늘이 지기 때문에 햇살이 따갑지 않다면 화사하고 경치도 좋은 오른쪽 길을 권한다.

② 다리를 건너 예전 복개천 입구인 동대문구청 앞까지 2.4km는 길옆으로 콘크리트 벽이 길게 이어져 있으나 잘 가꿔진 꽃밭과 도심의 복원구간에 비해 한층 자연스러운 하천 경관이 시골 들판을 달리는 듯한 느낌을 준다.

③ 동대문구청 앞 고산자교부터가 복원구간으로, 자전거는 더 이상 하천 옆길을 갈 수 없으므로 도로로 올라서야 한다(전체 구간 중 4.8km는 천변 자전거도로를 이용할 수 있지만 나머지 10.8km는 하천 위쪽의 보도를 이용해야 한다). 고산자교 옆 청계문화관 앞에 옛날 청계천변의 판자촌을 복원해 놓았다.

④ 도로 위를 달리며 청계천을 내려다보거나 길가에 늘어선 다양한 상가를 구경하는 것도 흥미롭다. 다만 청계천 바로 옆의 보도는 길이 좁은데다 가로수까지 막고 있으니 상가 앞의 넓은 인도를 이용한다.

⑤ 동대문구청에서 도로 위로 올라서면 청계9가인데, 광화문(청계1가)까지는 약 500m 간격으로 꼬박 9개의 건널목을 지나야 한다. 보행자와 함께 신호등을 기다려야 하는 것이 번거롭지만 시간과 마음의 여유를 갖는다면 충분히 흥미롭다.

⑥ 청계천 복원구간은 세종로사거리 동아일보 앞 청계광장에서 끝난다. 여유가 있다면 자전거를 이용해 도심 구간을 둘러보는 것도 새로운 경험이 될 것이다.

찾아가는 길

출발점인 살곶이 공원은 한양대학교 뒤쪽의 중랑천변에 있다. 내부순환도로 마장 램프로 나와 한양대 뒤쪽으로 청계천변을 따라가는 사근동길을 이용하면 된다.

체크 포인트

주차 | 살곶이체육공원 내에 유료 주차장이 있다(10분당 100원).

물과 음식 | 청계천변에 식수를 구할 수 있는 가게가 많이 있다. 도심 구간은 먹거리 천국이다. 황학동 시장 뒤편에 있는 왕십리 곱창골목, 청계7가에서 남쪽으로 700m 가량 가면 나오는 신당동 떡볶이 골목, 청계5가에서 남쪽으로 500m 들어간 오장동 냉면거리, 종로의 수많은 뒷골목 맛집 등 골라 먹기에는 최적이다.

휴식 | 광화문 쪽의 청계광장이나 서울시청 앞의 서울광장 등에서 쉬어가기 좋다.

주의 | 한강변의 자전거도로 같은 화장실은 따로 없으므로 주변 빌딩 등을 이용해야 한다. 청계천 시내 구간은 보도를 달려야 하므로 주차된 차량과 보행자에 조심한다. 일반자전거보다는 휴대가 간편한 미니벨로를 권한다.

깊고 그윽한 산중으로 향하는 오솔길

27 군포 수리산

가깝고도 멋진 명품 산악코스

서울에서 가깝고 교통이 편리하면서 갈고 편한 일주 임도까지 나 있는 산. 이런 산이 사람들에게 인기 있는 것은 당연한 일일 것이다. 수리산은 이와 같은 조건을 모두 갖춘 덕분에 산악자전거가 도입된 초창기부터 사랑을 듬뿍 받고 있다. 12킬로미터나 되는 멋진 임도는 서울에서 가장 가까운 장거리 구간으로, 근교에서는 달리 찾을 수 없는 귀한 존재다.

그런데 수리산은 지금 도시 속의 섬이 되기 직전이다. 동, 서, 북쪽은 시가지로 가득 찼고 남쪽만 겨우 트여있는 '반도'인 셈인데, 그마저 두 개의 고속도로와 고속철도가 가로지르고 있다. 그래도 독수리의 날렵한 기세를 닮은 수리산은 치열한 산악미를 잃지 않는다. 남쪽으로 깊게 패인 골짜기에는 전원풍경이 남아 있고, 계곡을 에둘러 난 산길은 10분 만에 도시에서 심심산골로 사람을 옮겨놓는다. 숲밖에 보이지 않는 산길은 마치 강원도의 깊은 산중에라도 들어온 듯한 느낌을 준다.

도시 속의 섬

1980년대까지만 해도 서울 근교의 호젓한 등산코스로 알려졌던 산들이 어느새 시가지에 포위된, 육지의 섬이 되었거나 또는 섬 신세를 눈앞에 둔 곳이 많다. 신도시 개발과 기존 위성도시들의 확장으로 도시 권역이 늘어나면서 도시를 둘러싸고 있던 산들이 오히려 도시에 둘러싸이는 형국이 되고 있는 것이다. 관악산 같은 큰 산도 이미 오래 전에 시가지에 포위되었고, 서울 남부의 깊은 산악지대였던 청계산과 광교산 일대도 사실상 도시로 둘러싸였다. 도대체 도시는 어디까지 확대되는 것일까.

◀ 군사시설이 자리한 슬기봉을 향해 부드러운 산길이 뻗어난다. 이런 소담한 흙길이 12km나 도시 근교에 있다는 것이 얼마나 소중한가.

수리산 남쪽 골짜기로 들어서면 밭 사이로 키 큰 미루나무가 서 있는 시골 풍경이 푸근하게 반겨준다.

독수리의 기세를 닮은 산

거대한 도시에서 산이 섬이 되어가는 현상은 수리산도 마찬가지다. 수리산의 최고봉인 태을봉 아래로는 서울외곽순환고속도로가 지나는 수리터널이 뚫렸다. 하지만 저지대에서 솟아 오른 489미터의 높이는 언제나 당당하다. '수리'라는 이름에서 느껴지듯 독수리의 매서운 기세를 닮은 가파른 봉우리들이 즐비하고 남북으로 긴 골짜기가 마주보고 있어 전체적으로 'H'자 형태를 이룬 산세는 독특하다. 서울외곽순환고속도로가 계곡을 가로지르기 전에 북쪽은 협곡을 이룬 아늑한 오지였다. 지금은 슬기봉 정상의 군부대로 이어지는 길까지 뚫리면서 분위기가 크게 바뀌었다. 슬기봉은 넘쳐나는 기운을 발산하듯 장중한 모습으로 남쪽 골짜기를 바라보고 있는데 정상의 군부대 때문에 출입이 통제된다. 한편 수리산 남쪽 계곡은 북쪽에 비해 널찍하고 스케일이 장대하며 그나마 도시의 침입을 덜 받고 자연 그대로 보존된 편이다.

자전거와 등산객

슬기봉이 내려다보는 남쪽 계곡 기슭에 일주 임도가 나 있다. 보통은 교통편이 좋

산본신도시 쪽에서 올라오는 길과 만나는 곳 부근에는 조망이 시원한 전망대 겸 쉼터가 있다.

은 산본 신도시 쪽에서 접근하는 경우가 많은데, 이곳은 산악자전거뿐만 아니라 등산객의 사랑도 치열하다. 등산객이 워낙 많아 자전거 타기가 쉽지 않고 사고 위험도 높으니, 교통이 조금 불편해도 남쪽 계곡 초입에 자리한 반월저수지 방면으로 진입하는 것이 좋다. 그런데 등산이나 걷기여행을 즐기려고 수리산 임도林道, 임간도로林間道路의 줄임말로, 산불의 예방과 진화, 숲과 목재의 관리를 위해 산림청 혹은 지방자치단체가 개설, 운용하는 산악도로를 찾는 사람들도 적지 않아서 가끔은 자전거와 마찰을 일으키기도 한다. 물론 산이 좋아 산에 온 사람들은 서로 조금씩 양보할 줄 아는 교양을 지니고 있다. 하지만 너무 많은 자전거가 한참이나 꼬리에 꼬리를 물고 지나거나 과속으로 질주하면 호젓한 산행을 즐기려는 사람에게 방해가 되는 것은 당연지사. 혹시 단체로 이 코스를 찾을 생각이라면 주말과 휴일은 피하는 것이 좋겠다.

이곳은 꼭 | **수리산 삼림욕장**

슬기봉의 동남쪽, 산본 신도시 방면 산록에 조성되어 있다. 시가지 바로 옆이라는 사실이 무색할 정도로 숲이 울창하고 곳곳에 약수터가 숨어 있으며 숲 터널을 이룬 길도 아름답다. 자전거를 타고 가도 되지만 보행자들이 많으므로 가능하면 걸어 다닌다.

자전거길

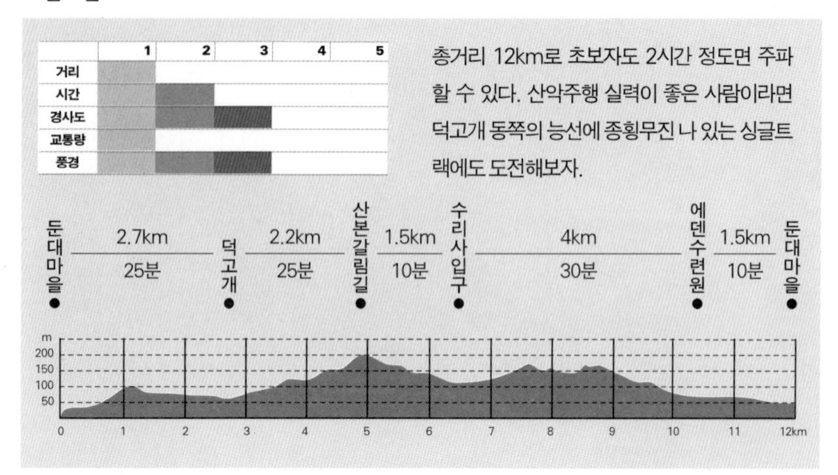

① 반월저수지를 출발해 계곡을 거슬러 오른다. 초반은 전형적인 산골 풍경이다. 영동고속도로 아래에서 1km 들어가면 오른쪽에 산으로 진입하는 임도가 나온다. 초입은 경사가 가파르지만 노면이 좋고 호젓한 숲길이 심호흡을 돕는다.

② 1.7km 가면 도로가 횡단하는 사거리가 나오는데 덕고개다. 계속 임도를 따라 완만한 오르막을 2.2km 가면 산본에서 올라오는 길과 만나는 고갯마루다. 이 근처는 보행자들이 많으므로 조심한다.

③ 이제부터는 내리막이다. 속도가 많이 날 수 있고 왼쪽은 절벽이므로 조심해서 내려간다. 1.5km 가면 자동차 출입을 막는 차단기가 나오면서 오른쪽으로 수리사 가는 길이 갈라진다. 수리사는 600m 정도 더 올라가야 한다.

④수리사 입구 삼거리에서 직진하면 계곡을 거슬러 올라오는 도로와 만나는데, 우회전해서 150m 만 가면 다시 오른쪽으로 임도가 이어진다. 이곳 갈림길은 지나치기 쉬우므로 잘 살펴야 한다.

⑤ 이제부터 수리산 코스 중에서 가장 오붓하고 산악 느낌이 짙은 3.8km 구간이 시작된다. 초반에는 대체로 오르막이고 후반은 시원한 내리막이다. 산이 깊고 조망이 트이지 않아 마치 강원도의 깊은 산길을 달리는 것만 같다.

⑥산을 내려서는 마지막 구간은 사유지인 에덴수련원 구내를 지나므로 피해를 주지 않도록 주의한다. 도로를 만나 우회전해 400여m 내려가면 앞서 산으로 들어섰던 임도 입구가 나오면서 일주코스가 끝난다.

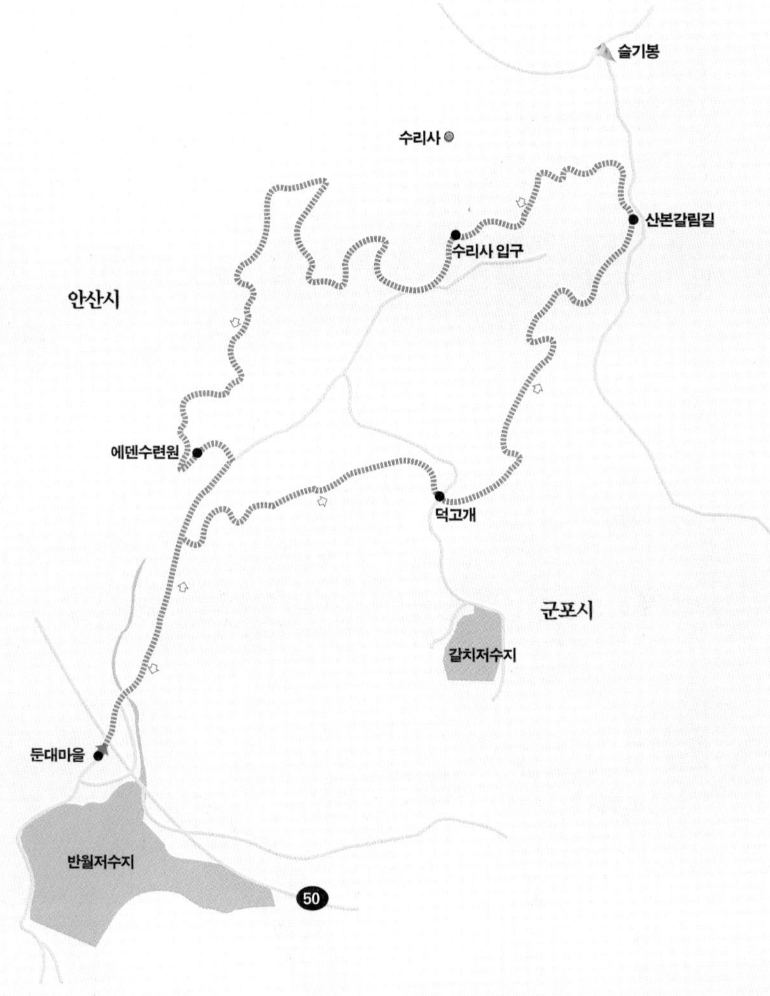

찾아가는 길

영동고속도로 군포 나들목에서 나와 우회전, 1km 가면 대야미동으로 가는 길이 왼쪽으로 갈라진다. 이 길로 좌회전해서 안산선 대야미역을 지나자마자 다시 좌회전한다. 2.5km 가면 왼쪽으로 반월저수지가 펼쳐지고, 오른쪽 영동고속도로 아래로 수리산 계곡 진입로가 시작된다.

체크 포인트

주차 | 반월저수지에서 수리산 계곡으로 들어서는 둔대마을 근처의 공터나 식당 주차장을 이용한다.

물과 음식 | 둔대마을에 가게와 식당이 다수 있다.

휴식 | 임도 입구에서 3.9km 가면 산본에서 올라오는 길과 만난다. 근처에 경관이 좋은 벤치가 있다.

주의 | 임도에는 등산객이 많이 다니기 때문에 보행자에게 불편을 주지 않도록 조심해야 한다. 수리사 입구에서 다시 임도로 진입하기까지 400여m는 자동차가 다니고, 임도 마지막은 사유지인 에덴수련원을 통과하므로 조심한다.

28 인천 가현산

서해와 한강이 한눈에 보이는 전망대

인천 서구와 김포 경계에 솟은 가현산215m은 수치로 따지면 결코 높은 산이 아니다. 하지만 주변에 더 높은 산이 없어 바다와 한강과 김포평야를 한눈에 내려다볼 수 있는 최고의 조망대다. 쓰레기 매립과 간척사업을 병행하고 있는 수도권 매립지의 대역사가 훤히 보이고, 멀리 바다로 스러지는 일몰의 장관도 선명하다. 산기슭은 무질서하게 들어선 공장들로 지저분하지만 산 아래 대곡동에는 고인돌이 흩어져 있어 이곳이 청동기시대부터 사람이 살았던, 오랜 역사의 땅임을 알려준다.

수도권의 변신현장

한강변의 작은 모래톱이었던 난지도는 1977년부터 15년 간 쓰레기매립장으로 사용되어 먼지와 폐수, 악취로 악명 높은 필요악必要惡이었다. 그리고 매립장이라는 기능을 다한 뒤에는 거대한 쓰레기 산으로 남았다. 다행히 쓰레기 반입이 중단된 지 몇 년 만에 생태계가 회복되었고, 2002년 월드컵을 앞두고는 생태공원으로 개장해 지금은 주말이면 인산인해를 이루는 명소로 완전히 탈바꿈했다.
공원이 된 난지도 뒤를 이어 서울의 쓰레기를 매립하는 곳은 인천과 김포의 바닷가에 있는데, 서울뿐 아니라 수도권 전체의 쓰레기가 다 모인다. 난지도의 10배쯤 되는 부지면적에 매립기간도 1992년부터 2044년까지 52년에 이르는 방대한 규모다. 이 땅 역시 매립이 끝나는 구역별로 생태공원이나 도시 부지로 재활용될 것이다. 수도권 서해안에 엄청난 새 땅이 만들어지고 있는 셈이다. 지금은 쓰레기 수거차들만이 바삐 오갈 뿐, 도심에서 멀리 있어 예전의 난지도와 달리 냄새도, 먼지도, 폐수도 시민들은 실감하지 못한다.

대곡동의 고인돌

인천과 김포에 걸쳐 우뚝 솟은 가현산은 수도권매립지와 김포 신도시, 검단 신도시, 영종대교 같은 수도권 서부지역의 천지개벽 현장을 한눈에 볼 수 있는 곳이

◀ 가현산 정상에는 군부대가 주둔해 있어 바로 옆 봉우리에 정상 표지석을 세워 놓았다.

가현산 북동쪽에 있는 대곡동 고인돌군. 최근 100여기가 추가 발견되어 대곡동 일원은 청동기시대에 이 지역의 중심지였음을 말해준다.

다. 흔히 '김포 가현산'이라고 하지만 정상과 산자락의 대부분은 인천시 서구에 속한다. 겨우 215미터 높이로 우뚝하게 느껴지는 것은 주변이 낮은 평야지대이기 때문인데, 높이는 낮으나 품은 상당히 넓어서 사방으로 뻗은 가지 능선들은 길이가 보통 2킬로미터나 된다. 수많은 골짜기에는 오래된 마을, 새 아파트단지, 허름한 공장, 군부대 등이 혼란스럽게 들어서 있다. 그런 가운데 대곡동 일대에는 고인돌 백여 기가 흩어져 있어서 수천 년에 달하는 사람 흔적을 증명한다. 대곡동 고인돌군은 유네스코 세계문화유산으로 등재된 전북 고창, 전남 화순, 인천 강화군 등의 고인돌 군을 빼고는 중부 내륙에서 발견된 것 중에 가장 큰 규모로, 고조선 때인 청동기시대에 이 부근에 상당한 정치세력이 존재해 지금의 인천과 김포 지역을 지배했음을 알려준다.

다양한 산길 코스

가현산은 산악자전거를 즐길 수 있는 코스로도 최적이다. 정상까지 길이 나 있고, 품이 넓은데다 긴 가지능선을 거느리고 있어 다양한 길이와 난이도로 산길 코스

가현산 정상 남쪽에 자리한 묘각사는 서해를 바라보며 고목 속에 숨어 있고 분위기가 그윽하다.

를 조합할 수 있다. 특히 해병2사단 뒤 산자락에 자리한 묘각사는 고찰은 아니지만 서해를 바라보며 고목들 속에 안긴 위치가 돋보인다. 묘각사 가는 길과 가현산 약수터를 지나 가현교회로 이어지는 숲길을 돌아오는 코스는 난이도가 적당하고 조망도 시원한 명 코스인데, 여기에 숲 향기까지 어우러져 가치를 더한다. 한편 주능선의 등산로는 스릴 넘치는 싱글트랙single-track, 자전거 한 대가 지날 수 있는 좁고 험한 산길 으로 산악주행의 진수를 맛볼 수 있게 해주며, 초보자들의 도전의지를 부추긴다.

이곳은 꼭 | **가현산 정상의 조망**

가현산에 가서 정상(최정상이 아닌 주능선의 헬기장 일대)을 보지 않는 것은 가현산이 가진 매력의 정점을 놓치는 것이다. 시계가 크게 나쁘지 않은 날은 서해와 한강을 동시에 바라보는 특별한 체험을 할 수 있고, 국토개척의 현장인 수도권매립지의 장관도 볼 수 있다. 봄이면 진달래밭으로 변한다. 가파른 경사로를 1km 가량 올라야 하는 부담이 따르지만 장쾌한 조망에 고생한 보람을 찾을 것이다.

자전거길

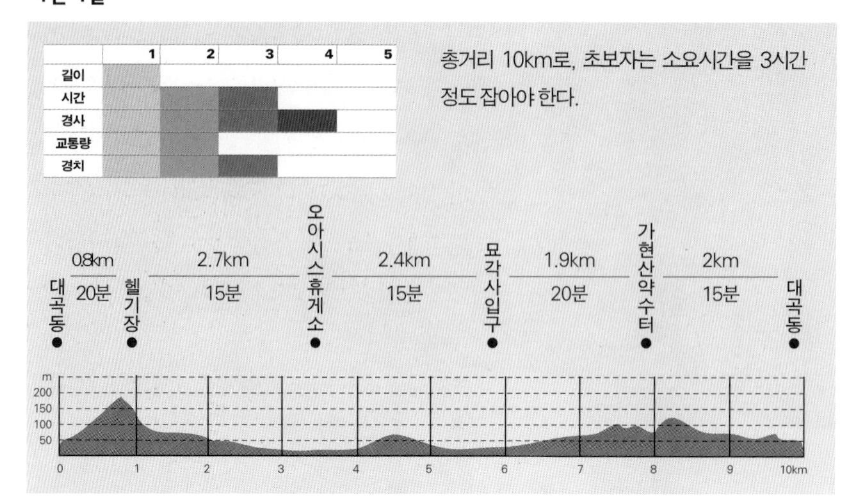

① 산으로 올라가는 흙길은 처음부터 급경사다. 300m 올라가면 시멘트 포장로와 만나는 삼거리가 나오는데, 왼쪽이 정상으로 가는 길이다. 경사가 가파르지만 가장 가벼운 기어로 꾸준하게 페달을 돌리면 멈추지 않고 주능선에 오를 수 있다.

② 최정상에는 군부대 시설이 자리하고 있으므로 간이 화장실이 설치된 주능선에 도착하면 오른쪽 등산로로 진입한다. 잠시 자전거를 끌고 오르면 시야가 확 트이면서 가현산 표지석과 헬기장이 반긴다. 여기서 조망을 감상하고 되돌아 나온다(그대로 직진하면 싱글트랙 코스로, 해병2사단을 빙 돌아 묘각사 입구로 갈 수 있지만 상당한 경험과 실력이 필요하다).

③ 앞서 올랐던 시멘트 길을 내려가 흙길과 만나는 삼거리에서 좌회전한다. 500m 가면 가현산 입구를 알리는 장승이 나오고, 다시 500m 내려가면 도로와 만난다(오아시스 휴게소 옆). 좌회전해서 1km 내려가면 인천~강화를 잇는 큰 도로(355번 지방도)가 나온다.

④ 여기서 좌회전해 갓길을 따라 낮은 고개를 넘으면 해병2사단 입구이고, 500m 더 가면 왼쪽으로 묘각사 입구 표지판이 보인다. 묘각사 가는 길은 계속 오르막이지만 잘 다져진 흙길에다 숲이 울창해 피로를 잊는다. 입구에서 묘각사까지는 1.7km 거리다.

⑤ 묘각사 입구에서 벤치가 있는 숲길로 들어선다. 200m 가면 가현산약수터가 숲속에 은근하고, 약수터를 지나 산기슭을 가로지르는 등산로를 따라 400m 가면 가현교회가 나오면서 숲을 벗어난다.

⑥가현교회에서 600m 가면 용궁굿당 앞 삼거리다. 좌회전해서 600m 가면 최초의 출발점으로 돌아와 일주가 끝난다. 용궁굿당 삼거리에서 우회전해 200m 가면 대곡동 지석묘가 있으니 둘러보고 와도 좋겠다.

⑦ 도로주행을 최소화하고, 싱글트랙에 도전하고 싶다면 헬기장에서 능선을 따라가서 해병2사단 입구로 내려선 후, 묘각사로 올라오면 된다.

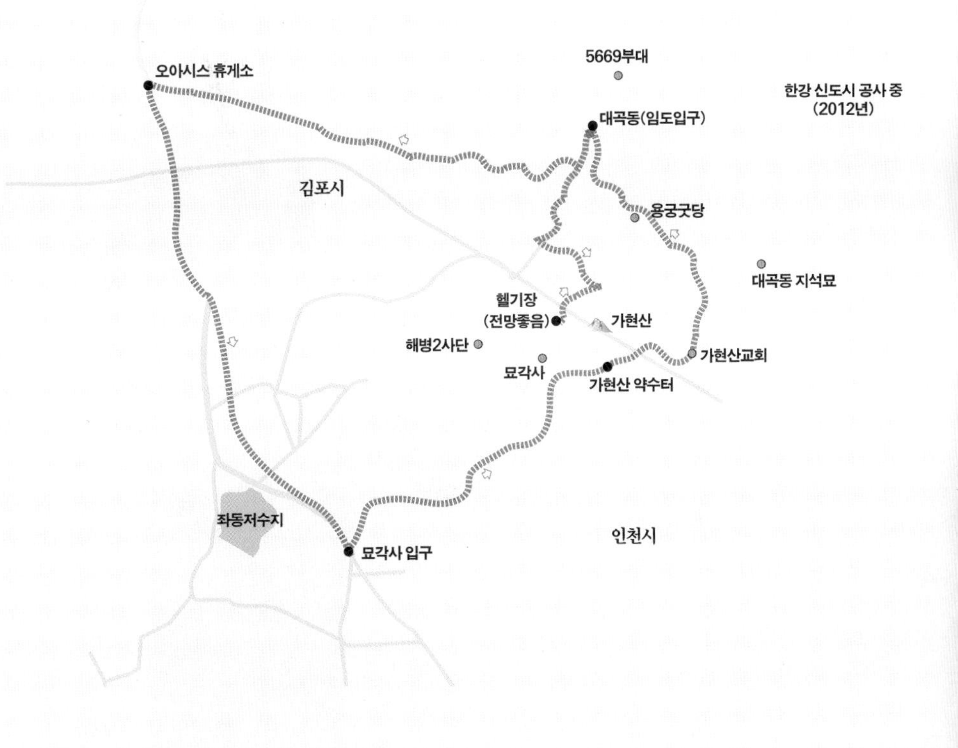

찾아가는 길

출발점인 대곡동은 인천 서구에 속하지만 서울에서는 김포를 거쳐 가는 것이 편하다. 김포공항 방향으로 88올림픽도로 끝까지 가면 강화방향 48번 국도가 갈라진다. 길은 고촌을 지나 김포시내를 우회해 김포시 장기동에서 시내를 거쳐온 옛날 국도와 합류한다. 자유로를 통해 일산대교를 건너도 김포 우회도로와 연결된다. 우회도로 끝 지점에서 1차로로 붙어 첫 번째 사거리에서 좌회전, 1.5km 가면 장기중학교 앞 삼거리다. 5669부대 방향으로 좌회전해서 1.8km 가면 가현산 임도 입구에 도착한다.

체크 포인트

주차 | 정상으로 올라가는 삼거리 길가에 주차 공간이 있다.

물과 음식 | 산 아래에는 곳곳에 가게가 있고, 산속에서는 묘각사와 가현산 약수터에서 물을 구할 수 있다. 산을 내려오면 김포와 인천 검단신도시 방면에 식당이 많다.

휴식 | 정상 바로 아래 헬기장(여기에 정상 표지석이 있음)과 가현산 약수터, 묘각사가 휴식 포인트다.

주의 | 주능선 오름길은 경사가 심하고 가현산 약수터 이후는 좁은 산길을 지나야 해서 산악자전거 초보자는 경험자와 함께 가는 것이 좋다. 산 아래 도로는 폭이 좁으니 자동차 통행에 조심한다. 가현산의 북쪽과 동쪽은 김포 한강 신도시 공사로 매우 어수선하고 길도 수시로 바뀌어 주의가 필요하다.

29 강화도 고려산과 국수산

바다가 있는 숲, 아름다운 낙조

강화읍 서쪽에 솟은 고려산436m은 봄이면 진달래가 온 산을 덮고 해질 녘이면 낙조가 아름다운 산이다. 주변에는 130여 기의 고인돌이 산재해 있어 선사시대부터 사람들이 이 산에 기대 산 것을 알 수 있다. 그리고 무엇보다 멀고 시원한 조망이 고려산 최고의 매력이다. 동서로 긴 주능선은 북한 땅과 서해까지 장쾌한 조망을 보여준다. 고려산과 이웃한 국수산은 낙조대와 마주보고 있는 바닷가의 산이다. 4킬로미터 산길은 고려산과는 달리 폭이 넓은 임도지만 등락이 심해 자전거로 달리기가 꽤 힘들다. 하지만 남쪽의 산중턱에서 바라보는 바다 풍경은 힘들게 달려온 보람을 충분히 느끼게 해준다.

산은 풍경의 원천이다

지구상에 산이 없고 온통 평지만 있다고 가정해 보자. 어디를 가나 경치가 똑 같으니 지역적인 특색이 어떻게 생겨나고 풍경이란 말도 어떻게 의미를 가질 수 있을까. 수면이 평탄한 바다는 세계 어디를 가나 다를 것이 없는, 그냥 바다일 뿐이다. 산은 사람 얼굴처럼 세계 어디를 가나 같은 곳이 없고, 세상의 천변만화한 풍경을 만들어내는 원형이다. 산은 곧 그 지역의 표정을 만든다. 산이 주는 두 번째 매력은 높은 곳에서 내려다보는 장쾌한 조망이다. 주능선이나 정상의 조망이 트이지 않는 산은 매력이 덜하다. 산의 본질은 높음에 있고, 그 높음은 주변을 내려다보는 조망을 통해서 확인된다. 높은 산에 올랐을 때 시야도 높고 넓어진 느낌, 발아래 펼쳐진 세상을 내려다보는 그 감동을 맛보기 위해 사람들은 산을 오른다.

굽이굽이 유서 깊은 산

고려산은 사연의 깊이가 만만치 않다. 고구려 장수왕 때인 416년, 천축국인도에서

◀ 낙조대의 관세음보살상이 바라보는 곳, 바다로 지는 낙조가 장관이다. 낙조대는 낙조봉 바로 아래에 있으며, 적석사에서도 가깝다.

국내최대의 탁상식 고인돌로 알려진 부근리 고인돌. 덮개돌은 길이가 7.1m에 달한다.

온 승려가 산 중에서 다섯 가지 색깔의 연꽃이 핀 '오련지'를 발견하고는 그 연꽃을 날려 꽃이 떨어진 곳에 다섯 절을 세웠다고 한다. 이때부터 오련산伍蓮山이라는 이름을 얻었고, 정상 북쪽에 오련지 터가 전한다. 다섯 절 중에 적련사적석사, 백련사, 청련사는 지금도 남아 있다. 오련산이 고려산高麗山으로 이름이 바뀐 것은 몽고군의 침입으로 고려조정이 강화로 임시 천도하면서부터라고 한다. 아마도 강화읍 바로 곁에 있으면서 개성의 송악산과 높이도 비슷하여 송악을 그리워하며 붙인 이름이 아닐까 싶다. 고려산은 이 외에도 유서가 깊은 산이다. 정상 북쪽의 시루미산은 고구려의 풍운아 연개소문?~666이 태어난 곳으로 전해온다. 산 밑의 들판에는 남한에서 가장 거대한 탁상식 고인돌높이 2.6m, 길이 7.1m이 남아있어 이곳이 청동기시대에는 일대의 중심지였을 거라는 추측도 가능하게 한다.

진달래 명산

고려산은 등산인들 사이에서는 진달래 명산으로 잘 알려져 있다. 4월이면 정상 일대가 온통 진달래밭으로 변해 이 장관을 보기 위해 많은 등산객이 찾는다. 한때

낙조봉 정상의 조망은 그야말로 압권이다. 섬답지 않게 광활한 강화도의 평야와 서해 바다, 멀리 북한의 땅까지 한눈에 들어온다.

강화군에서는 고려산 진달래 축제까지 열었으나 너무 많은 인파가 몰려 자연이 훼손되자 축제를 중단하기까지 했다. 고려산은 중부지방 최고의 진달래 명산이라고 해도 과언이 아니다. 낙조봉 주변의 억새밭은 아득한 고도감을 더하고 맑은 날에는 황해도 개풍군의 헐벗은 북한 땅까지 선명하게 보이는 최고의 전망대다. 그리고 주능선을 돌파하는 싱글트랙은 스릴과 아름다운 경관이 교차하는 매력적인 코스다.

이곳은 꼭 | **부근리 고인돌**

우리나라는 전 세계에서 발견된 고인돌 중 약 절반인 2만 기가 모여 있는 고인돌 왕국이다. 고인돌은 고조선시대인 청동기시대 유물인데, 고조선 유적이 많은 강화도에서도 흔히 발견된다. 부근리 고인돌군에는 총 16기의 고인돌이 모여 있으며 그중 한 기는 국내최대의 북방식 고인돌로 유명하다. 이곳을 중심으로 매년 10월 초 강화 고인돌문화축제가 열린다.

은암자연과학박물관

부근리 고인돌에서 4km 떨어진 송해면 양오리에 있다. 폐교 시설을 활용해 2만3천 점에 달하는 화석, 곤충, 광석, 표본 등을 4개의 전시실로 나눠 전시하고 있다. 시설은 다소 낡았지만 방대한 양의 전시물은 볼만하다. 입장료는 성인 3000원. 문의 032-934-8872.

자전거길

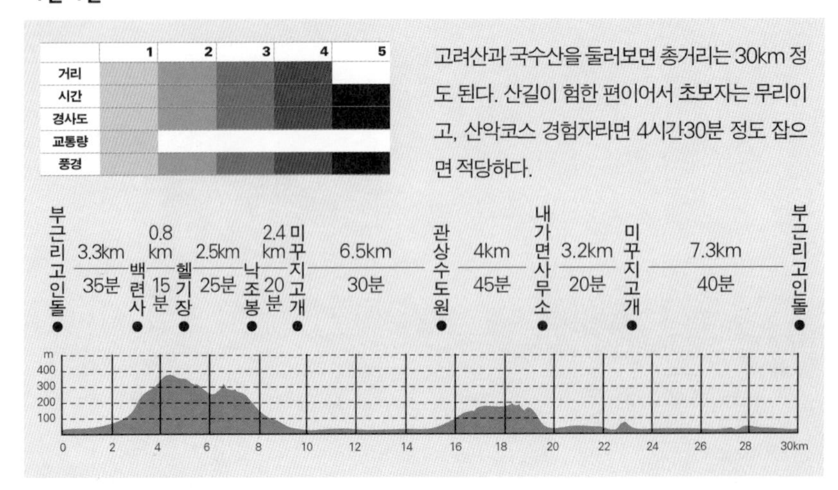

① 코스는 고려산과 국수산의 산길과 도로를 연계하는 '8'자 모양이 된다. 부근리 삼거리에서 내가면 방면으로 우회전해서 250m 가면 왼쪽 큰 계곡 안으로 백련사 방면 길이 나 있다. 이 길로 들어가서 3km 가량 산길을 올라가면 고려산 북쪽 해발 250m 지점에 자리한 백련사에 도착한다.

② 백련사 입구에서 등산로를 300m 오르면 군사도로가 나온다. 정상 방향 도로를 조금 올라가면 오른쪽에 복원된 오련지가 보이고, 오련지에서 400여m 오르면 정상 옆의 헬기장에 도착한다. 백련사에서 오련지와 헬기장으로 올라가는 길은 험한 싱글트랙 오르막으로 상당부분 자전거를 끌거나 메고 올라야 한다.

③ 헬기장에서 주변 풍경을 감상한 다음 바다 쪽으로 길게 뻗은 능선길로 접어든다. 능선 위로는 등산로가 빤한데, 초반의 급경사 지역만 지나면 낙엽 깔린 흙길이 꾸준한 내리막을 이룬다. 헬기장 동쪽의 주능선 일대가 진달래 군락지다.

④ 헬기장에서 2.5km 가면 억새밭을 이룬 민둥산인 낙조봉(340m)에 도착한다. 도중에 이례적으로 산 위 높은 곳에 자리한 고인돌군이 두 군데 있다. 직진해서 계속 능선을 따라 미꾸지고개의 도로로 내려선다. 낙조봉 다음의 작은 바위봉우리는 낙조대보다 서해 전망이 더 좋다. 산길은 능선 위로 나 있으므로 갈림길이 나오면 능선 위로 난 길을 따라간다. 군데군데 돌부리가 드러나 있어 자전거에서 내려야 한다.

⑤ 미꾸지고개에서 도로를 만나면 좌회전한다. 1.5km 가서 대가교를 건너 오상리 방면으로 우회전해서 국수산으로 향한다. 길옆에 보이는 산이 국수산이다. 국수산 북쪽을 돌아 황청리 길가에 조성된 용두레 장터 맞은편 길로 진입해 황청저수지를 지나면 '예수의 성모 관상수도원'이 보인다. 수도원 오른쪽으로 본격적인 산길이 시작된다.

⑥ 국수산 산길은 폭이 넓고 노면이 좋지만 경사가 심한 오르막과 내리막이 반복되는, 다소 힘든 코스다. 갈멜산금식기도원으로 내려와 내가농협을 거쳐 도로와 합류한다.

⑦ 도로에서 좌회전해서 앞서 고려산에서 내려왔던 미꾸지고개를 넘으면 오른쪽 명신초교 앞으로 부근리 방면 도로가 나 있다. 이 길로 6km 가면 출발지인 부근리 고인돌 공원이다. 도중에는 하점고인돌, 점골지석묘 등 두 곳의 고인돌 유적을 지나간다.

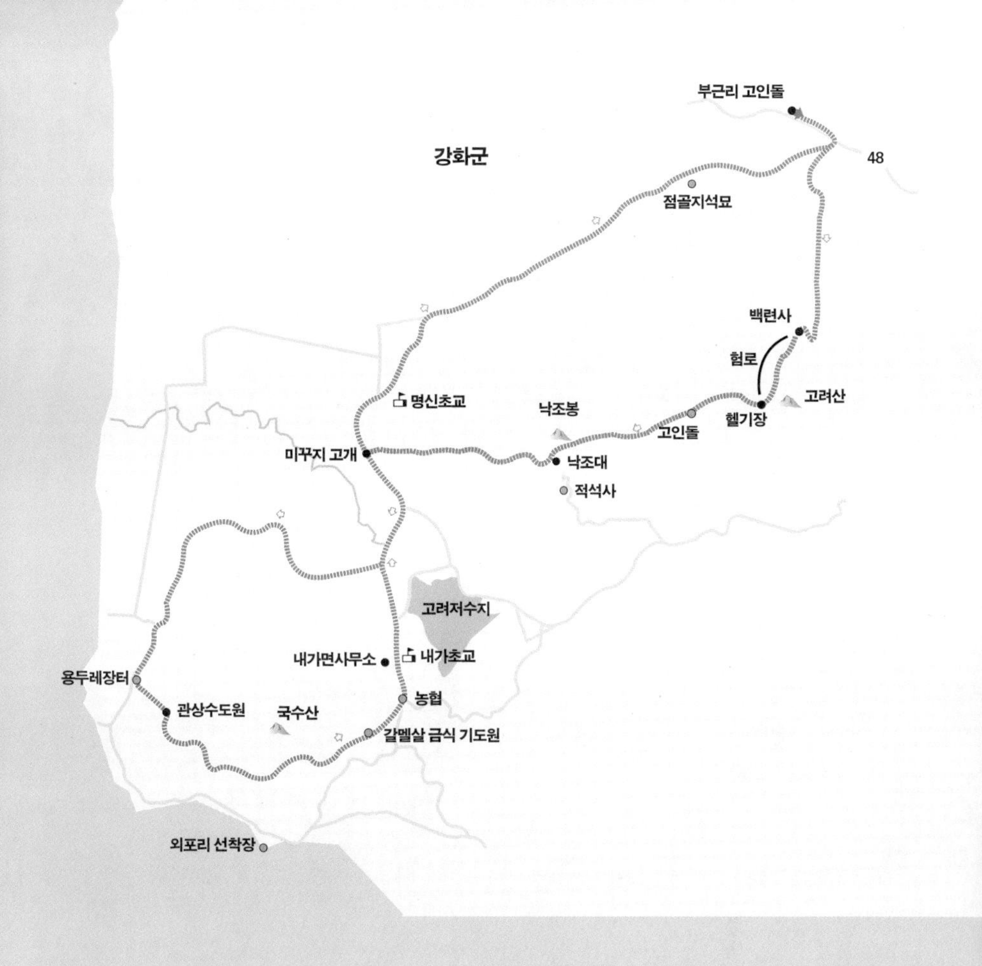

찾아가는 길

고려산과 국수산을 돌아 원점회귀하려면 고려산 북쪽의 하점면 부근리 고인돌 공원을 기점으로 잡는 것이 좋다. 서울에서 부근리 고인돌 공원으로 갈 경우, 먼저 강화읍 방면 48번 국도를 따라 강화대교를 건너 강화읍으로 진입한다. 계속 48번 국도를 따라 강화읍을 벗어나 하점면 방향으로 5km 가면 오른쪽 들판 가운데 있다.

체크 포인트

주차 | 부근리 고인돌 공원에 무료 주차장이 있다.

물과 음식 | 산에 들어서면 백련사에서만 물을 구할 수 있으므로 미리 준비한다. 국수산 남쪽의 외포리에 횟집을 비롯한 많은 식당이 있다. 외포삼거리 근처의 충남서산집(032-933-8403)은 값은 비싸지만 단호박을 넣은 꽃게탕이 유명하다.

휴식 | 백련사, 고려산 정상 옆 헬기장, 낙조봉, 국수봉 전망대 등이 쉬어가기 좋다. 국수봉을 내려온 내가마을에 가게가 있다.

주의 | 산악코스이므로 군데군데 험한 구간이 나온다. 실력 이상으로 무리하지 말고 조심해서 지난다. 국수산을 내려와 부근리로 돌아올 때는 일반도로를 이용해야 하므로 자동차 통행에 주의한다.

30 광주 문형산

도시가 밀려들어도 변함없이 고고한 산

도시가 제아무리 세련되고 깔끔하게 단장을 해도 주변의 근교는 여전히 어수선하다. 무질서한 공장과 허름한 주택, 볼품없는 거리는 한껏 멋을 부린 도심과 극적으로 대비된다. 보이는 곳은 잘 정리하고 보이지 않는 곳은 방치하는 사람들의 습성이 도시 근교를 슬럼화 시켰다.

분당 신도시와 광주 사이에 둔중하게 퍼질러 앉은 문형산497m도 이런 도시 근교의 추문을 다 안고 있다. 그럼에도 불구하고 문형산이 사람들에게 사랑받는 이유는 산 아래의 소란에 개의치 않고 짙은 숲과 고고한 높이로 격조를 잃지 않기 때문이다.

도시의 부산물을 감당하는 근교 산

우리나라 도시들의 끝은 대부분 산이다. 바다를 끼고 있는 항구도 산으로 에워싸여 있기는 마찬가지다. 산은 도시의 쉼터이자 울타리가 되고 시골의 시작이면서 도시의 피날레다.

신도시들이 하나 둘 생겨나면서 수도권 시가지는 확장일로에 있다. 교외에 있던 많은 산들이 시가지에 잠식되는 와중에도 분당 신도시를 막아선 문형산은 "도시여, 더 이상은 넘어오지 말라"며 엄포를 놓는다. 문형산은 정상을 포함한 산체 대부분이 광주시에 속해 있지만 가지능선이 분당 신도시와 경계를 이뤄 시가지가 확장되는 것을 막고 있다. 남한산성에서부터 흘러내린 산자락이 크게 갈무리되어 5백 미터 가까운 높이로 치켜 올라간 산세는 쉽게 허물어질 기세가 아니다.

그러나 대도시 근교 산의 운명은 대체로 자명하다. 거대한 공원묘지와 허름한 공장들, 골프장 같은 도시의 부산물들을 감당해야 하기 때문이다. 문형산 역시 많은 생채기를 입었지만 매우 짙은 낙엽송 숲과 호젓한 산길을 잘 보존하고 있어 편리한 도시에 살면서도 갈증을 느끼는 사람들에게 편안한 안식처가 되어준다. 도시가 산을 향해 더 이상 침범하지 않는 것도 문형산이 주는 혜택이 적지 않아서다.

◀ 율동공원에서 새마을고개로 접어드는 산길은 다소 험하지만 가을이면 온통 낙엽으로 뒤덮여 아주 깊은 산골에 온 것만 같다.

가을은 과연 낙엽의 계절, 문형산 능선 어디든 온통 짙은 낙엽에 길이 묻힐 정도.

고상함으로 제자리를 지키는 산

어딘가 '문기文氣'가 느껴지는 산 이름은 조선시대 대제학을 지낸 선비가 남쪽 골짜기를 찾았다가 경치에 감탄해 마을 이름을 문형리文衡里, '문형'은 대제학의 별칭이다라고 부른 것에서 비롯한다. 마을 이름을 따서 산 이름도 문형산으로 지은 것이 아닐까.

이름의 유래야 전형적인 관존민비官尊民卑 시대의 소산이지만 산의 생김새에서도 문기가 진하게 느껴지는 것은 이 산이 바위가 거의 드러나지 않은 육산肉山이기 때문일 것이다. 그리고 능선들이 조밀하게 치솟아 계곡이 급하고도 짧은 까닭에 산 아래의 무질서한 훼손에도 불구하고 고상함이 남아 있는 덕분일 것이다.

도시와 시골의 슬픈 접점

문형산은 분당 신도시가 들어선 이후 산악자전거 코스로도 사랑받고 있는데, 인근의 불곡산과 맹산영장산까지 통틀어 동호인 사이에서는 '불문맹 코스'라는 이름으로 알려져 있다. 불곡산과 맹산은 다소 난이도 있는 싱글트랙 위주이고 등산객도 많아 주말에는 자전거 타기가 쉽지 않은 반면, 분당 율동자연공원에서 출발해

분당저수지를 끼고 조성되어 있는 율동자연공원. 국내최고의 번지점프장이 뒤쪽에 보이고, 호수 일주도로는 안타깝게도 자전거 출입이 금지되어 있다.

잠시 싱글트랙을 타다가 문형산 임도를 돌아오는 코스는 비교적 한적하게 산악 주행의 맛을 음미할 수 있다.
문형산 일대는 세련된 신도시에서 고개 하나만 넘으면 낡은 공장과 농장, 식당, 전원주택이 뒤섞여 있는 전형적인 교외의 무질서한 풍경이 펼쳐지는 곳이다. 이런 혼돈을 발밑에 두고 세상사에 초연한 듯 유유히 산길을 만보해 보자. 약간은 세속으로부터의 달관을, 약간은 스릴을, 또 약간은 도피감을 맛볼 수 있을 것이다.

이곳은 꼭 | **율동자연공원**

분당신도시를 개발하면서 분당저수지 일원을 공원으로 조성했다. 부지면적이 236만㎡에 달하고 호수와 잔디밭, 구릉지가 어울려 매우 자연스럽다. 국내 최고인 45m 높이 번지점프대가 있고 호수 가운데는 103m까지 치솟는 분수대가 장관을 이룬다. 호수를 한 바퀴 도는 산책로가 아름답지만 자전거는 출입금지여서 걸어 다녀야 한다.

자전거길

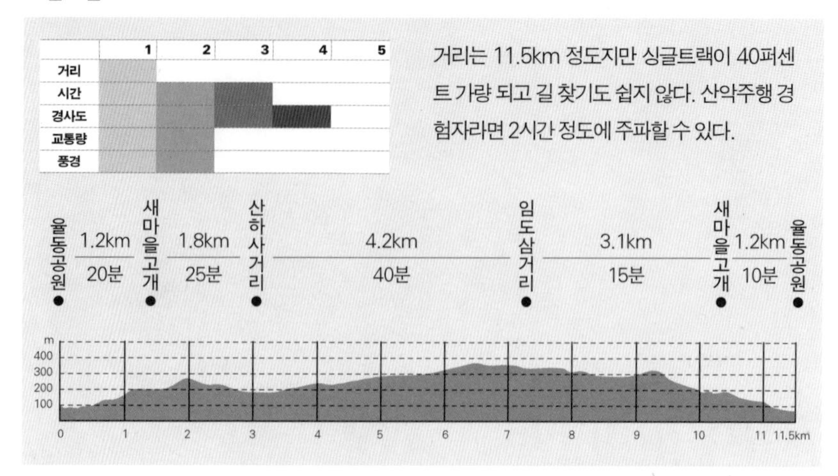

거리는 11.5km 정도지만 싱글트랙이 40퍼센트 가량 되고 길 찾기도 쉽지 않다. 산악주행 경험자라면 2시간 정도에 주파할 수 있다.

① 율동자연공원의 넓은 주차장을 나와 호수 옆 도로를 따라 간다. 200m 가면 삼형제교가 나오고, 다리를 건너자마자 오른쪽 대도사 방향으로 방향을 튼다. 시멘트 포장길을 100m 쯤 올라가 대도사주차장 직전에서 왼쪽 비포장 산길로 올라간다. 이제부터 새마을고개 정상까지 900m는 다소 험한 산길로, 일부 구간에서는 자전거를 끌어야 한다.

② 사거리를 이룬 새마을고개에는 이정표가 세워져 있는데, 고개를 살짝 넘어가면 '새나리식당' 앞으로 나온다. 식당에서 100m 내려가면 큰 길을 만나고, 우회전해서 600m 더 가면 '활어회조개구이' 식당(현대모닝사이드 2차 아파트 앞)에서 길이 두 갈래로 나뉜다. 왼쪽 고갯길을 넘어가면 공장지대가 나오고, 호테크(HOTECH) 정문에서 좌회전해서 골목길을 내려가면 다시 큰길이 나온다. 이 길에서 좌회전, 300m 올라가면 산하사거리다.

③ '산하마트'라는 간판이 있는 대광빌라 쪽으로 우회전해 400m 올라가면 마을을 벗어난 들판 가운데 오른쪽으로 임도 입구가 보인다. 임도 초입에 통일교 재단 소유의 땅이라는 안내문이 있다. 농장을 벗어나면 본격적인 임도가 시작된다.

④ 초입부터 3.5km 정도는 기나긴 오르막이다. 최고지점을 넘어서서 조금 내려가면 이정표가 있는 삼거리가 나온다. 왼쪽의 목동 방면(새나리고개 쪽)으로 들어서면 길은 좁아지고 숲은 밀착해오는 싱글트랙이 시작된다. 전체적으로 내리막이지만 작은 오르막도 여러 곳 나타나며, 급한 내리막도 가끔 앞을 막아 긴장하게 만든다.

⑤ 싱글트랙은 3km 가량 이어지다 새마을고개가 마주 보이는 공장지대로 내려선다. 공장지대를 빠져나오면 새마을고개가 눈앞에 보이는 강남빌라 2차 옆이다. 여기서 새마을고개는 250m 거리. 새마을고개를 넘어 처음 왔던 길을 따라 내려가면 율동공원으로 갈 수 있다.

찾아가는 길

출발점은 분당 신도시 안쪽에 자리한 율동자연공원이다. 한강수계 탄천자전거도로와도 연결되어 있어 자전거로도 쉽게 접근할 수 있다.

자전거도로 | 서울 잠실종합운동장 옆에서 갈라지는 한강수계 탄천자전거도로를 따라 분당 방면으로 간다. 도중에 양재천이 갈라지는데, 계속 탄천 본류를 따라가야 한다. 분당제생병원을 지나 서현교 아래에서 왼쪽 분당천 자전거도로로 좌회전하면 분당구청을 거쳐 율동공원으로 이어진다. 잠실종합운동장에서 서현교까지 18km, 서현교에서 율동공원까지는 4km다.

자가용 | 경부고속도로 판교 나들목에서 분당 방면으로 빠져 계속 직진하면 분당 시내를 거쳐 5km 거리에 율동자연공원이 있다.

체크 포인트

주차 | 율동자연공원 입구에 무료 주차장이 있다.

물과 음식 | 마을을 여러 번 거쳐 가므로 가게를 이용하면 된다. 율동자연공원 아래쪽 도로변에 다채로운 식당가가 있다.

휴식 | 새마을고개와 문형산 임도 삼거리에서 쉬어 가기 좋다.

주의 | 임도는 등산로와 겹치지 않아 비교적 한적하지만 싱글트랙은 가끔 등산객이 다니니 주의한다.

31 이천 원적산

너른 평야 바라보며 산수유마을 가는 길

광주와 이천 사이에 긴 능선을 드리운 원적산635m은 전국최대의 내륙평야인 이천과 여주 벌판을 지켜보며 말쑥하게 솟아 있다. 산 아래에는 비옥한 선상지扇狀地, 계곡에서 쓸려온 토사가 쌓여 형성된 부채꼴 모양의 둔덕가 드넓게 펼쳐지고, 남쪽 계곡은 군부대 사격장 때문에 나무 한 그루 없이 매끈한 특이한 산이 되었다.

산길은 울창한 숲 사이로 간간이 터지는 들판을 조망하며 고즈넉하게 이어진다. 그렇게 달려가서 봄이면 노란 꽃망울이 화사하게 터지는 산수유마을을 거쳐 신라의 고찰 영원사를 돌아 나온다. 산을 내려온 들판 초입에는 용이 승천하는 기묘한 생김새를 한 반룡송이 신비롭다.

대평원에 솟아오른 인상적인 봉우리

우리나라 위성사진을 보면 경기도 이천, 여주에서 충북의 음성, 진천에 걸쳐 마치 다리미로 다린 듯 반듯한 대평원이 펼쳐져 있다. 중간 중간 낮은 산들이 있긴 하지만 남북 약 60킬로미터, 폭 20킬로미터 내외로 서울의 한 배 반 정도 되는 대단한 면적이다. 한반도 전체를 놓고 볼 때 이런 독특한 지형이 드물지는 않지만 특히 이곳이 두드러진다. 지질시대에 운석이 충돌한 크레이터 흔적인지, 아니면 단순한 충적평야인지는 확실치 않으나 전국 최대의 내륙평야를 이루는 것만은 분명하다.

이곳 거대한 평야지대를 둘러싸고 있는 산들 중 가장 높고 인상적인 봉우리는 이천시 북쪽에 솟은 원적산이다. 동서로 10킬로미터 넘게 직선으로 능선을 쫙 펼치고 있는데, 정상 남쪽에만 계곡이 불쑥 들어간 모양이 마치 날개를 활짝 펴고 있는 독수리를 닮았다. 늘씬한 원적산의 남쪽 기슭에는 분위기 좋은 숲길이 은근하게 안겨 있다.

◀ 영원사에 도착하기 직전, 마지막 급경사를 오르기 위해 산길은 멋진 S자를 그려낸다.

봄에는 노란 꽃으로, 가을에는 빨간 열매가 온 마을을 장식하는 산수유마을. 특정한 마을이 아니라 일대의 몇 개 마을을 아우르는 큰 지역을 일컫는다.

아름답지만 잘게 끊어진 길

원적산 코스는 어느 곳 하나 부족하지 않은 아름다운 길이다. 다만 한 가지 아쉬운 점이 있다면 산길이 처음부터 끝까지 이어지지 않고 중간 중간 끊어졌다가 다시 이어지곤 한다는 것이다. 산길은 곤지암에서 가까운 정개산 아래에서 시작해 동쪽으로 쭉 나아가다가 천덕봉 남쪽 군부대에 막혀 일단 마을로 내려온다. 그러고 나서 다시 원적봉 아래 경사리 예비군훈련장을 거쳐 산수유마을 뒤쪽을 돌아 신라의 고찰인 영원사로 이어진다. 대체로 등고선을 따라 나 있는 숲길은 오르내림이 심하지 않고 곳곳에서 이천 들판을 조망할 수 있다. 남쪽 산록이어서 겨울에도 햇살이 밝고 따스하다. 경사리 예비군훈련장에서 영원사 가는 길은 거의 인적이 없는 고즈넉한 숲길이다. 숲이 없는 정상 일대는 초원 같은 이색적인 분위기를 풍겨 등산코스로도 사랑받는다.

산수유마을과 반룡송

독특한 지형과 아름다운 숲길 외에도 원적산은 많은 매력을 품고 있다. 선상지에

용트림이 느껴지는 반룡송의 신비한 자태는 실제로 보고 있으면 소름이 돋을 정도로 실감난다.

발달한 농촌 마을은 시간을 되돌린 듯 아늑한 전원풍에 감싸여 있고, 봄에는 노란 꽃이, 가을에는 빨간 열매가 수를 놓는 산수유마을이 산의 끝자락을 수놓는다. 산수유마을 근처인 도립2리 들판 가운데에는 높이 4.2미터, 둘레 1.8미터, 수령은 480년이나 되는 소나무가 한 그루 있다. 이천 반룡송이라고 하면 알 만한 사람들은 다 아는 유명한 나무인데, 용의 몸통 같은 나뭇가지가 똬리를 튼 듯 빙글빙글 감아 오르는 기묘한 나무다. 키는 작지만 옆으로 넓게 자란 모양도 기이하다.

이곳은 꼭 | **산수유마을**

원적봉 아래 경사리, 도립리, 송말리 일원에 산수유나무가 군락을 이루고 있다. 한곳에 모인 것이 아니라 조금씩 흩어져 있어서 한눈에 펼쳐지는 장관이라기보다 아담하고 포근한 느낌을 준다. 3월 말~4월 초에 노란 꽃이 만개하며 이때에 맞춰 이천백사 산수유꽃축제가 열린다. 11월이 되면 윤기 흐르는 선홍색의 열매가 꼬마전구처럼 나무를 장식한다. 경사리 예비군훈련장에서 영원사 가는 길에 산수유 군락지를 가까이 거쳐 간다.

자전거길

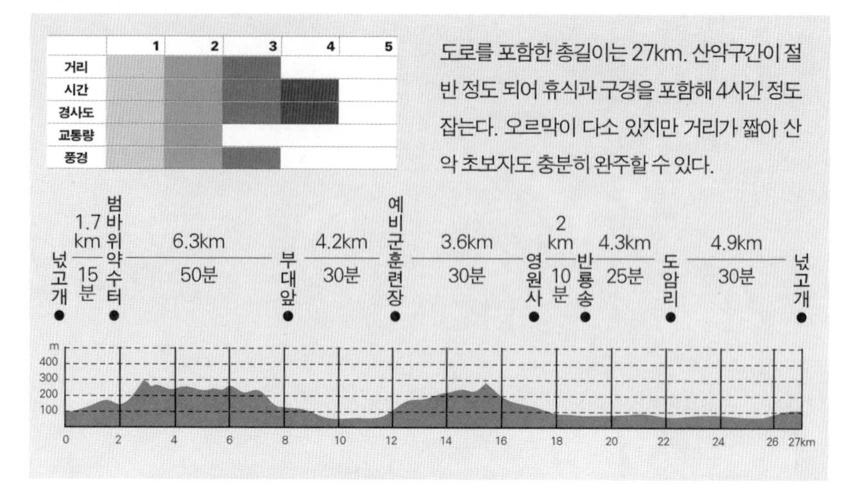

도로를 포함한 총길이는 27km. 산악구간이 절반 정도 되어 휴식과 구경을 포함해 4시간 정도 잡는다. 오르막이 다소 있지만 거리가 짧아 산악 초보자도 충분히 완주할 수 있다.

① 곤지암에서 이천으로 넘어가는 넋고개에서 시작된 임도는 완만하지만 초반에는 계속 오르막이다. 1.7km 들어가면 범바위 약수가 나오고 이후부터는 오르내림이 별로 심하지 않다. 숲이 짙어 전망은 잘 트이지 않는데, 약수터에서 900m 가면 꽤 넓은 공터가 나온다. 여기서 이천 벌판이 잘 보인다.

② 공터 부근이 해발 300m로 가장 높이 올라온 지점으로 여기서부터 사격장이 있는 천덕봉 아래 군부대까지는 대체로 내리막이다. 중간중간 조망을 볼 수 있고 가끔 갈림길이 나오는데 직진하면 된다.

③ 입구에서 8km 들어가면 길은 산을 내려서면서 군부대 앞으로 나온다. 부대를 통과할 수 없으므로 장동리 마을을 거쳐 2km 내려오면 3번 군도와 만난다. 여기서 좌회전해 1km 가면 군부대와 예비군훈련장으로 가는 길이 왼쪽으로 갈라진다. 이 길로 1.2km 올라가면 오른쪽으로 훈련장이 보인다.

④ 훈련장 뒤쪽의 비포장길을 따라 700m 가면 숲이 사라지고 밭이 나타난다. 밭 옆으로 난 길을 500m 더 가면 무덤 군이 나오면서 산수유마을로 내려가는 길이 갈라진다. 왼편의 산쪽으로 올라간다. 1.2km 가면 나오는 삼거리에서는 오른쪽으로 간다. 왼쪽 길은 산을 타고 오르다 곧 끊어진다. 여기서 200여m 가서 다시 삼거리에 이르면 왼쪽으로 간다.

⑤ 이제부터는 매우 조용하고 짙은 숲길이다. 1km 가량 고개를 넘어 가면 신라 때의 고찰인 영원사가 반긴다. 절 입구에서 다시 산으로 가는 임도가 왼쪽으로 갈라지지만 이 길로 가면 출발지로 돌아가는 길이 매우 멀어지므로 곧장 마을로 내려간다. 내리막길을 1.8km 가면 다시 도로와 만난다. 좌회전해서 250m만 가면 천연기념물 제381호인 반룡송이 길가로 보인다.

⑥ 반룡송에서 출발점까지는 도로를 따라 9km 정도 된다. 도암리 도암초등학교에서 우회전하여 남정리를 지나면 출발점인 넋고개로 쉽게 갈 수 있다.

찾아가는 길

출발점인 넋고개는 광주 실촌읍(곤지암)과 이천시 경계에 있다. 중부고속도로 곤지암 나들목에서 나와 3번 국도 이천 방면으로 우회전해 8km 가면 산 중턱에 자리한 동원대학을 지나자마자 고갯마루가 나온다. 왼쪽으로 진입로가 있으나 좌회전이 되지 않으므로 1km 가량 더 내려가 광주요 앞에서 돌려 와야 한다. 고갯마루 직전에 고미식당 간판을 따라 진입하면 정개산 표지판이 보인다.

체크 포인트

주차 | 넋고개 임도 입구에 약간의 주차공간이 있다.

물과 음식 | 입구에서 1.7km 가면 범바위약수가 있고, 이후에는 영원사에서 물을 구할 수 있다. 산수유 마을 입구에 식당이 있다.

휴식 | 임도 입구에서 2.6km 가면 조망이 트인 공터가 나온다. 산수유마을 위쪽과 영원사도 쉬어가기에 좋다.

주의 | 원적봉 아래 사격장에서 사격이 진행 중일 때나 경사리 예비군훈련장에서 훈련 중일 때는 임도 출입이 금지되는 경우가 있다. 이때는 훈련장 입구를 지나 경사마을에서 낙수재폭포 쪽으로 진입해 영원사 방면으로 가면 된다.

32 동두천 · 포천 왕방산

왕들이 노닐던 전설의 산

포성이 멈춘 지 오래되어 휴전선은 마치 국경처럼 느껴지지만 여전히 전방에는 군부대가 밀집해 있어 긴장감이 감돈다. 전방 가까운 도시들은 군용차와 군인들이 많이 오가 마치 군사도시 같이 느껴지기도 한다. 군사도시 분위기가 짙은 동두천과 포천 경계에는 왕방산을 비롯해 꽤 깊은 산악지대가 펼쳐져 있다. 산 아래 도시에는 특유의 긴장감이 감돌지만 산속으로 들어가면 고요하고 깨끗한 자연 속에 전방의 긴장감이 녹아내린다. 그리고 숲길의 향기에 고갯길이 힘든 것도 마침내는 잊는다.

공기마저 팽팽한 동두천

국경도 아닌, 잠시 전쟁을 멈춘 임시경계인 '휴전선'을 두고 남북이 대치하고 있는 현실에서 접경지대는 전선戰線에 가깝다. 이제는 거의 무감각하게 전방前方이라고 부르지만 의미는 별로 다르지 않다. 서울 중심가에서 가장 가까운 휴전선은 불과 40킬로미터. 그래서 서울 북쪽은 골짜기마다 군부대가 주둔하고 산정에는 군사시설이 들어서 있어 분단현실을 실감하게 한다. 전쟁이 끝난 지 반세기가 훨씬 지났건만 상흔은 깊이 남아 전방은 언제나 전투태세이고 공기마저도 팽팽하게 긴장해 있다.

서울 북쪽에 자리한 동두천은 수도방위를 위한 전략 요충지여서 주변 산악지대는 민간인 출입이 통제되는 곳이 많다. 반면에 사람들이 찾지 않아서 자연이 잘 보존되어 있고 적막한 오지 분위기를 간직하고 있기도 하다.

첩첩산중으로 들어가는 임도

동두천의 대표적인 산은 기암괴석이 어우러진 계곡과 바위 봉우리가 많은 소요산587m이 꼽히지만 그 외에도 산이 많다. 동두천을 에워싸고 있는 산 중 가장 높은

◀ 왕방산 한 자락에서 멀리 동두천 쪽으로 시야가 열렸다. 앞의 골짜기로 흘러내리는 개울의 이름이 동두천이기도 하다.

등산객과 자동차가 없는 산길은 짙은 숲속을 외로이 돌아나간다. 너무 적막하고 깊어서 산짐승이 내려올까 걱정 될 정도다.

봉우리는 국사봉754m이지만 왕방산737m에 포함되어 별도의 '산' 명칭을 부여받지 못한 점을 감안하면 사실상 왕방산이 가장 큰 산이라고 할 수 있다. 그러나 왕방산은 평야지대의 포천시 뒤쪽에 진산처럼 솟아 있어 보통은 '포천 왕방산'으로 통한다.

들판과 만나 멋지게 솟아오른 포천과는 달리 동두천 쪽 왕방산은 첩첩산중이다. 매혹의 산길도 여기 동두천 쪽 왕방산에 숨어 있다. 동두천과 포천 경계에 솟아 있는 왕방산 일대에는 많은 임도가 개설되어 있으며 일부 구간을 제외하고는 자유롭게 출입할 수 있다.

깊은 산 정적 속으로

산으로 가득한 숲속을 얼기설기 뚫으며 자전거를 부르는 멋진 임도는 해발 400~500미터의 기슭을 따라 아득하게 뻗어난다. 조망이 트인 곳에서는 사방팔방으로 흩어진 길이 보인다. 산모롱이를 아스라이 돌아가는 먼 길을 보면 가고 싶은 충동을 억제하기 어렵다. 왕방산 남쪽의 해룡산661m부터 북쪽의 국사봉을 지

고도 약 500m의 코스 최고지점. 성긴 숲으로 스며든 햇살에 떨어진 낙엽에도 새삼 생기가 돈다.

나 소요산 근처까지 산길은 종횡무진이다. 그러나 소요산 방면 임도는 미군부대에서 끝나는 막다른 길이어서 왕방산과 국사봉, 수위봉645m 일대의 산길을 돌아 출발지로 돌아오는 코스를 잡아야 한다.

임도를 따라 깊은 숲속으로 들어서면 군부대는 물론 사람 구경하기도 어렵다. 지나친 적막감에 감싸이면 내가 산짐승을 놀랠까, 혹은 산짐승이 튀어나와 내가 놀랄까 마음을 졸인다.

이곳은 꼭 | **왕방폭포**

왕방산 서쪽 계곡에 숨어 있는 작은 폭포다. 좁은 협곡에서 물이 흘러내리는데, 수량도 높이도 대단치 않지만 주변 계곡이 아름답다. 왕건이 여기서 수도하던 도선국사를 직접 찾아와 위로했다는 전설이 전한다. 그래서 산 이름도 왕이 방문한 '왕방산'이 되었다고 한다(조선 태조 이성계가 산 동쪽의 보덕사에 묵은 적이 있어서 왕방산이라 부른다는 설도 있다). 오지재 고개에서 동점마을 쪽으로 2km 가량 내려간 삼거리에서 크게 우회전해 600여m 가면 나오는 폭포수농원 뒤쪽에 있다.

자전거길

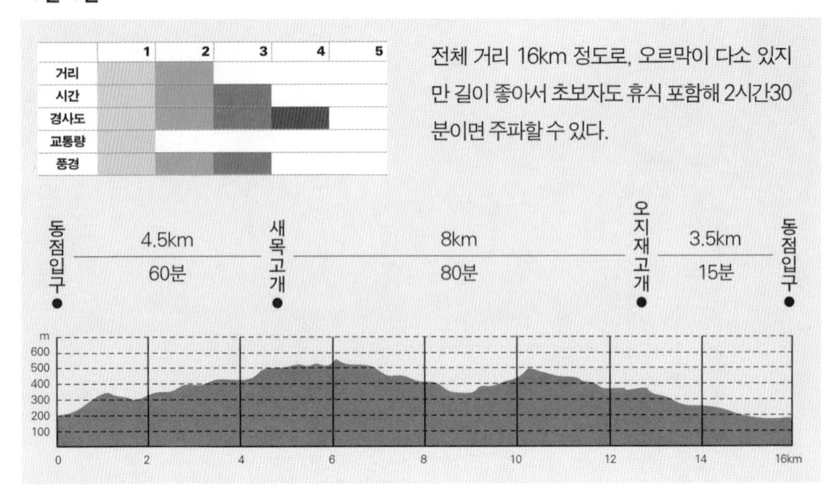

① 출발지는 동두천시내에서 부처고개를 넘어 동두천(여기서는 하천 이름을 말함) 상류로 6km 가량 쑥 들어간 동점마을이다. 마을 입구에서 500m 가량 올라가면 소방서 훈련장 같은 구조물이 서 있는 유희시설(폐쇄됨)이 보인다. 이곳을 왼쪽으로 돌아 계곡을 따라가면 곧 삼거리인데, 오른쪽으로 직진한다.

② 동점마을을 지나면 본격적인 산길 오르막이 시작되어 수위봉 남쪽을 돌아간다. 동점마을에서 300여m 올라가면 다시 갈림길이다. 왼쪽은 동두천의 미군부대나 산줄기 너머의 쇠목계곡으로 넘어가므로 오른쪽으로 간다.

③ 작은 고개를 넘으면 뜻밖에 산중에 작은 벌판이 펼쳐진다. 벌판 가운데 있는 갈림길의 오른쪽은 논에서 끝나는 막다른 길이므로 왼쪽으로 간다. 작은 고개를 오르면 철탑이 서 있고 길은 완만한 내리막으로 바뀐다.

④ 철탑에서 1.8km 가면 여래원(공원묘지)에 도착한다. 왼쪽으로 올라가 외곽 길로 여래원을 벗어나면 좁은 도로와 만난다. 왼쪽으로 300여m 올라가면 오른쪽에 임도 진입로가 보인다. 국사봉과 왕방산 임도의 시작점이다.

⑤ 산길은 인적이 없고 숲은 깊으며 매우 조용하다. 잠시 완만한 오르막을 오르면 이내 긴 내리막이 시작되고, 다시 급한 오르막이 나오다가 마지막은 경쾌한 내리막으로 마무리된다. 초입에서 임도가 끝나는 오지재 고개까지는 8km다.

⑥ 오지재를 넘으면 포천이다. 출발점으로 가려면 오지재 고개에서 우회전해야 한다. 계곡을 따라 3.5km 가량 내려오면 동점마을 입구에 도착한다.

찾아가는 길

출발지인 동점마을은 동두천 시내에서 갈 수도 있으나 포천 쪽에서 오지재고개를 넘어 진입하면 나중에 자전거로 돌아올 길을 미리 확인할 수 있어 좋다. 높이가 380m나 되는 오지재고개를 넘어 들어가는 것 자체가 이름처럼 깊은 오지로 들어서는 느낌을 배가시켜 준다. 동두천 쪽과는 판이한 포천 방장산의 면모도 볼 수 있다.

서울에서는 동부간선도로나 서울외곽순환고속도로를 통해 의정부 나들목을 거쳐 43번 국도를 타고 포천 방향으로 가면 된다. 포천시내에 들어서기 전, 소흘읍을 지나 2km 가량 가면 나오는 장승삼거리에서 좌회전, 364번 지방도를 따라 오지재고개를 넘는다. 오지재고개에서 3.5km 내려가 샤블모텔을 끼고 들어가면 동점마을이다.

체크 포인트

주차 | 동점마을 입구에서 조금 들어가면 주차할 수 있는 공터가 있다.

물과 음식 | 산속에서는 자연계곡 외에는 물을 구할 수 없으므로 미리 준비한다. 왕방폭포 가는 길의 탑동에 식당이 있다(여름에는 노점이 많이 생긴다).

휴식 | 간이매점이 서는 오지재고개가 쉼터로 적당하다.

주의 | 등산로와 겹치지 않아 산길은 매우 한적하다. 사고에 주의하고 단체로 움직이는 것이 좋다.

33 양평 스무나리고개

경기도의 끝, 강원도의 처음

양평 스무나리고개340m는 경기도에서 강원도로 넘어가는 경계다. 높지는 않지만 깊숙한 산간지역에 있어 산적이 자주 출몰하던 옛날에는 스무 명이 모여야 넘을 수 있었다고 하며 지금도 인적이 드물다. 스무나리고개를 끼고 있는 5백 미터 내외의 이름 없는 산들은 경기도와 강원도의 접경을 이루고 산비탈에는 깊은 산길이 돌아나간다. 소담스러운 산마을, 바람만 스쳐가는 인적 없는 숲, 도시의 흔적조차 보이지 않는 첩첩산중이 강원도 산골과 다를 바 없는, 탈脫 수도권 풍경이다. 경기도와 강원도의 경계를 이루는 산줄기에는 포근하면서도 산자락을 구비치는 숲길이 길게 뻗어 있어 경기도의 끝, 강원도의 처음을 느끼게 해준다.

강원도 같은 경기도

경기도의 동쪽 끝인 양평은 가평과 더불어 가장 경기도답지 않은 곳이다. 경기도 전체가 수도권에 포함되어 도시화가 빠르게 진행되고 있으나 두 고장은 도시화의 손길이 닿지 않은 채 강원도 못지않은 산악지대를 보존하고 있다. 이름은 평탄할 평平인데 온통 산뿐이니, 이름만이라도 들판을 갖고 싶었던 것일까.

양평의 가장 동쪽인 양동면에는 강원도 횡성과 경계를 이루는 산줄기가 남북으로 달린다. 접경지역의 산들은 5백 미터가 넘는데도 이름마저 없는 무명봉無名峰들의 연속이다. 강원도에서 5백 미터짜리 봉우리를 산으로 쳐주지 않는 것과 마찬가지로 양평에서도 특징 없는 5백 미터 높이로는 산 축에 들기 어렵다.

특별하지 않아 더 매력 있는 동네

양평군 양동면은 행정구역상 경기도지만 강원도 산간지방과 다름없이 외진 산

◀ 얼핏 산이 헐벗은 듯 보이지만 더덕이나 약초를 키우는 임산물 재배단지다. 모처럼 숲에서 벗어나 시원한 조망을 맛본다.

굿바이 경기도, 굿모닝 강원도! 인적 없는 스무나리고개는 경기도와 강원도의 인사 표지판만이 요란하다.

골이다. 중앙선 철도가 지나는 양동역 근처가 면사무소와 농협 등이 모여 있는 중심지인데, 평일에는 문을 연 식당을 찾기 어려울 정도로 한적하다. 주변의 산은 그리 높지 않지만 워낙 많아서 들판을 찾아보기 어렵다. 양동 동쪽의 산들은 강원도와 경계를 이루는데, 경기도 쪽보다 오히려 강원도 쪽이 더 번화하고 사람들의 출입이 잦다. 산 너머 횡성 쪽에는 콘도와 골프장, 스키장이 있고, 멀지 않은 곳에 영동고속도로와 중앙고속도로까지 지난다. 반면 양동 쪽에는 관광객을 끌어들일 수 있는 특별한 명소나 볼거리가 없어 이웃한 강원도보다 적막하다.

양동의 매력은 바로 여기에 있다. 특별한 볼거리가 없는 대신 산악자연이 잘 보존되어 있고 오염시설도 없어서 공기와 물이 맑다. 산이 많기는 하지만 위압적이거나 험한 고산이 아니고, 그 산 기슭에 아름다운 길이 실타래처럼 풀어져 있다. 자전거를 사랑하는 도시인들에게 이보다 더 좋은 휴양지는 없을 것이다.

자전거, 스무나리고개를 만나다

스무나리고개에서 북쪽으로 길게 이어진 산 능선은 다시 작은 안부鞍部, 안장처럼 푹

스무나리고개 주변에는 울창한 잣나무숲이 많아서 고산지대에 온 듯 이채롭다.

꺼진 고개 지형를 빗어 거슬치가 스무나리고개와 비슷한 분위기로 경기도와 강원도를 소통시키고 있다. 스무나리고개에서 거슬치에 이르는 긴 능선의 서쪽 기슭에는 자동차는 물론이고 인적과 소음이 완벽하게 탈색된 천연의 적막강산 숲길이 뻗어난다. 거슬치가 스무나리고개보다 조금 낮아서 길은 오르락내리락 하지만 전체적으로 완만한 내리막을 이뤄 자전거의 부담을 줄여준다. 이렇게 깊은 산속에, 이렇게 사람이 찾을 일 없는 숲속에, 이토록 길고 멋진 길이 있다는 것이 반갑고도 놀랍다. 스무나리고개 남쪽으로는 이국적인 잣나무 숲을 거쳐 꼬박 7킬로미터의 내리막 흙길이 다시 기다린다. 브레이크를 잡은 손가락이 저려서 간간이 쉬어가야 할 정도의 상큼한 질주. 고기가 물을 만난 듯, 산악자전거는 스무나리고개를 그렇게 만난다.

이곳은 꼭 | **양동마을**

특별한 볼거리는 없지만 시간을 1970년대쯤으로 되돌린 듯한 거리 풍경이 정겹다. 작은 면사무소, 앙증맞은 역사, 허름한 가게와 소박한 식당들이 괜히 미소 짓게 만들며 추억을 되새기게 해준다. 이 땅에는 도시만 있는 것이 아니라 이런 곳에서 저런 방식으로 느리게 사는 사람들이 아직도 많다.

자전거길

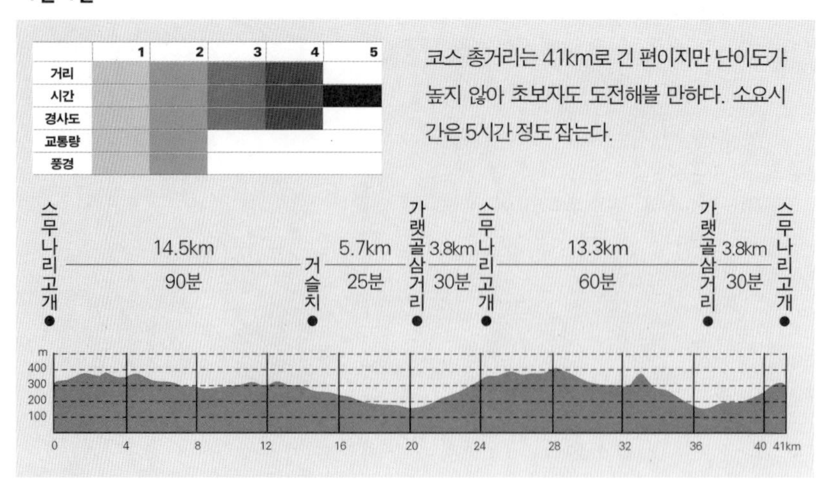

코스 총거리는 41km로 긴 편이지만 난이도가 높지 않아 초보자도 도전해볼 만하다. 소요시간은 5시간 정도 잡는다.

① 임도는 스무나리고개를 기준으로 남북으로 떨어져 있어서 코스는 도로를 포함해 '8'자 모양으로 구성하면 좋다. 8자의 중간에 해당하는 지점이 출발점인 스무나리고개다. 인적이 뜸한 고갯마루는 도로와 임도가 만나는 사거리를 이루고 있는데, 먼저 북쪽에 있는 거슬치로 향한다(강원도 방향으로 섰을 때 왼쪽 길).

② 처음에는 다소 오르막이다. 2km 가량 들어가면 계정리 일대 골짜기가 내려다보이고 3km 가면 숲이 거의 없어지면서 산더덕 같은 임산물 재배단지가 나타나며 조망이 시원하게 트인다. 4km를 지나면 건너편으로 금왕산이 잘 보이고 금왕산 사면에도 임도가 많이 나 있어 체력이 된다면 금왕산까지도 코스로 아우를 수 있다.

③ 길은 골짜기로 들어갔다가 능선으로 나오기를 반복하며 끝없이 북쪽으로 이어진다. 경사는 심하지 않고 오르막보다 내리막이 조금 더 많아 달리기는 편하다. 8.5km 가면 산림관리용 창고가 나오고 10.5km 지점에서는 작은 과수원도 지난다. 이후 작은 골짜기들을 돌아서 거슬치에 도착한다.

④ 도로를 따라 왼쪽으로 5.7km 내려가면 스무나리고개로 다시 올라가는 가랫골삼거리다. 가랫골에서 스무나리고개까지는 3.8km 거리.

⑤ 이번에는 스무나리고개에서 남쪽길로 들어선다. 잣나무 숲이 장관을 이루는 초반 5km는 완만한 오르막이다. 숲은 언뜻 보기에 원시 그대로인 것 같지만 사람 손에 잘 가꿔진 것이다.

⑥ 오르막이 끝나면서부터 7km의 시원한 내리막이 기다린다. 신나게 달리다보면 어느새 산을 내려와 대월마을을 거쳐 계정리 제1대월교에서 도로와 만난다. 우회전해서 1.3km 가면 다시 스무나리고개로 가는 가랫골삼거리다. 결국 스무나리고개는 두 번 오르는 셈이 된다.

찾아가는 길

서울에서 출발한다면 먼저 홍천 방면 6번 국도를 따라 양평까지 간다. 양평에서 여주 방면 37번 국도로 갈아타고 18km 가면 이천시 대신면 율촌이다. 여기서 고달사지 방면 88번 지방도를 타고 고달사지를 거쳐 16km 가면 양동에 도착한다. 양동에서 중앙선 철길을 지나 삼산리 방면으로 가다 계정리 쪽으로 계곡을 4km 가량 거슬러 오르면 가랫골삼거리가 나온다. 우회전해서 3.8km 올라가면 스무나리고개 정상이다. 서울 천호대교에서 약 85km로 1시간30분 소요.

체크 포인트

주차 | 스무나리고개 정상에 주차할 수 있는 공터가 있다.

물과 음식 | 산길에서는 자연계곡 외에는 물을 구할 수 없으므로 가게가 있는 양동역 근처에서 미리 준비한다. 양동역 부근에 식당이 몇 곳 있다.

휴식 | 코스의 포인트가 되는 스무나리고개와 거슬치가 쉬기에 적당하다.

주의 | 임도는 등산로와 떨어져 있고 자동차도 출입할 수 없어 인적이 거의 없으며 휴대폰도 잘 통하지 않는다. 위급사태가 발생할 경우 난처해지므로 만약을 대비하고 단체로 행동한다.

34 양평 산음분지

용문산이 감춰둔 천혜의 산간분지

우리나라에 사방이 산으로 둘러싸인 분지盆地 지형은 많아도 마치 사발 그릇처럼 움푹 파인 곳은 드물다. 용문산1,157m 북쪽 깊은 산속에 자리한 산음리는 완벽한 분지 지형을 이룬다. 첩첩산중에 예상 못한 분지가 분화구처럼 오목하게 패여 있다. 비록 길이 나 있긴 하지만 험한 고개를 넘거나 협곡을 지나지 않고서는 갈 수 없는, 산중 별세계다. 이 희한한 분지를 내내 들여다보면서 일주하는 산길이 있다.

용문산과 용문사

경기도에서 가장 인상적인 산으로 양평 용문산을 꼽을 수 있다. 1,100미터를 훌쩍 넘는 고봉인데다 남한강이 가까운 저지대에서 솟아올라 덩치가 엄청나고 주변에 높은 산이 없어 압도적인 웅장함을 자랑한다. 주능선을 경계로 동남면은 빗방울 하나 붙잡을 데 없을 것처럼 쏟아져 내릴 듯 경사가 급하고, 북서면은 완만하게 늘어져 지형이 크게 대비된다. 주능선 줄기는 양평읍 뒤쪽의 백운봉940m부터 정상까지 마치 용의 등처럼 울퉁불퉁 등뼈를 드러내고 있어 사납고 거친 느낌을 준다. 정상 동남쪽 계곡에는 용문사가 있는데, 절보다는 마의태자가 심었다는 거대한 은행나무가 더 유명하다. 높이 41미터, 가슴높이 둘레 11미터의 거목으로 나이는 천백 살에서 최대 천오백 살까지 헤아린다. 거대한 둥치는 절과 산 이름처럼 용이 땅을 박차고 비상하는 모습이다.

용이 숨겨 놓은 여의주

산세도 그렇고 은행나무도 그렇고 어딘가 신비한 기운이 감도는 용문산은 북동쪽에 기묘한 산간분지를 숨기고 있다. 용문산 북쪽에 있다고 해서 산음山陰, 산의 응달, 즉 북쪽 으로 불리는데, 폭 5킬로미터 정도의 둥근 형태이고 사방은 800~900미터의 산들이 둘러싸고 있다. 용-용문산이 숨겨 놓은 여의주가 있다면 바로 여기 산

◀ 어느 산모롱이에서 분지를 내려다본다. 사진으로는 작은 능선들이 뒤섞여 복잡해 보이지만 전체적으로는 분화구처럼 오목하게 파인 특이한 지형이다.

산음자연휴양림의 산막. 쭉쭉 뻗은 잣나무 숲 속에 자리한 통나무집이 외국에 온 것만 같다.

음분지일 것이다. 그러나 아무리 산간분지라 해도 포장도로가 뚫리면 속세와의 단절은 끝난 것이다. 사방이 험산으로 막힌 산음분지도 길이 조금 험하긴 하지만 자동차가 있다면 누구나 쉽게 찾을 수 있는 곳이 되었다. 하릴없는 드라이브 족들이 가끔 한적한 산간도로를 스쳐 지나고, 성수기 주말이면 등산객과 자연휴양림을 찾는 관광객들로 꽤나 붐빈다. 그러나 평일의 산음분지는 참으로 적막하다. 분지 내에는 산간마을 몇 곳과 계곡 깊숙이 조성된 산음자연휴양림이 전부여서 사람 그림자를 찾기도 쉽지 않다.

수도권 최대 임도林道 100킬로미터

산음분지 일대는 깊은 산악지형에다 숲도 울창해서 삼림관리를 위한 임도가 많이 개설되어 있다. 분지를 둘러싼 산 중턱으로 일주 도로가 나 있고, 남쪽의 도일봉864m과 동쪽 단월리, 서쪽은 봉미산856m 너머까지 산기슭을 휘감고 도는 임도가 가득하다. 이들 코스를 모두 이으면 백 킬로미터는 될 테니 수도권 최대의 임도천국이라고 할 수 있다.

산음분지에 자리한 민가들은 아직도 장작을 패서 난방과 취사를 해결한다. 겨울을 앞두고 잔뜩 쌓아놓은 장작더미에서 향수가 묻어난다.

그 중에서도 산음분지를 일주하는 21킬로미터 코스가 백미다. 급사면을 깎아 만든 산길은 내내 조망이 트여 있고 오르락내리락 반복하며 달리는 사이에 21킬로미터는 순식간에 지나가 버린다. 노면도 잘 관리되어 있고, 대체로 해발 400~500미터의 등고선을 따라가기 때문에 등락 폭이 심하지 않다. 도중에 마을이나 산음자연휴양림으로 내려가는 갈림길이 있어 체력이나 시간 형편에 맞춰 코스를 변경하기도 편하다. 독특한 분지 지형, 울창한 숲, 첩첩산중 조망, 쾌속 주행을 모두 맛볼 수 있는 멋진 흙길이다.

이곳은 꼭 | **용문사 은행나무**

산음분지까지 가서 일대의 비경인 용문사를 지나칠 수야 없다. 비솔고개에서 용문사까지는 19km 밖에 되지 않는다. 용문사는 신라 진덕여왕 때인 649년 원효대사가 창건한 고찰이지만 옛 건물은 소실되고 지금의 건물은 최근에 지어 고색창연한 느낌은 부족하다. 다만 절 앞에 선 은행나무는 천 년 이상을 그 자리에 붙박이로 살아온 역사의 증인이다. 스님의 말에 의하면 은행나무가 빨아들이는 바람에 근처에 있던 재래식 화장실의 분뇨가 저절로 줄어들었다고 한다. 은행잎이 노랗게 물드는 10월 말이 가장 좋다.

자전거길

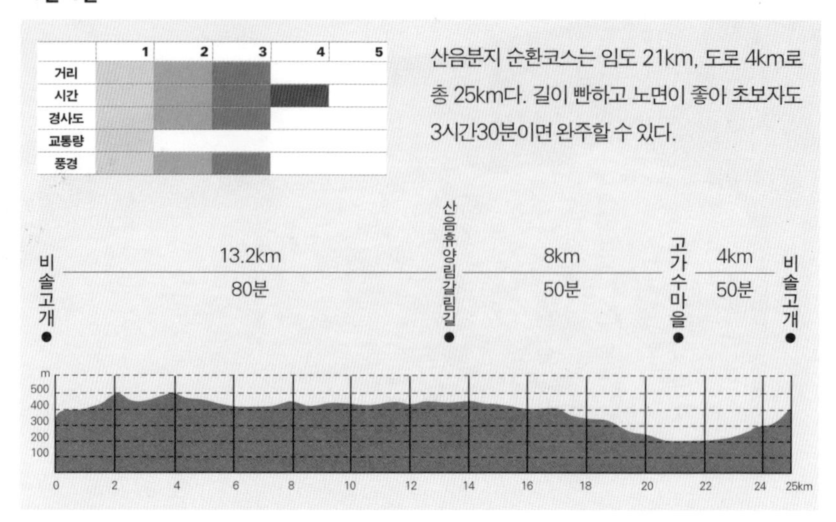

① 여정은 비솔고개에서 시작된다. 고갯마루 남쪽으로도 임도가 나 있는데, 도일봉 동쪽 기슭을 따라 단월면 향소리까지 10여km 이어지는 별도의 길이다. 산음분지 순환임도는 양평 쪽에서 고개 마루를 넘자마자 왼쪽으로 들어서야 한다.

② 차단기를 지나 100m쯤 들어가면 산음자연휴양림 매표소가 있다. 휴양림 본관은 저 아래 계곡에 있지만 분지 일대의 삼림 대부분이 휴양림 영역에 들어가 있어 입장료를 받는다(성인 1000원). 평일이나 비수기에는 지키는 사람이 없다.

③ 잘 관리된 산길은 해발 400~500m를 오르내리며 끝도 없이 산모롱이를 감아 돈다. 용문산 북쪽 끝 봉우리인 폭산(992m)이 하늘을 찌를 듯 날카롭게 솟아 있고, 봉미산도 봉황이 날개를 편 듯 화려한 산세를 자랑한다. 길 오른쪽은 가파른 절벽이지만 시야가 훤히 트인 곳이 많아 따분할 겨를이 없다. 노면에는 잔돌이 깔려 있어 약간 미끄럽다.

④ 입구에서 3km쯤 들어가면 청소년 수련관을 거쳐 고북마을로 내려서는 길이 오른쪽으로 갈라진다. 그대로 직진한다. 이후에도 왼쪽으로 갈라져 산 쪽으로 올라가는 길이 두 군데 나타나지만 모두 고압선 철탑 관리용 길이어서 얼마가지 않아 끝나므로 주의한다. 애매한 갈림길에서는 항상 직진한다.

⑤ 폭산을 휘돌아 비솔고개에서 13km 정도 들어서면 가평군 설악면 묵안리와 용문산 서쪽의 양평군 옥천면 용천리로 넘어가는 성현고개 길이 왼쪽으로 갈라진다. 그대로 200여m 직진하면 오른쪽 계곡 아래로 시멘트 포장길이 나오는데, 산음자연휴양림 본부로 내려서는 길이다. 직진해서 1km 더 가면 산막이 나오고 여기부터 순환임도의 끝인 고가수 마을까지 7km는 도중에 빠지는 길이 없다.

⑥ 마지막 2km는 안락한 내리막이다. 마을이 가까워지면서 시멘트 포장길이 나타나고 임도 차단기를 지나면 곧 고가수 마을이 반긴다. 여기서 출발지인 비솔고개까지는 4km의 완만한 도로 오르막이다. 포장도로지만 차가 거의 다니지 않아 느긋하게 피로를 풀며 달릴 수 있다. 고개 직전의 1km 정도는 경사가 심하다.

⑦ 산불예방기간인 매년 2월 15일~5월 30일, 11월 1일~12월 15일에는 임도통행을 금지하므로 휴양림 관리사무소로 미리 확인해야 한다.

찾아가는 길

서울 동쪽 끝인 팔당대교에서 6번 국도를 따라 50km 가면 단월면 덕수리와 향소리로 빠지는 345번 지방도가 갈라진다. 산음리 방향으로 10km 가면 비솔고개 마루에 도착한다. 중남부지방에서는 양평을 거쳐 6번 국도를 타면 된다. 용문사에서는 조현리를 거쳐 중원계곡 입구—단월면 향소리로 이어지는 341번 지방도가 나 있다.

체크 포인트

주차 | 비솔고개 정상에 주차공간이 있다.

물과 음식 | 코스 도중에 작은 계곡을 몇 개 만나지만 갈수기에는 물이 적고, 여름에는 식수로 쓰지 않는 것이 좋으므로 물을 미리 준비한다. 일반 식당은 비솔고개 넘기 전에 있는 향소리까지 나와야 있으므로 시간계획을 잘 세운다. 가능하면 행동식을 준비하고, 간식은 휴양림 입구인 산음리의 가게를 활용한다. 향소리 용목가든(031-772-4842)은 토속음식이 맛나다.

휴식 | 코스 도중에 체육시설이 한 곳 있을 뿐, 별도의 휴식공간은 없다.

숙박 | 산음자연휴양림(031-774-8133) 비솔펜션(031-772-8277) 안펜션(031-771-9868)

주의 | 대체로 북사면이어서 눈이나 빙판이 초봄까지 남아 있고, 초겨울에는 해가 빨리 진다.

35 양평 고래산

전망 좋고
기분까지 좋은 내리막길

자전거를 타면 아무래도 힘들이지 않고 속도를 즐길 수 있는 내리막을 좋아하게 된다. 그러나 내리막은 그냥 주어지는 법이 없다. 내려가려면 꼬박 그만치 올라야 한다. 길은, 특히 자전거를 타고 달리는 길은 올라간 만큼 내려갈 수 있다. 하지만 궁리를 잘 하면 오르막은 덜 가고 내리막은 많이 즐길 수 있는 방법이 있다. 가능하면 길이 좋고 직선화된 도로로 올라가서 흙길로 내려오는 것이다. 그런 코스를 짜기 쉬운 곳이 양평군 지평면과 여주군 북내면 사이에 솟은 고래산543m 일대의 산길이다.

고달산, 고려산, 고래산

'고래산'이라는 이름의 유래는 분명치 않으나 남쪽에 유명한 고달사지가 있어서 한때 '고달산'으로 불린 적이 있고, 고려시대에 고려장을 했던 곳이라고 '고려산'으로 부르기도 했다고 한다. 고려산이 음운변화를 거쳐 고래산으로 바뀐 게 아닐까 하는 추측을 해볼 수 있는데, 일설에는 서쪽 대평리에서 보면 산의 모습이 꼭 고래를 닮았다는 얘기도 있다.
고래산 동쪽의 양동면은 경기도와 강원도의 접경을 이뤄 오지 분위기가 진하지만 서울 쪽으로 한 발짝 다가선 지평면은 어딘가 교외 느낌이 난다. 고래산 서쪽과 남쪽에는 골프장이 들어섰고, 주변의 교통량도 한결 많다. 그래도 고래산 동쪽은 온통 산지여서 비교적 한가롭다.

내리막을 질주하고 싶다면

산악자전거는 험한 산길을 달리는 것이 제 맛이기 때문에 특히 내리막을 질주할 때 쾌감이 배가된다. 물론 경사가 급한 오르막을 힘들게 정복하는 것을 즐기는 사람도 있지만 오로지 자신의 두 다리로 바퀴를 굴려야 한다는 자전거의 특성상 내

◀ 도시가 가까워서일까, 산간마을은 산촌이라기보다 예쁜 전원주택들이 동화 같다. 뒤쪽 멀리 용문산(1157m)이 장중한 스카이라인을 그리고 있다.

울창한 숲 속으로 산길은 하염없이 계속 될 것만 같다.

리막을 선호하는 것은 자연스럽다. 외국에는 그런 사람들을 위해 스키장의 리프트나 자동차를 이용해 고지대로 올라가서 내려올 때만 자전거를 타는 산악코스도 많이 있다. 국내에서는 일부 스키리조트에서 리프트를 타고 산악코스 출발지로 올라갈 수 있는 시스템을 운영하고 있는데, 이 코스는 스키시즌이 아닐 때만 운영된다는 것이 단점이다. 사시사철 원하는 때에 이런 코스를 즐기고 싶다면 고래산으로 가자. 행정구역상 경기도에 속해있지만 강원도가 더 가까운 동쪽 사면에는 울창한 잣나무숲 사이로 산길이 유장하고, 도시의 바람을 쐰 산동네는 어딘가 산뜻하다. 한적한 도로와 산길을 잘 조합하면 편안하면서도 스릴 있는 코스를 달릴 수 있다.

오르막은 도로를, 내리막은 산길을

고래산 임도는 달리는 내내 마을이 바로 아래로 보이는 푸근한 길이지만 인적이 없어 적막에 묻혀 있다. 또 잣나무숲이 울창하면서도 조망이 시원한 것이 이 산의 매력이다. 산길은 고래산 동북쪽과 개울 건너 남동쪽 두 곳에 떨어져 있다. 두 길

구둔치에서 시작된 길은 내내 장쾌한 내리막이다. 건너편으로 조금 전 지나왔던 고래산의 임도가 산허리를 스쳐간다.

모두 도로와 연결되어 있어서 양동의 스무나리고개와 마찬가지로 '8'자 모양으로 코스를 잡으면 산을 두루 돌아보면서도 같은 길을 되돌아갈 필요가 없는 최적의 길이 된다. 여기에 더해 도로를 잘 활용하면, 오르막은 도로를 따라 비교적 편하게 올라가고 내리막은 산길을 시원하게 질주할 수 있는 매혹적인 여정이 된다. 부드러운 산길을 달리는 동안 북쪽으로는 고만고만한 산 무리 위로 훌쩍 머리를 솟구친 용문산1,157m이 거대한 덩치를 자랑하고 있다.

이곳은 꼭 | **고달사지**

고래산 남서쪽 우두산(473m)기슭에 자리하고 있다. 산줄기로 둘러싸인 아늑한 입지가 인상적이다. 절터는 상당히 넓으나 건물은 모두 사라지고 주춧돌과 석조물만 우두커니 남아 있다. 발굴이 진행 중인데, 유물의 숫자와 수준이 대단하다. 국보 4호인 고달사지부도는 장중하면서 품위가 넘치고, 보물 6호인 원종대사 혜진탑비 귀부 및 이수, 보물 7호인 원종대사 혜진탑, 보물 8호 석불대좌 등 석조물의 조각기법이 치밀하면서 생동감이 넘친다.

자전거길

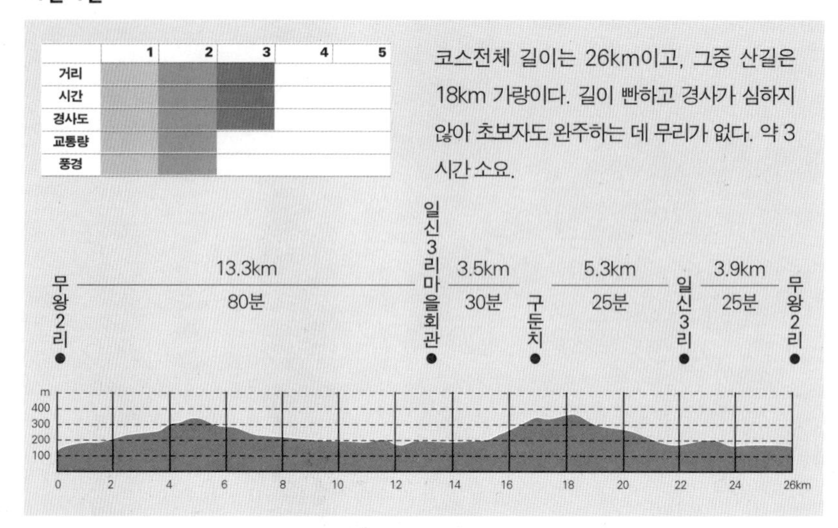

① '8'자 모양 코스의 위쪽 동그라미에 해당하는 곳에서 출발한다. 출발점은 지평면 무왕2리 마을이다. 마을 옆에서 시작되는 임도로 들어서면 처음 5km 정도는 완만한 오르막이다. 조망이 좋고 노면도 부드럽다. 울창한 잣나무숲은 깊은 산속에 온 듯하다. 고래산 정상 쪽으로 깊이 들어온 골짜기를 돌아서면 마침내 내리막으로 바뀌면서 다리 힘을 덜어준다.

② 내리막 도중에 왼쪽으로 빠지는 길이 몇 곳 나오는데, 산을 내려가는 길이므로 그대로 직진한다. 길은 일신3리 마을회관 북쪽 100m 지점에서 도로와 합류한다. 임도 길이는 13.3km. 도로에서 우회전해 500여m 내려와 왼쪽으로 지산4교 다리를 건너 구둔치 고개로 향한다. 못저리 마을을 지나 중앙선 철도 옆으로 이어지다 이윽고 포장도로가 끝나고 비포장길이 나온다. 길은 폭우에 쓸려 내려가 깊은 물골이 파지고 경사가 심해 자전거를 끌고 올라야 한다.

③ 구둔치 고갯마루에 오르면 삼거리가 나오는데, 왼쪽은 양동면으로 내려가는 길이므로 오른쪽으로 간다. 600m 정도 완만한 오르막을 오르면 3.7km의 거침없는 내리막이 반긴다. 조망이 매우 좋아서 금방 지나온 고래산 임도가 훤히 보이고 간벌을 해서 성긴 숲이 독특한 풍경을 빚는다. 다만 모래가 조금 깔려 있어 미끄러질 염려가 있으므로 커브에서 특히 조심한다. 산을 내려오면 개울가에 조성된 작은 숲 공원이 맞아준다.

④ 산에서 내려와 만나는 도로는 조금 전 구둔치로 가면서 지났던 길인데, 좌회전해서 지산4교를 지나 우회전하면 출발점인 무왕2리까지 도로를 따라 편안하게 갈 수 있다.

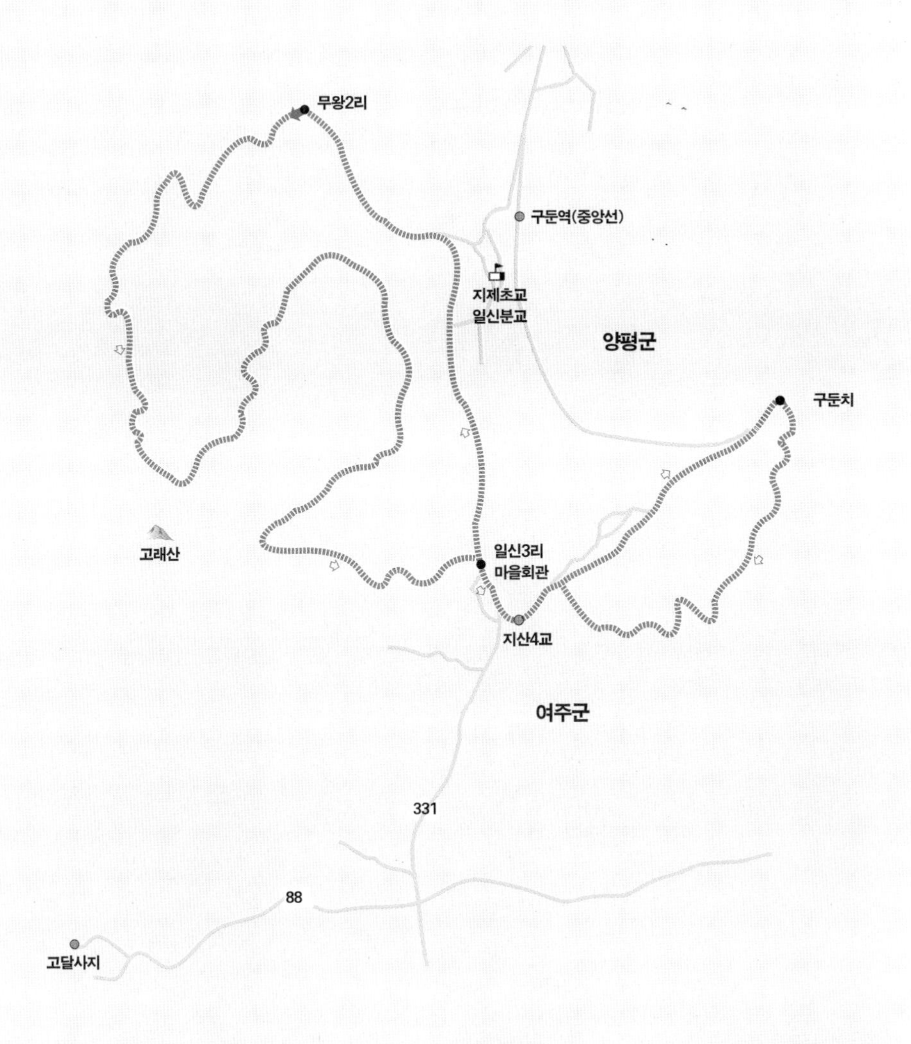

찾아가는 길

서울에서 출발할 경우 홍천 방면 6번 국도를 따라 양평을 지나 용문까지 간다. 용문에서 342번 지방도를 타고 4km 가면 지평면의 중심지인 지평리다. 다시 3.4km 가면 원산저수지를 지나 석불역 근처에서 345번 지방도가 왼쪽으로 갈라진다. 345번 지방도를 따라 전양고개를 넘어 2km 남짓 가면 오른쪽으로 무왕2리 마을이 보인다. 마을회관 옆 골목길로 200m 가면 임도 입구다.

체크 포인트

주차 | 무왕2리 마을회관 뒤쪽의 임도 입구에 주차할 수 있는 공터가 조금 있다.

물과 음식 | 산속에서는 자연계곡 외에는 물을 구할 수 없으므로 지평리에서 미리 준비한다. 식당 역시 지평리 근처로 가야 찾을 수 있다.

휴식 | 고래산 정상 아래 등산로와 만나는 곳(전망 좋음)과 구둔치를 내려온 개울가 숲이 좋다.

주의 | 등산로와 거의 겹치지 않고 자동차는 출입할 수 없어 산길은 매우 한적하다. 마을이 가깝기는 하지만 사고에 주의하고 단체로 움직이는 것이 좋다.

36 양평·가평 유명산

장쾌한 조망이 펼쳐지는 산상 억새밭

창공을 가르며 패러글라이더가 바람을 안고 날아오른다. 그 아래 숲속에는 등산객들 모습이 울긋불긋 하고, 정상을 눈앞에 둔 산악자전거는 숨 가쁘게 페달을 돌린다. 아래쪽 임도에는 산악오토바이가, 더 아래의 꼬불꼬불한 고갯길은 로드바이크가 헉헉대며 올라온다. 스포츠 카는 와인딩 로드를 쾌속으로 감아 돌고, 이에 질 세라 모터사이클도 코너링 속도를 높인다. 이 모든 레포츠 풍경이 한 곳에서 이뤄지는 곳이 바로 양평과 가평 경계에 둔중하게 앉아 있는 유명산862m이다. 유명산은 다양한 레포츠의 메카로 유명하다. 등산은 물론이고 산악자전거, 로드바이크, 패러글라이딩 등을 즐기는 동호인들에게 유명산은 '통과의례' 같은 곳이다.

레포츠의 메카

서울에서 가까우면서 유명산처럼 다양한 레포츠 여건을 갖춘 데는 달리 없다. 유명산이 이렇게 수많은 레포츠의 천국이 된 것은 야누스의 얼굴처럼 천변만화하는 자연환경 덕분이다. 높지는 않으나 북쪽 가평 방면은 급한 계곡유명농계, 가평8경의 하나을 이루고, 양평 쪽인 남쪽 산세는 비교적 부드러우며, 정상 일대에는 완만한 고원이 형성되어 있다. 유명산 줄기를 넘어 양평과 가평을 잇는 도로는 농다치430m, 선어치550m, 배너머630m 같은 고개를 넘어간다. 산 높이에 비해 고개가 매우 높은 편이어서 산길은 구절양장을 이루고 경사도 만만치 않다.

그 덕분에 오르막에 도전하는 로드바이크와 와인딩 로드를 달리는 스포츠 드라이빙에 적격이다. 산꼭대기까지 나 있는 임도를 따라 오르면 억새가 만발한 산상 고원에 탁 트인 조망이 어우러져 목가적인 여운을 더한다. 정상 옆에는 패러글라이딩 이륙장이 있다. 하늘과 땅을 망라하는 레포츠의 메카, 그 산정에 자전거도 빠질 수 없다.

◀ 고도 862m의 유명산 최정상에 자전거가 올라섰다. 뒤쪽으로 용문산(1157m)이 둔중하게 솟아있다.

주능선까지 억새가 만발한 완만한 산록은 더없이 목가적이다.

쉽게 갈 수 있는 가까운 산

유명산은 서울에서 가까워서 좋다. 서울 동쪽 경계에서 한 시간이면 입구에 도착할 수 있다. 유명산 동쪽을 넘어가는 배너머고개까지 자동차로 오를 수 있는 것도 체력과 시간을 아끼는 데 큰 도움이 된다. 출발지점의 고도가 이미 630미터나 되다 보니 정상까지의 고도차는 겨우 232미터로 실제 산을 오르는 높이는 서울 남산 정도밖에 되지 않는다. 거리는 4킬로미터 가량이지만 고도차가 작고 자동차도 다닐 수 있을 정도로 길이 좋아 초보수준을 갓 벗어난 라이더들의 산악자전거 코스로 훌륭하다.

유명산은 용문산에 속한다?

유명산은 높이 862m로 수도권에서는 상당히 높은 편에 드는데도 육안으로 봐서는 그렇게 높아 보이지 않는다. 이는 바로 옆에 훨씬 높은 용문산1,157m이 있기 때문이다. 용문산은 정상에 군부대가 주둔하고 있어 일반인은 출입할 수 없는데, 이 때문에 등산객들이 용문산 대신 유명산을 찾는 면도 없지 않다. 이렇게 높이와 명성에서 늘 이웃한 용문산에 한발 뒤처지는 곳이지만 유명산은 용문산 줄기에 솟

유명산은 패러글라이딩의 명소이기도 하다. 훈련중인 패러글라이더 옆으로 자전거가 쏜살 같이 달려간다.

은 부속 봉우리가 아니라 독립적인 산으로 당당히 인정받고 있다. 그것은 아마도 다채로운 자연환경과 산정의 억새고원이 갖는 희소성 때문일 것이다. 2000년대 초까지 정상 일대에서 고랭지 채소를 재배하던 농장이 없어지면서 밭은 모두 억새밭으로 변했고 채소를 실어 나르던 산악도로는 경치 좋은 산길로 새롭게 각광받고 있다. 정상 주변이 초원을 이룬 유명산은 용문산의 웅자를 한눈에 볼 수 있는 최고 전망대이기도 하다.

이곳은 꼭 | **자연휴양림 세 곳과 중미산천문대**

유명산은 정수리만 민둥산이고 산록은 숲이 울창해서 주변에 자연휴양림이 세 곳이나 있다. 북쪽에는 계곡이 좋은 유명산자연휴양림(031-589-5487), 서쪽에는 숲이 짙은 중미산자연휴양림(이름은 중미산이지만 유명산 기슭이다. 031-771-7166), 남쪽에는 조망이 트이고 정상 접근이 쉬운 설매재자연휴양림(031-774-6959)이 있다. 중미산자연휴양림 옆 해발 400m 지점에 있는 중미산천문대(031-771-0306)에서는 밤하늘에 쏟아지는 별을 볼 수 있다.

자전거길

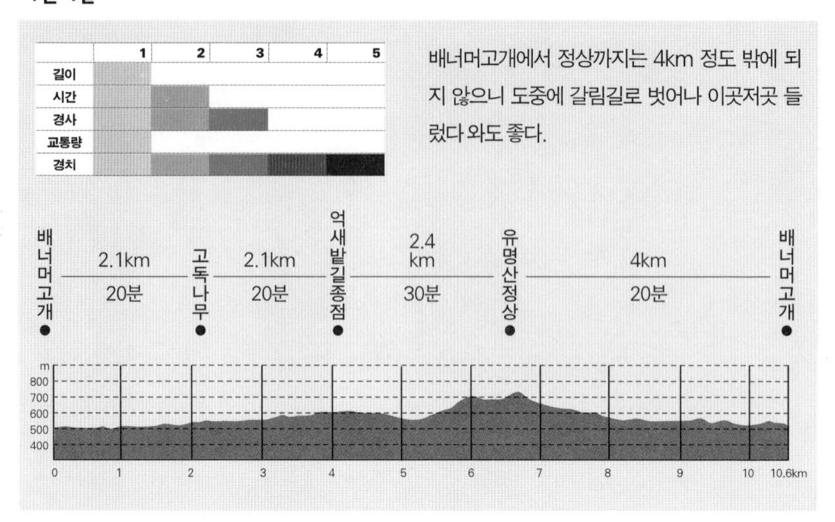

① 배너머고개에서 차량 차단기를 지나면 완만한 흙길이 나오고 오른쪽은 깊은 계곡이다. 1.3km 들어가면 복잡한 형태의 삼거리가 나오고 ATV(4륜오토바이) 코스 표지판이 있다. 오른쪽 길은 초원을 거쳐 능선으로 이어지고 다소 험하다. 왼쪽 길로 가면 전망이 시원하게 트이면서 용문산과 남한강 일대가 훤히 보인다. 이정표 삼거리에서 800여m 가면 길 왼쪽으로 백운봉의 날카로운 봉우리를 배경으로 홀로 선 나무가 있다. 이곳은 유명산 최고의 전망대이자 누가 찍어도 명작을 얻을 수 있는 사진 촬영 포인트이기도 하다.

② '고독 나무'를 지나 650m 가면 사거리다. 그대로 직진한다. 100여m 가면 다시 삼거리가 나온다. 여기서는 왼쪽 길로 진행한다. 300m 가면 또 다른 삼거리다. 왼쪽은 등고선을 따라 초원 깊숙이 들어가지만 막다른 길이고 오른쪽은 패러글라이딩 이륙장을 거쳐 정상으로 간다. 당연히 오른쪽으로 가야겠지만 왼쪽 길로 가면 이국적인 산상 억새밭의 진수를 볼 수 있으니 500~600m 가다가 되돌아 나오는 것을 감수하고도 꼭 가볼 만하다.

③ 억새밭을 돌아 나와 둔중한 초원능선을 올라서면 패러글라이딩 이륙장이 보인다. 경사가 급해서 타고 오르기 어려우니 이륙장 오른쪽으로 우회하는 길로 정상에 올랐다가 내려올 때 이륙장을 거쳐 와도 된다.

④ 패러글라이딩 이륙장을 지나면 길은 잠시 내려갔다가 마지막으로 정상을 향해 치고 오른다. 경사가 급하지만 오르막이 길지 않아서 체력 안배만 잘 하면 충분히 타고 오를 수 있다. 자전거로 오른 862m 봉우리에서 성취감을 한동안 누린 후에는 느긋하게 내려가며 초원을 즐겨보자.

③ 이 코스는 출발점이 멀지 않고 다양한 코스가 섞여 있어 여유 있게 경치를 즐기면서 내리막이나 오르막, 등산로(싱글트랙) 등을 달리는 테크닉을 연습하기에도 좋다.

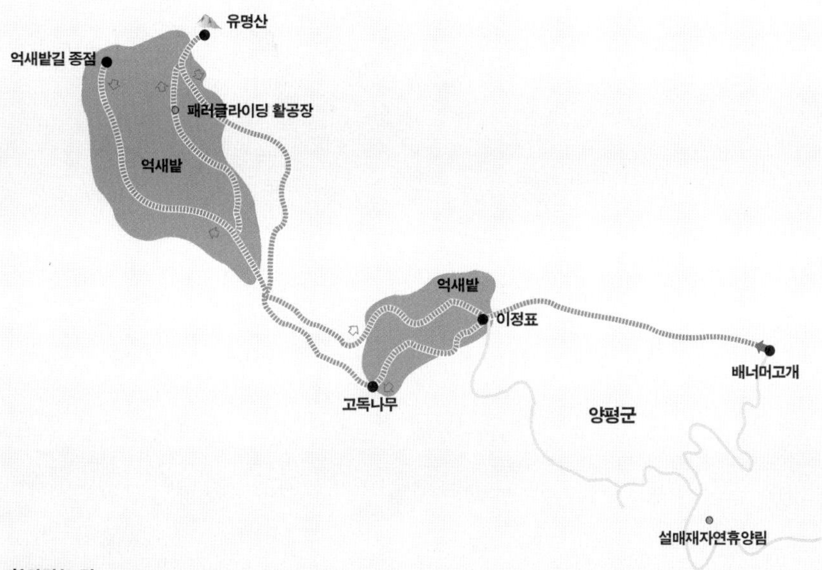

찾아가는 길

서울에서 양평 방면 6번 국도를 이용한다. 양수리에서 13km 가량 더 가면 중앙선 아신역 앞의 옥천로터리다. 여기서 옥천 방면으로 좌회전해 냉면마을에서 설매재자연휴양림 방향으로 우회전한다. 설매재자연휴양림에서 좁고 가파른 길을 1.5km 더 올라가면 배너머고개 정상이다.

체크 포인트

주차 | 배너머고개 정상의 길가에 주차할 수 있는데 다른 차들이 통행하는 데 방해가 되지 않도록 주의한다.

물과 음식 | 배너머고개에 작은 매점이 있다. 산중에서는 식수를 구할 수 없다. 산 아래 옥천면은 냉면으로 유명한 곳이다. 식당이 많이 있는데 냉면은 옥천면옥이나 옥천냉면집이, 완자와 편육은 옥천고읍냉면집이 맛있다. 코스가 짧으므로 식사는 산 아래에서 하고 산중에서는 간식을 먹는다.

휴식 | 경치가 좋고 초원이 펼쳐진 곳 어디서나 쉴 수 있다. 대신 나무그늘이 적어 햇빛이 강할 때는 흠이다.

숙박 | 설매재자연휴양림(031-774-6959)과 계곡펜션(031-258-5278)이 가장 가깝고 편하다.

주의 | 패러글라이딩 이륙장 내리막길은 경사가 심하고 노면이 거칠어서 자전거를 끌고 내려오는 것이 안전하다. 산길에는 ATV와 패러글라이더를 실어 나르는 자동차가 가끔 다니므로 앞이 보이지 않는 커브 길에서는 특히 주의한다.

37 양평 · 가평 화야산

한강변 최고의 멋쟁이 산

해변이나 강변에 솟은 산들은 내륙의 산보다 한결 높고 웅장해 보인다. 저지대 물가에서 곧장 솟아올라 비고比高, 산 아래의 평지부터 산정까지의 높이 가 높기 때문이다. 지대가 높은 강원도 내륙지방의 산은 높이가 1,500미터에 육박하는데도 실제 산 아래에서는 700~800미터 정도로 보이는 것도 바로 이런 이유 때문이다.

청평호를 바라보는 화야산 755m은 북한강변에서 곧장 솟아 산체가 우람하다. 바위가 드문 육산이지만 상당히 가파르다. 그래서 거칠게 느껴지는 한편, 동쪽 사면은 호젓한 산길이 휘감아 돈다.

호수를 내려다보는 숲길

경기도를 갈무리하는 가평 땅은 대부분 북한강 북쪽에 자리하지만 북한강 남쪽에도 설악면 하나가 홀로 내려와 있다. 그러나 남쪽이라고는 해도 이곳이 산악지대인 것은 변함이 없다. '설악'이라는 이름에서 추측할 수 있듯 한 가족 먹여 살릴 논도 찾기 힘들 것 같은 곳이 바로 가평이다.

그런 지형 안에서 청평호는 단연 돋보이는 풍경이어서 가평 제1경으로 대접 받는다. 청평호는 1943년 청평댐이 완공되면서 생겨난 인공호수로, 면적은 12.5제곱킬로미터에 불과해 댐으로 인해 생겨난 인공호수 중에서는 가장 작다. 호수라기보다 조금 넓은 강으로 보이기도 하는데 주변에 화야산과 호명산 같은 늘씬한 산들이 쏟아질 듯 둘러싸고 있어 경치가 아름답고 물이 맑다. 완공 이후 지금까지 인기 있는 유원지로 사랑받고 있는 청평호는 모터보트와 수상스키 같은 수상스포츠의 발상지라고 해도 과언이 아니다.

호반에서 우뚝 솟은 화야산은 청평호와 함께 이곳 풍경의 산수山水를 책임지고 있다. 물가에서 곧추선 화야산은 높이에 비해 헌칠한 고도감을 주는 한강변의 랜드마크다. 춘천 이하의 북한강과 충주 이하의 남한강을 통틀어 강변의 산 중에서 화

◀ 화야산 산길은 자전거 전용도로나 마찬가지다. 등산로가 겹치지 않아서 보행객이 없고 자동차는 절대 들어오지 못한다. 이 멋진 숲과 길의 주인이 된 것 같은 기분!

화야산 북동쪽에 있는 청평호는 오래 전부터 리조트로 이름 높다. 우리나라 수상스포츠의 메카라고 해도 과언이 아닐 것이다.

야산이 가장 높다. 청평호를 내려다보며 웅장한 몸체를 솟구친 화야산의 남쪽과 동쪽 사면에는 조망과 분위기 모두 훌륭한 산길이 돌아나간다.

화려한 서쪽, 한적한 동쪽

화야산은 서울에서 가까운데도 불구하고 한때 꽤나 외진 곳이었다. 북한강 서쪽을 따라가는 경춘국도가 거의 유일한 교통로였을 때, 강 동쪽에 있는 화야산은 1990년대 중반까지만 해도 청평면 대성리에서 배를 타고 가는 것이 가장 빠른 길이었다. 그러다가 1994년, 청평댐 옆에 신청평대교가 완공되면서 거의 섬 같았던 화야산은 한결 가까워지게 된다.

화야산 서쪽은 경치 좋은 강변을 끼고 오래전부터 들어서기 시작한 별장과 카페 등이 많이 있고 멋진 드라이브 코스로도 이름 높다. 반면 동쪽은 산간마을이 띄엄띄엄 있을 뿐, 두 곳의 골프장을 방문하는 차량 외에는 외지 손님을 찾아보기 힘들 정도로 한적해 극단적으로 대조를 이룬다.

크리스탈 생수공장 상류의 작은 계곡은 사람들이 범접하지 않아 자연 그대로 잘 보존되어 있다.

여유로운 산속 자전거길

화야산은 산체가 듬직하고 청평호 조망이 좋아 등산코스로도 유명해서, 능선마다 골짜기마다 등산로가 잘 나 있고 주말이면 많은 사람들이 찾는다. 다행히 자전거가 갈 임도는 등산로와 겹치는 구간이 거의 없어 자전거 전용도로처럼 여유롭게 달릴 수 있다. 산길은 정상 남쪽의 양평군 서종면 노문리에서 동북쪽의 가평군 설악면 회곡리까지 24킬로미터 정도 이어진다. 도로를 포함해 출발지로 돌아오면 34킬로미터 가량 되는 꽤 먼 길이지만 한번 다녀가면 다시 찾고 싶어지는 매력을 지닌 산이다. 서울에서 가깝고 숲이 짙으며, 간간이 멋진 조망까지 보여주는데다가 쉴 틈 없이 교차하는 오르막과 내리막이 산악주행의 즐거움을 극대화시켜 주기 때문이다.

이곳은 꼭 | **청평호**

청평호는 규모는 크지 않지만 1943년 이후 오랫동안 호반 유원지로 사랑받고 있다. 유람선, 모터보트, 수상스키 등 각종 수상스포츠를 즐길 수 있고 콘도, 호텔, 펜션 등 편의시설도 완벽하게 갖춰져 있다. 물안개 피어오르는 이른 아침과 노을이 질 때 특히 아름답다. 청평댐 옆의 선착장에서는 4~11월에 홍천강까지 유람선(031-584-0232)이 운항한다.

자전거길

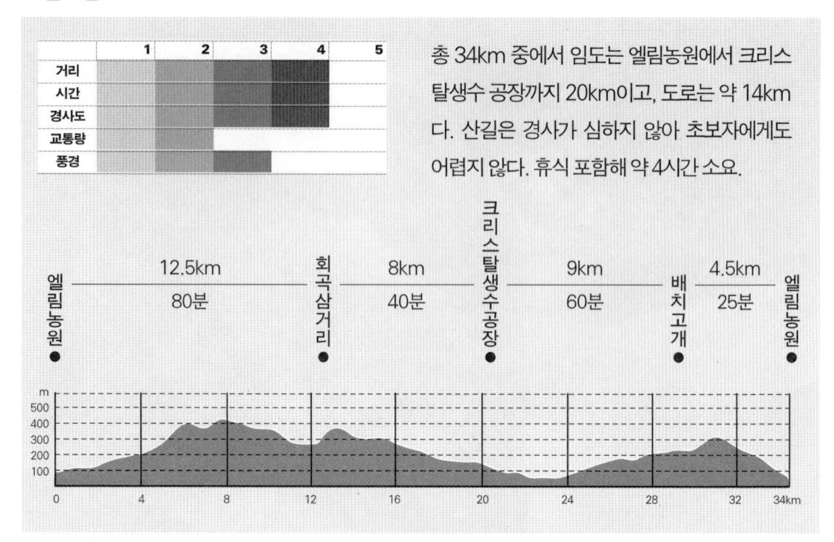

① 원점회귀 코스이므로 출발점은 어느 곳을 잡아도 된다. 여기서는 길 찾기가 쉬운 양평군 서종면 노문리를 기점으로 삼는다.

② 신청평대교를 지나 우회전해 10km 내려간 수입리에서 노문리 방면으로 86번 지방도를 따라 4km 가면 큰 나무가 서 있는 석바탕삼거리가 나온다. 여기서 좌회전해 500m 가면 왼쪽에 '엘림농원' 간판이 보인다. 그길로 100m 들어가서 전원주택 왼쪽으로 난 산길로 들어서면 된다.

③ 오르막이 많은 길은 점점 고도를 높여가서 9km 가면 등산로가 지나는 능선 위에 올라선다. 이후 내리막을 3km 가면 회곡2리 방면 길이 갈라지는 삼거리가 나오는데, 좌회전해서 산굽이를 몇 개 돌아가면 저 멀리 청평호가 보이기 시작한다. 좀 더 구비를 돌면 크리스탈생수 공장이 있는 회곡리가 내려다보인다.

④ 회곡2리로 내려가는 삼거리에서 6.5km 가면 크리스탈생수 공장으로 빠지는 갈림길이다. 내리막으로 우회전해 1.5km 가면 생수 공장이 나온다. 길은 공장 내부를 거쳐 가는데, 1.5km 더 내려가면 37번 국도가 지나는 회곡교와 합류한다.

⑤ 37번 국도에서 우회전해 4.5km 가면 솔고개 정상이다. 이 구간은 교통량이 다소 많으므로 자동차 통행에 주의한다. 솔고개부터는 차량통행이 많지 않다.

⑥ 마이다스밸리 골프장 쪽으로 우회전, 700m 가서 골프장과 회곡2리 갈림길이 나오면 마을 쪽으로 우회전한다. 회곡2리 마을회관을 거쳐 골짜기 끝까지 들어가 배치고개를 넘으면 삼거리인데, 청평 쪽으로 우회전해 산간마을 앞을 지나 2.5km 내려가면 출발했던 엘림농원 입구다.

찾아가는 길

코스 입구인 엘림농원으로 가려면, 서울에서는 경춘국도(46번 국도)를 타고 대성리까지 와서 신청평대교를 건너 우회전한다. 강변을 따라 10km 가면 문안고개를 넘어 수입교 입구 삼거리에 도착한다. 여기서 86번 지방도로 좌회전, 4km 가면 석바탕삼거리이고 다시 좌회전해서 서울-춘천간 고속도로를 지나자마자 왼쪽에 '엘림농원' 간판이 나온다.

체크 포인트

주차 | 임도 입구에 약간의 공터가 있다.

물과 음식 | 산속에서는 물을 구할 수 없으므로 미리 준비한다. 산을 내려온 회곡교 근처와 솔고개 일대에 식당이 있다.

휴식 | 등산로를 만나는 코스의 최고지점이나 크리스탈생수 공장 계곡과 청평호가 보이는 산모롱이가 쉬어가기에 좋다.

주의 | 등산로와 거의 겹치지 않아 휴일에도 매우 한적한 편이다. 산에서는 과속하지 않게 주의하고, 돌아오는 도로에서는 자동차를 조심한다.

38 남양주·가평 축령산

이국풍 물씬한 잣나무 숲길

잣나무는 식용이나 약용으로 쓰는 열매잣가 맺히고, 고산 지대에만 자라며, 키가 30미터에 달할 정도로 크다. 곧게 뻗은 줄기는 만주 벌판이나 시베리아 풍의 향취를 보여준다. 남양주와 가평 경계의 축령산879m에는 쭉쭉 뻗은 잣나무가 산을 온통 에워싸고 있는 늘씬한 숲이 있고, 그 숲 사이로 그림 같은 산길이 흘러간다. 축령산이 이국적으로 보이는 것은 바로 이 숲 때문이다. 전국최대 규모인 축령산 잣나무숲은 가평 8경 중 제7경인 '축령백림祝靈柏林'으로 불린다.

우리나라의 숲

우리나라에는 산이 많다. 이 땅의 산은 알프스나 히말라야처럼 험준하지 않고, 숲도 사람을 거부할 정도로 밀림을 이루지는 않았다. 사람과 함께 살아가는 녹음 우거진 산이다. 그런데 19세기 말 외국인의 조선 여행기를 보면 황폐한 산에 대한 언급이 반드시 있다. 지금 우리가 보는 푸른 산과는 한참 동떨어진 모습인데, 그럴 수밖에 없는 것이 가까이 1970년대까지만 해도 땔감으로 나무를 베어냈기 때문에 마을 언저리의 산은 대부분 민둥산이었다. 이후 부지런히 숲을 가꾸기 시작해 지금은 전국 대부분의 산들은 숲이 울창하다.
하지만 세계적인 성공사례로 꼽히는 조림사업에도 불구하고 우리의 숲은 몇 가지 한계를 갖는다. 산에는 숲이 짙어졌지만 들판에 우거진 숲은 매우 드물다. 산이 많은 대신 들이 적어 평지는 대부분 개간했기 때문이다. 또 숲을 이룬 나무의 종류가 단조로운 편이다. 대개 소나무가 사시사철 진초록의 느낌을 주지만, 활엽수인 참나무 종류도 많아 겨울이면 잿빛으로 바뀌어 삭막하게 보이기도 한다.
숲이 단조롭다 보니 조금만 특이한 수종이 자라도 우리 눈에는 특별하게 보이게 마련이다. 따뜻한 남부지방에만 자라는 대나무숲이나 큰 나무가 없어 민둥산 같이 보이는 고원의 억새밭, 남해안의 진초록 상록수림, 키 작은 관목숲은 이채로운

◀ 키가 30m에 이르는 헌칠한 잣나무숲이 이국적이다. 숲 풍경을 해치지 않고 살포시 스쳐가는 산길 위를 자전거도 조용히 흘러간다.

아침고요원예수목원에서 꼬박 4km의 오르막을 오르는 도중에 잠시 숨을 고른다. 길은 해발 700m인 뒤쪽의 능선을 넘어가는데, 단풍이 절정으로 치닫고 있다.

풍경이다. 특히, 우리나라에 많이 자라는 나무들은 대체로 키가 작고 나뭇가지는 구불구불 자라는 편이어서 키 크고 줄기가 곧은 잣나무와 전나무, 삼나무 숲은 이국적인 느낌을 물씬 풍긴다.

잣나무숲으로 가는 그윽한 길

축령산은 주능선을 기준으로 서쪽은 남양주, 동쪽은 가평인데 잣나무숲은 산 전체에 걸쳐 있지만 가평 쪽에 더 많다. 본래 1,000미터 이상의 고산지대에서 자라는 나무인데 800여 미터 높이의 축령산에서는 가평 쪽인 북사면이 잣나무 성장 환경에 더 알맞기 때문일 것으로 생각된다. 해방 전에 심은 묘목들이 성장한 것이라고 하니 수령은 60년을 훌쩍 넘는다.

산길은 축령산을 둘러 남양주와 가평에 걸쳐 있다. 이들 두 지역은 축령산을 사이에 두고 서로 사람들을 불러 모은다. 남양주 쪽에는 축령산자연휴양림이, 가평 쪽에는 아침고요원예수목원이 자리해 사람들의 발길을 붙드는데, 내방객 숫자는 아침고요원예수목원이 단연 많다. 그러나 아침고요원예수목원은 인공으로 조

축령산 남쪽 계곡에 자리한 아침고요원예수목원은 전국적인 유명세로 많은 관광객이 찾는다.

성된 닫힌 공간이고 해발 2백 미터의 저지대 골짜기에 자리해 잣나무숲도 산속처럼 울창하지는 않다. 그렇지만 축령산을 한 바퀴 꼬박 돌지 않고도 이 산의 백미를 맛보고 싶은 사람에게는 아침고요원예수목원에서 잣나무숲까지 가는 임도가 최적의 코스다. 전망 좋고 분위기도 그윽한 숲길이 한참 이어지고 고갯마루는 활엽수림을 이뤄 가을이면 단풍이 매우 아름답다.

이곳은 꼭 | **아침고요원예수목원**

축령산 남쪽 골짜기에 자리하고 있으며 1996년 삼육대 원예학과 한상경 교수가 설립했다. 단순히 다양한 수목들을 모은 것이 아니라 10만여 평의 넓은 부지에 한국적 미학을 살린 13개의 테마공원으로 조성한 것이 특징이다. 〈편지〉 등 영화촬영지로도 주목을 받아 전국적인 유명세를 타고 있으며 주말에는 많은 사람들이 찾는다.

자전거길

	1	2	3	4	5
길이	■	■			
시간	■	■	■	■	
경사	■	■	■	■	
교통량	■				
경치	■	■	■	■	

거리는 19km 정도다. 초반 4km 오르막길이 힘들지만 돌아올 때는 반대로 내리막이 되고, 조망과 경치가 좋아 쉬엄쉬엄 간다면 그리 힘들지 않지만 초보자에겐 무리다. 휴식 포함해 3시간30분 정도 걸린다.

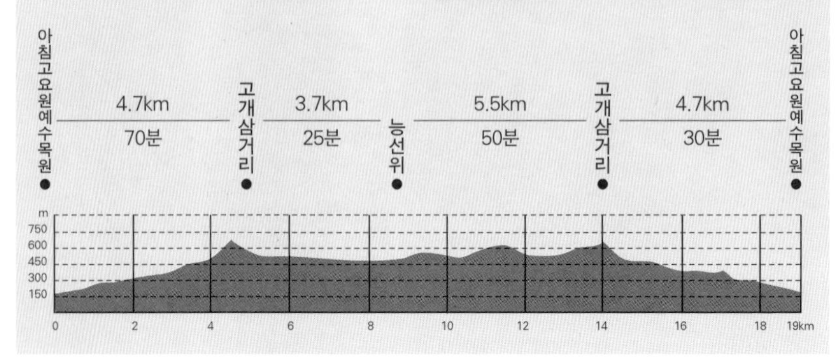

① 주말의 수목원은 매우 붐빈다. 주차장에 도착하면 오른쪽 맨 위에 있는 잣나무주차장으로 간다. '에버그린' 표시가 있는 언덕길로 300m 올라가면 첫 번째 삼거리다. 좌회전해서 100여m 가면 두 번째 삼거리가 나오는데 차단기를 지나 직진한다. 300여m 가면 세 번째 삼거리다. 직진 같은 왼쪽 길은 남양주로 넘어가므로 우회전한다. 이제부터 3.8km나 오르막이다. 오르막 최고지점은 해발 700m에 이른다.

② 주능선 고개를 넘어서면 널찍한 네 번째 삼거리다. 왼쪽은 축령산자연휴양림 가는 길이다. 오른쪽 내리막으로 향하면 마침내 줄기가 쭉쭉 뻗은 잣나무숲 속으로 들어선다.

③ 네 번째 삼거리에서 1.6km 가면 다섯 번째 삼거리다. 왼쪽은 나중에 돌아서 나올 길이므로 직진한다. 800m 가면 여섯 번째 삼거리가 나오는데 오른쪽은 하산로이므로 그대로 직진한다(이 길로 내려가 도로를 따라 다시 아침고요원예수목원으로 갈 수 있다).

④ 1.3km 가면 잣나무숲이 끝나면서 능선위에 도착한다. 길은 방향을 크게 틀어 다시 잣나무숲으로 들어갔다가 앞서의 다섯 번째 삼거리로 이어진다(능선에서 3.9km). 우회전해서 네 번째 삼거리를 거쳐 능선을 넘으면 아침고요원예수목원까지 4km가 넘는 내리막이 기다린다.

찾아가는 길

서울에서 춘천 가는 경춘국도(46번 국도)를 이용해 청평으로 간다. 이때 서울외곽순환고속도로 퇴계원 나들목에서 나와 남양주 시내를 우회하는 자동차전용도로를 이용하면 청평까지 30분 만에 갈 수 있다. 청평에서 현리, 포천 방면 37번 국도로 좌회전해서 7.3km 가면 아침고요원예수목원 갈림길이다. 좌회전해서 4.2km 들어가면 수목원 주차장이 나온다.

체크 포인트

주차 | 아침고요원예수목원 주차장(무료)을 이용한다. 주말에는 크게 붐비므로 도중에 미리 주차하고 자전거를 이용하는 것도 좋은 방법이다.

물과 음식 | 아침고요원예수목원 입구에 매점이 있고 수목원 진입로에 식당이 여럿 있다.

휴식 | 해발 700m의 주능선고개를 넘어 축령산자연휴양림 길이 갈라지는 삼거리가 쉬어가기 좋다.

주의 | 이 코스는 등산로와 거의 겹치지 않고 자동차는 출입할 수 없어 인적이 드물고 휴대전화도 잘 통하지 않는다. 사고에 주의하고 경험자와 함께 행동한다.

39 가평 연인산

깊고 그윽한 첩첩산중 35킬로미터

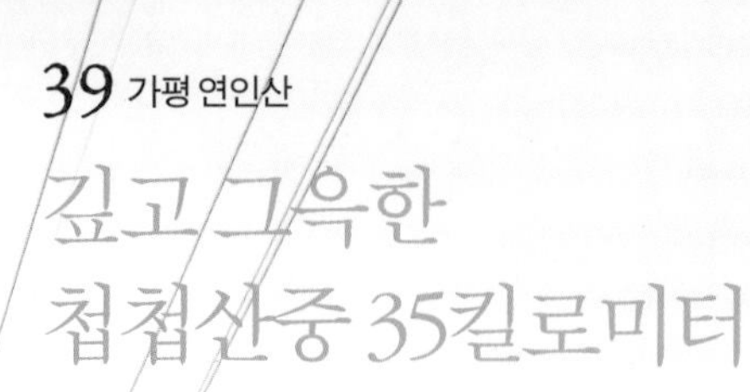

이루지 못한 연인들의 슬픈 전설이 어린 가평 연인산1,068m은 산이 높고 골짜기는 길며, 능선은 첩첩이 쌓여서 깊고 그윽하다. 산속으로 들어서면 복잡한 지형에 정상이 어딘지도 가늠하기 어렵다. 고개와 산중고원, 오르막과 내리막 등 온갖 복잡한 지형을 헤치며 물길을 10여 차례나 건너는 외줄기 산길은 장장 35킬로미터를 돌아내려온다.

이름 없는 봉우리, '연인산'이 되다

가평은 웬만한 강원도 산골을 능가하는 경기도 최고의 산악지대다. 경기도 최고봉인 화악산1,468m을 비롯해 고도 1,000미터가 넘는 높은 봉우리들이 즐비하고, 온통 높은 산들로만 꽉꽉 채워져 평지가 드물다. 이 산자수명山紫水明한 고장은 사시사철 등산객들로 붐비고 여름이면 골짜기마다 피서객들로 넘쳐난다. 그리고 이름부터 감미로운 연인산을 필두로 산악자전거의 천국으로도 사랑받는 곳이 가평이다. 연인산은 최근까지 이름 없는 봉우리였으나 길수와 소정의 애잔한 전설을 기려 1999년 가평군에서 '연인산'으로 이름 지었다. 2005년에는 도립공원으로 지정되어 산 전체가 보존되고 있다. 연인산은 독립된 봉우리가 아니라 수많은 능선과 봉우리, 골짜기가 뒤얽혀 있어 어디가 정상인지 모를 정도로 지형이 복잡하다. 1,000미터를 갓 넘는 높이지만 품이 매우 넓고 기암괴석과 수량이 풍부한 용추구곡은 길이가 12킬로미터에 달한다. 계곡 상류에는 완만한 지대가 형성되어 있는데 이곳이 길수와 소정의 전설이 서려 있는 '아홉마지기'다. 아홉마지기 일대는 잣나무 숲이 울창하고 주능선에는 매년 5월 중순이면 철쭉이 장관을 이뤄 들꽃축제가 열린다.

남성적인 산 아래, 여성적인 산속

연인산은 높이만 보고 산속까지 지레 짐작하면 안 된다. 어찌나 산이 넓고 골짜기가 깊은지 산속으로 들어서면 속세는 완전히 차단되고 온통 숲과 정적, 그리고 그

◀ 연인산은 지형이 매우 복잡해서 임주 임도는 물길을 수없이 건넌다. 대부분 알아서 자전거를 타고 지날 수 있다.

칼봉산 자연휴양림을 지나면 백학동 한석봉마을(한문 서당)이 숲속에 고요하다. 이후 산길은 점차 험해진다.

속으로 뻗어난 외줄기 길뿐이다. 산이 포용하고 있는 규모가 대단해서 산속에서 길을 잃거나 사고가 나면 전화도 통하지 않으므로 상당히 곤란해질 수 있다.
출발점은 산 아래의 용추구곡이나 경반리계곡 둘 중 하나로 잡으면 된다. 용추구곡은 경치가 좋고 편의시설도 많지만 주말이면 자동차와 사람들로 붐빈다. 여기서는 비교적 한적한 경반리 쪽을 추천한다. 코스를 도는 방법은 시계방향과 반시계방향 두 가지다. 일반적으로는 반시계 방향으로 도는 사람들이 많은데, 험한 오르막을 먼저 오른 다음 나중에 내리막을 즐기고 싶다면 시계방향으로 도는 것이 좋다. 어느 쪽으로 가든 초반의 계곡길은 거칠고 경사가 급하지만 산 속으로 들어서면 온화해진다.

수도권 최고의 산악 코스

연인산 품을 한 바퀴 돌아 나오는 길은 무려 35킬로미터에 이르는데, 여기에 산악자전거를 유혹하는 요소 대부분을 가지고 있다. 전체적으로는 일부 급경사가 있으나 노면이 좋고 길이 빤한데다 이정표도 대체로 잘 되어 있어서 길 잃을 염려가

예전에 산악자전거대회가 열려 MTB 코스 표지판이 자주 보이고, 이정표도 친절하게 되어 있다.

적다. 자전거를 타고 10여 번이나 물을 건너야 하는 계곡길, 체력의 한계를 적나라하게 드러내주는 거친 오르막, 산짐승이라도 나올 듯한 음습한 숲길, 이채로운 잣나무 숲, 사연이 깃든 고갯마루, 무려 10킬로미터의 내리막길 등은 35킬로미터 내내 숨 돌릴 틈 없이 한껏 매력을 내뿜는다. 특히 가을이면 온 산을 물들인 단풍이 산중 별세계를 이룬다. 연인산을 가본 사람이라면 이곳이 수도권 최고의 산악코스라는데 이견이 없을 것이고, 전국의 유명한 산악코스를 두루 가보았다면, 연인산을 그 중 최고로 손꼽는 데도 주저하지 않을 것이다.

이곳은 꼭 | **용추폭포**

66사단 정문에서 용추구곡을 따라 1.7km쯤 들어가면 왼쪽 계곡에 있다. 폭포는 높이 5m 정도의 작은 와폭臥瀑이지만 수량이 풍부하고 아래쪽에 시퍼런 웅덩이가 패여 신비로운 느낌을 준다. 인명사고가 많아 접근을 아예 못하도록 줄을 쳐놓았다. 백색 화강암과 시퍼런 물빛이 대조를 이루는 예사롭지 않은 경관은 깊은 산중을 10km나 흘러내려온 용추구곡의 분위기를 압축해서 보여준다.

자전거길

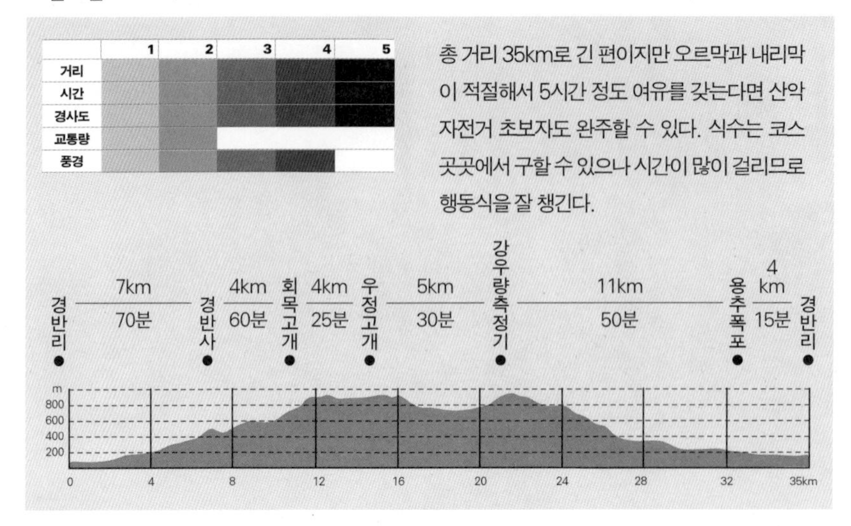

총 거리 35km로 긴 편이지만 오르막과 내리막이 적절해서 5시간 정도 여유를 갖는다면 산악자전거 초보자도 완주할 수 있다. 식수는 코스 곳곳에서 구할 수 있으나 시간이 많이 걸리므로 행동식을 잘 챙긴다.

① 경반리에서 출발해 계곡 상류로 3.5km 가면 칼봉산 자연휴양림과 백학서당이 나온다. 3.5km 더 들어가면 골짜기 깊은 곳에 자리한 경반사가 반긴다. 이제부터 회목고개(680m)까지 4km는 가파른 오르막길이다. 회목고개만 오르면 '고생 끝 행복 시작'이다. 5km 마다 MTB코스 안내판이 나와 길과 거리를 확인해준다.

② 회목고개에는 국선왕나무가 우뚝하고 앞에는 제단이 마련되어 있다. 여기서 우정고개까지 4km는 매봉(929m) 북사면의 음습한 길이지만 내리막이 많아서 편하게 달릴 수 있다.

③ 우정고개에서 오른쪽으로 내려서면 완만한 고원지대가 펼쳐지고 잣나무와 버드나무 숲이 울창하다. 집터 흔적도 보이는데 이 일대가 아홉마지기다.

④ 길은 연인산에서 가장 깊은 용추구곡 상류를 돌아 청풍능선을 감아오른다. 해발 710m로 코스 중에서 가장 높은 청풍능선 초입에는 강우량 자동측정기가 있다. 북쪽으로는 화악산이 아득하게 보인다.

⑤ 이제부터는 오르막이 거의 없다. 1.7km쯤 가면 장수고개에 도착하기 직전, 길 왼쪽에 MTB 표지판이 있고 표지판 맞은편으로 급한 내리막이 갈라진다. 이 길로 내려간다. 계곡까지는 경사가 상당하고 미끄러우므로 자신이 없으면 자전거에서 내린다.

⑥ 거친 내리막은 빈 집이 나오면서 다소 부드러워지고 이후는 용추구곡을 따라 완만한 내리막이 이어진다. 10km 남짓 내려오면 66사단 부대 정문이다. 여기서 우회전해 다리를 건너면 출발점인 경반리 마을이 금방이다.

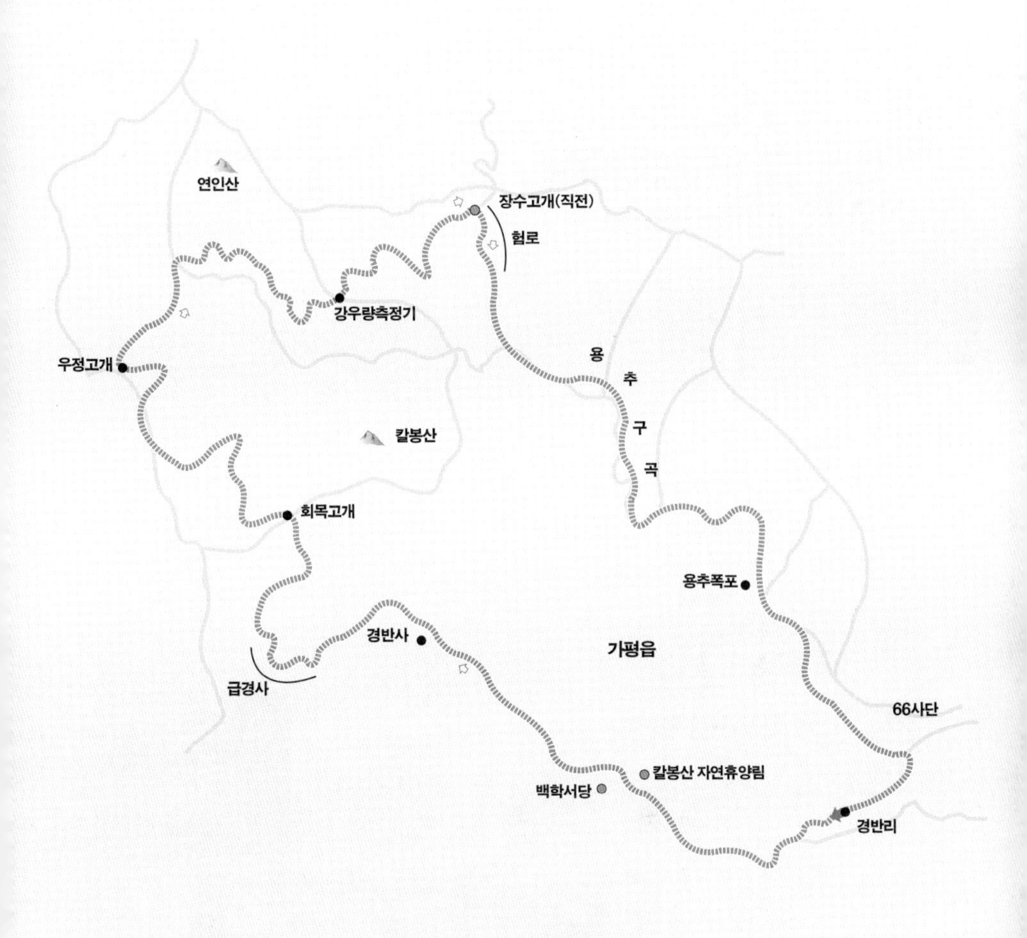

찾아가는 길

서울에서 갈 경우 경춘국도(46번 국도)를 타고 가평으로 향한다. 가평읍내에 도착하기 직전 '연인산' 표지판이 있는 왼쪽 철길 아래로 좌회전한다. 철길에서 2.5km 가면 가평읍내를 벗어나고 승안삼거리가 나온다. 좌회전해서 700m 가면 오른쪽에 66사단 정문이 있고 맞은편으로 좌회전, 1km 가면 경반리 마을이다. 마을을 지나 적당한 공터에 주차한다. 칼봉산 자연휴양림은 경반리에서 3.5km 더 들어가야 한다.

체크 포인트

주차 | 경반리 마을을 지나면 계곡 근처에 차를 세울 수 있는 공터가 있다.

물과 음식 | 산속에는 계곡이 지천이고 물이 맑아서 여름철만 아니면 그냥 마셔도 된다. 여름에는 마실 물을 미리 준비한다. 산 아래 용추구곡에 식당과 숙박업소가 많이 있다.

휴식 | 회목고개, 우정고개, 강우량자동측정기 주변은 조망이 좋아 쉬어가기에 적당하다.

주의 | 등산로와 교차하는 곳이 많아 휴일에는 보행자를 조심한다. 산을 내려와서 지나는 용추계곡 길은 자동차 통행량도 많다.

60

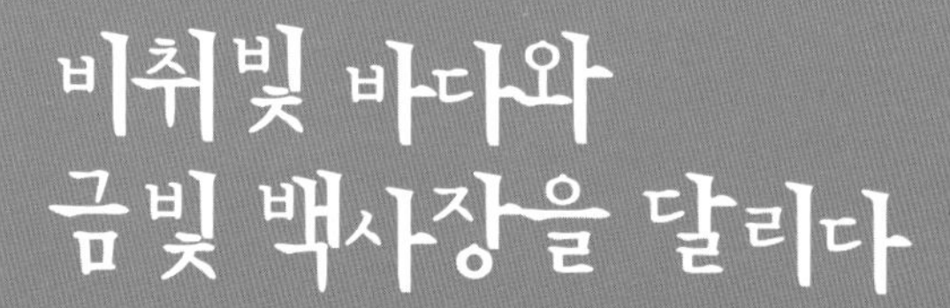

비취빛 바다와 금빛 백사장을 달리다

40 시화방조제

갈 때는 바닷길, 올 때는 호수길

우리 국토는 해마다 육지가 늘어나 지도가 바뀌고 있다. 특히 서해안은 간만의 차가 매우 크고 완만한 간석지가 발달해 있어 흙을 부어 새로운 땅으로 만드는 간척에 유리한 조건을 갖추고 있다. 간척의 첫 번째 단계는 바닷물을 차단하는 방조제를 건설하는 것이다. 방조제가 완공된 후에는 호수의 상당부분대부분 갯벌을 간척해서 공장이나 주택부지로 사용하게 된다.

길이가 12.7킬로미터에 달아하는 시화방조제는 그 규모와 공사의 여파 때문에 간척사업을 사회적 쟁점으로 부각시킨 첫 계기가 되었다. 논란 끝에 1994년 완공되었다가 한동안 생태계 파괴 문제로 몸살을 앓아왔지만, 지금은 다행히도 회복기미를 보이면서 철새가 날아들고 관광객과 낚시꾼들이 찾는 쉼터로도 각광받는다.

방조제, 지도를 바꾸다

1960년대 초반 1인당 국민소득이 백 달러도 되지 않던 세계 최빈국에서 30여년 만에 선진국 문턱에 진입하기까지, 우리는 실로 폭주기관차 같은 기세로 앞만 보고 달려왔다. 선진공업국들이 백 년 넘게 점진적으로 해온 일들을 우리는 한 세대 만에 해치운 것이다. 세계사의 한 기적으로 칭송되지만 그 와중에 우리가 도외시했던 '삶의 질' 문제가 1990년대 들어 본격적으로 불거지게 된다. 이즈음 한창 건설 중이던 시화방조제는 개발과 보존을 두고 처음으로 첨예하게 논란이 일어난 최대 이슈였다.

시화방조제는 바다를 막아 여의도의 20배에 달하는 오천육백만 제곱미터의 인공호수를 만드는 대역사였다. 그리하여 지평선을 볼 수 없는 이 땅에서 그나마 지

◀ 바다를 가로지르는 장대한 둑은 한쪽을 호수로 만들었다. 오른쪽은 호수, 왼쪽이 바다인데, 얼핏 보아서는 구분이 쉽지 않다.

방조제 도중의 작은 선착장은 쉼터가 되었다. 멀리 송도국제도시의 고층빌딩들이 하늘을 찌른다.

평선 비슷한 소실점을 만나게 해주었다. 도중에 살짝 꺾여있지만 거의 직선을 이룬 제방은 호수와 바다를 가르면서 아득히 뻗어나가 서해안 지도를 바꿔놓았고, 인천 송도국제도시와 화성시 송산그린시티 등 주변 지역은 거대한 신도시로 탈바꿈 중이다.

시화방조제는 세계에서 손꼽히는 대규모 구조물이다. 완공 당시에는 32킬로미터인 네덜란드의 주더지Zuiderzee 방조제에 이어 세계에서 두 번째로 길었다. 규모가 세계적이라고 해서 무조건 훌륭하다고 할 수는 없지만 이제는 33킬로미터의 새만금 방조제가 세계에서 가장 긴 방조제로 기록될 것 같다.

방조제가 주는 혜택

좁은 국토에서 침략이 아닌 방법으로 땅을 늘리는 길은 간척뿐이다. 서해안은 간만의 차가 커서 갯벌을 메우는 간척이 비교적 쉽다. 그렇다면 갯벌의 풍부한 자연생태계는 어떡하나. 결국 개발과 보존 사이의 딜레마에 빠진 시화호는 여러 가지 시행착오를 겪으면서도 여전히 간척 중이고 거대한 방조제는 호수와 바다를 가

잔디밭에 떨어진 낙엽이 운치 있는 옥구공원. 다른 공원과 달리 잔디밭에 마음대로 들어갈 수 있다.

르는 현대판 모세의 기적이 되어 관광명소로 떠오르고 있다.

방조제 위에는 왕복 4차로의 시원한 도로가 뻗어 있고, 그 바깥쪽에는 넓은 자전거도로도 별도로 조성되어 있다. 왼쪽은 인공호수, 오른쪽은 바다를 보며 달리는 기분이 묘하다. 양쪽 모두 색깔이 청명한 걸 보니 오염문제는 많이 해결된 것 같다. 바다 쪽으로 멀리 고층빌딩이 보이는 곳이 바로 인천 송도국제도시다. 한 번은 바닷길, 또 한 번은 호수길인 왕복 25킬로미터의 '초평탄 코스'는, 수많은 논란에도 불구하고 시화방조제가 자전거에 주는 살가운 혜택이다.

이곳은 꼭 | **옥구공원**

소래포구에서 시화방조제 가는 77번 국도변에 있다. 예전에 섬이었던 옥구도를 중심으로 공원이 꾸며져 있는데, 넓은 잔디밭과 성긴 숲, 체육시설과 산책로 등이 잘 갖춰져 있다. 옥구도는 작은 산으로만 남아 우뚝하고, 정상에 있는 옥구정에 오르면 시화방조제와 송도국제신도시, 시화공단 일대를 한눈에 볼 수 있다. 옥구공원은 곳곳에 있는 잔디밭에 마음대로 들어가 쉴 수 있어 매우 자유롭고 개방적인 분위기여서 이국적인 느낌도 든다.

자전거길

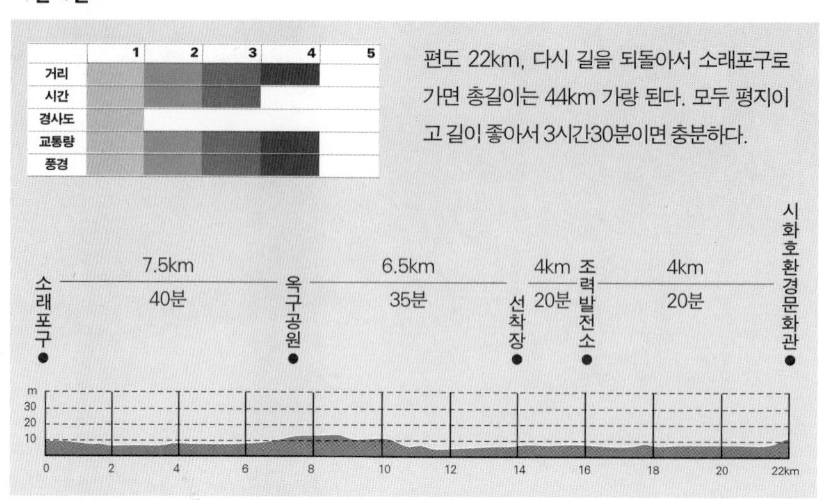

① 소래포구에서 소래대교를 지나 우회전하면 바닷가로 멋진 산책로가 시작되면서 곧 월곶포구가 나온다. 월곶포구를 돌아 나와 77번 국도로 들어서면 인도에 자전거도로가 잘 나 있다. 이 지역도 간척지인데 아직도 개발이 진행 중이다. 들판을 2km 가량 지나면 왼쪽으로 거대한 시화공단이 나타난다.

② 자전거도로는 인도와 완전히 분리되어 깔끔하게 조성되어 있는데, 월곶포구에서 4km 내려오면 오른쪽으로 널찍한 잔디밭이 펼쳐진 옥구공원이 반긴다.

③ 옥구공원을 지나 2.5km 가면 드디어 시화방조제 입구 사거리다. 왼쪽은 시화공단, 오른쪽은 횟집과 수산물 직판장이 모인 오이도관광단지 가는 길이다.

④ 시화방조제 위는 왕복 4차로 도로가 나 있고, 도로 좌우에 차도와 분리된 자전거도로가 널찍하게 펼쳐진다. 왕복해야 하므로 갈 때는 오른쪽, 올 때는 왼쪽 길로 바꿔오는 방법을 택한다. 3.4km 들어가면 바다 쪽으로 작은 선착장이 돌출해 있는데 간이매점도 있어 잠시 쉬어가기 좋다.

⑤ 방조제 초입에서 7.5km까지는 직선코스다. 이후 방조제는 왼쪽으로 살짝 꺾어지고, 이 지점에 간만의 차를 이용한 세계최대 규모의 조력발전소가 건설 중이다(2009년 완공). 여기서 5km를 더 가면 방조제가 끝나고 한쪽으로 시화호환경문화관이 보인다. 시화호환경문화관은 무료로 관람할 수 있으며, 전망대에 오르면 방조제와 호수 남쪽에 간척 중인 어마어마한 부지를 볼 수 있다.

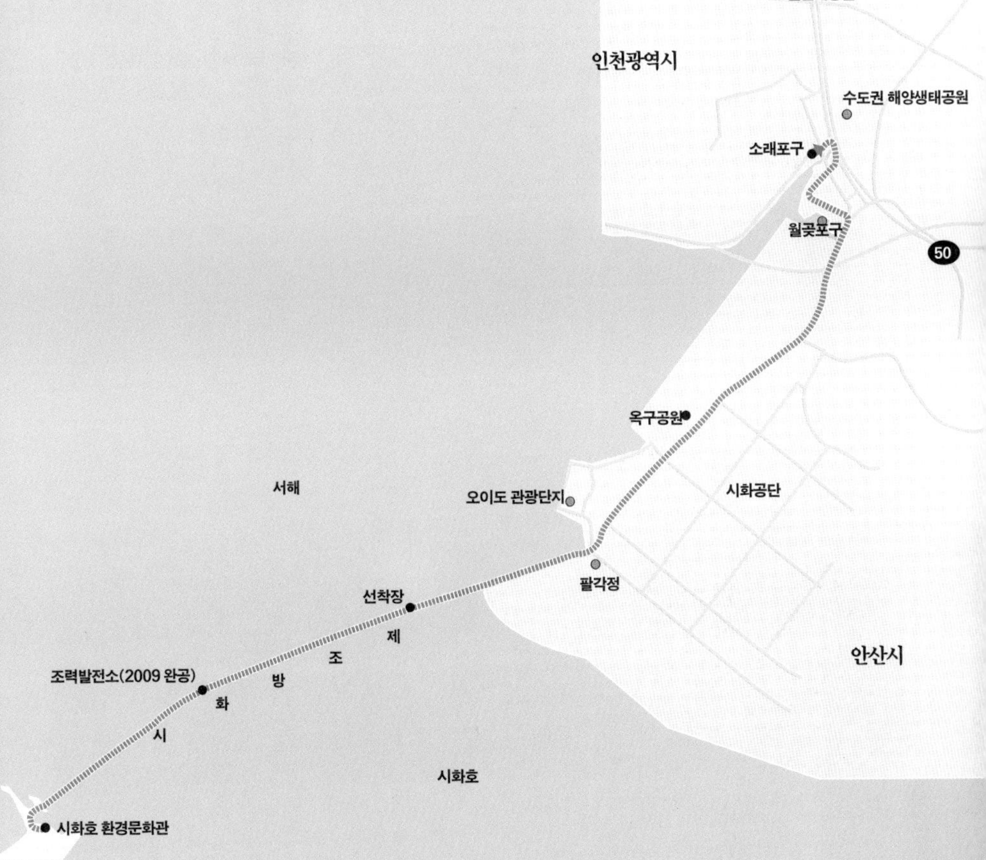

찾아가는 길

소래포구 | 영동고속도로 월곶 나들목에서 나와 우회전했다가 77번 국도로 좌회전해 소래대교를 지나면 바로 소래포구다. 월곶 나들목에서 2.5km 거리.

시화방조제 | 영동고속도로 월곶 나들목에서 나와 좌회전해서 7km 직진하면 방조제 입구다. 방조제 안에는 주차할 곳이 없고, 방조제 도착하기 약 2km 전에 있는 옥구공원 주차장을 이용할 수 있다.

체크 포인트

주차 | 소래포구 입구에는 유료 주차장이 있고, 맞은편에 있는 수도권 해양생태공원에는 무료 주차장이 있다.

물과 음식 | 소래포구와 월곶포구, 시화방조제 입구의 오이도관광단지, 방조제 중간의 선착장에 가게가 있다(방조제 중간에 가끔 노점이 나온다). 소래포구, 월곶포구, 오이도관광단지에서 싱싱한 수산물을 맛볼 수 있다.

휴식 | 옥구공원과 방조제 중간의 선착장이 쉬어가기에 좋다.

주의 | 월곶포구 일대와 옥구공원에서 시화방조제까지의 구간은 자전거도로가 제대로 되어 있지 않아 인도를 이용해야 한다. 자동차에 조심하고 길 찾기에도 유의한다.

41 화성 화옹방조제

완벽한 직선 도로 10킬로미터

대규모 간척사업으로 서해안의 만灣들이 하나, 둘 사라져 간다. 들쑥날쑥 하던 리아스식 해안은 마치 다림질을 하듯 착착 펴져서 점점 직선화되고 있다. 웬만한 만은 다 육지로 변해 지명마저 사라지고 있다.
화옹방조제는 화성의 남양만을 가로질러 화성호라는 새로운 호수를 만들어냈다. 이제 호반의 갯벌은 차근차근 메워져 새로운 땅으로 변모해갈 것이고, 그 땅에는 도시와 공장, 농토가 들어설 것이다. 시화방조제와 닮은 화옹방조제는 약 10킬로미터를 쭉 뻗은 완벽한 직선이다. 소실점으로 모아지는 가로등, 핸들을 돌릴 필요가 없는 직선 도로에 바다와 호수까지 맑으니, 각진 인공마저 투명하고 아름답게 다가온다. 방조제 중간의 선착장은 자못 이국적이고 노을 진 궁평포구는 싱그럽다.

조용히 등장한 화옹방조제

화옹방조제는 화성시 서신면 궁평리에서 우정읍 매향리 사이의 남양만을 가로지른다. 시화방조제에서 20킬로미터 가량 남쪽에 있고 지형과 규모가 비슷한 닮은꼴이다. 2008년 상반기에 준공되지만 2007년 가을, 방조제 위의 도로는 사실상 개통되었다. 도시와 가까운 시화방조제가 워낙 논란이 뜨거웠던 탓일까, 화옹방조제는 특별한 주목을 받지 않은 채 조용히 완성된 모습을 불쑥 드러냈다. 화옹방조제로 갇힌 바다는 민물 호수로 정화되어 나중에는 여의도의 21배에 이르는 거대한 새 땅으로 거듭날 것이다.

바다 가운데로 질주하는 제방길

화옹방조제는 시화방조제와 여러 면에서 닮았지만 다른 점도 많다. 근처에 대도시가 없어 우선 한적하고, 짙푸른 바다 속으로 외롭게 뻗어나간 길은 한층 시원

◀ 거대한 방조제의 오른쪽은 바다, 왼쪽은 호수다. 오른쪽 멀리 충남 당진의 철강공장 굴뚝이 아스라이 보인다.

화옹방조제는 길이 10km의 완벽한 직선이다. 가로등이 까마득히 소실점으로 모아지고 있다.

하다. 바다 건너 당진 해변에 서 있는 거대한 굴뚝만이 공단의 살풍경을 아스라이 드러낼 뿐이다. 방조제의 북쪽 시발점인 궁평리에서 진입하면 배수갑문을 지나자마자 10킬로미터의 직선 도로가 소실점으로 모아진다. 이렇게 길고 명쾌한 직선도로를 국내에서는 찾기 힘들다. 경남 창원시를 관통하는 창원대로가 12킬로미터를 조금 넘어 가장 긴 직선도로로 알려져 있지만 수많은 교차로를 지나는 시가지 도로여서 직선감은 여기에 미치지 못한다. 이웃한 시화방조제 역시 화옹방조제보다 더 길지만 도중에 약간 휘어져 완벽한 직선은 아니다. 바다를 꿰뚫는 10킬로미터의 제방길은 미국 서부의 황야를 가로지르는 한줄기 역마차 길 같다. 인공의 장관 앞에서 인간 능력에 대한 새삼스러운 경탄과 다른 사람의 수고에 대한 고마운 마음이 가슴을 스쳐간다.

바다 가운데로 질주하는 제방길

방조제 초입에는 바다로 뻗은 'ㄷ'자 모양의 방파제가 포근하게 감싼 궁평포구가 반기고, 바로 옆에는 해송 숲이 백사장과 어우러진 궁평해수욕장이 절정의 낙조

방조제 중간에 있는 선착장은 썰물에 대비해 바다 깊숙이 뻗어 있어 마치 물위를 달리는 듯. 파도는 햇살에 춤추는 듯.

풍경을 선사한다. 반대쪽 매향리 근처에는 대포들이 많이 설치되어 있는데 아마도 전투기 사격장 때문인 것 같다. 미군 전투기 사격장으로 한때 말도 많고 탈도 많았던 이곳에는 지금도 전투기들이 가끔 나타나 매향리 앞바다를 휘돌고 간다. 환경과 생명을 위협하는 전투기지만 음속을 돌파하는 속도와 천지를 울리는 굉음은 역시 인간 능력의 한 경탄이 아닐 수 없다. 방조제든 간척지든 그리고 전투기든 인간의 욕심이 만들어낸 산물이면서 인간의 능력이 실로 대단함을 보여준다. 하지만 인공이 자연과 얼마나 조화를 이루는지에 따라 욕심이 풍요를 부를 수도 있고 화를 부를 수도 있다는 걸 기억해야 할 것이다.

이곳은 꼭 | **궁평해수욕장**

남양만 북쪽에 서해 쪽으로 돌출한 해변이다. 백사장은 2단으로 살짝 꺾어지는데 총길이 2km, 폭 50m 정도의 큰 해변이다. 백사장 뒤쪽에는 수령 백 년 이상의 해송이 5천 여 그루나 밀집해 매혹을 더한다. '궁평낙조' 는 유명하다.

자전거길

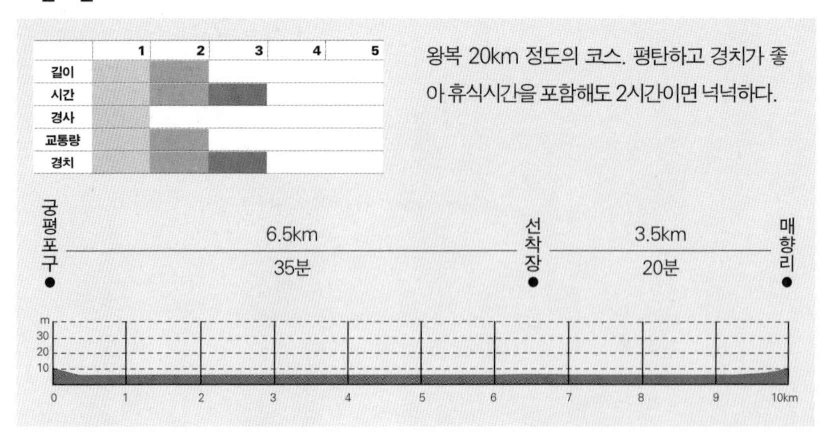

① 화옹방조제 가는 길은 뻔하고 또 빤하다. 부근에 특별한 명소가 없고 바다에서 떨어져 나와 새롭게 태어난 화성호, 궁평포구와 궁평해수욕장이 눈길을 모은다. 반대쪽 우정읍 매향리 앞바다는 미군 전투기 사격장으로 한때 시끌했던 곳이고 기아자동차 공장이 근처에 있다. 둘 다 접근이 제한되어 있으므로 궁평에서 출발해 다시 궁평으로 돌아오는 일정을 잡는다.

② 화옹방조제 입구 직전에 작은 포구가 있다. 바다로 길게 뻗어나간 방파제에는 정자까지 있어 그럴듯한 분위기를 자아내는 이곳이 궁평포구다. 주차장과 식당이 모여 있어 기점으로 잡기 편하다. 포구 북쪽은 궁평해수욕장이 길게 펼쳐지는데, 포구와 궁평해수욕장 사이는 밀물 때 바다에 잠기는 길로 연결되어 있다. 물이 빠졌을 때 지나보는 것도 흥미롭다.

③ 방조제 길은 시화방조제와 유사해서, 좌우에 자전거를 탈 수 있는 길이 나 있다. 갈 때는 오른쪽, 올 때는 왼쪽 길을 이용하면 바다와 호수 풍경을 좀더 가까이에서 볼 수 있다. 마냥 직선이어서 핸들을 돌리지 않아도 끝까지 달릴 수 있을 것만 같다.

④ 방조제에 들어서서 6.5km 가량 들어가면 오른쪽에 작은 선착장과 횟집이 몇 곳 문을 열고 있는 쉼터다. 갯벌이 워낙 넓고 간만의 차가 커서 경사진 선착장이 한참을 뻗어 들어간다. 중간 선착장에서 3km만 가면 방조제는 끝난다. 자전거를 돌려 다시 궁평으로 돌아간다.

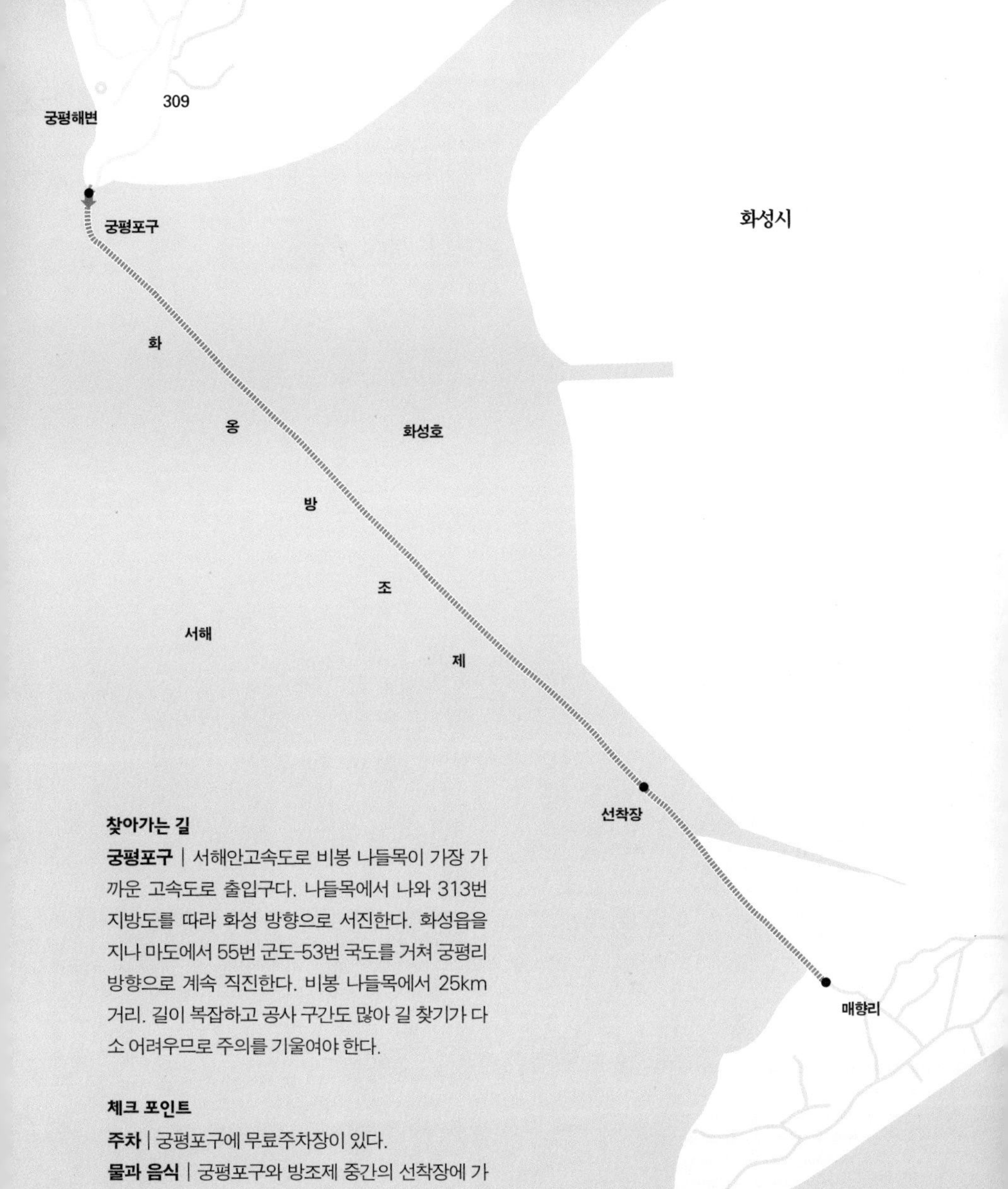

찾아가는 길

궁평포구 | 서해안고속도로 비봉 나들목이 가장 가까운 고속도로 출입구다. 나들목에서 나와 313번 지방도를 따라 화성 방향으로 서진한다. 화성읍을 지나 마도에서 55번 군도-53번 국도를 거쳐 궁평리 방향으로 계속 직진한다. 비봉 나들목에서 25km 거리. 길이 복잡하고 공사 구간도 많아 길 찾기가 다소 어려우므로 주의를 기울여야 한다.

체크 포인트

주차 | 궁평포구에 무료주차장이 있다.

물과 음식 | 궁평포구와 방조제 중간의 선착장에 가게와 횟집이 있다.

휴식 | 방조제 중간에 있는 선착장이 쉬어가기에 가장 좋다.

주의 | 화옹방조제 남단은 특별한 볼거리나 마을이 없는 시골이므로 출발지로 되돌아와야 한다. 방조제 중간의 선착장은 바다 쪽에 있으므로 그곳에서 쉬어갈 생각이면 도로 좌우의 통행로 중 바닷가 쪽 길을 택해야 한다(도로 좌우에 각각 자전거길이 있으나 도중에 도로를 건널 수는 없다).

42 영종도 일주

1분 30초마다 바다 위로 비행기가 뜬다

1990년대 초까지만 해도 영종도는 서울에서 상당히 먼 곳이었다. 인천 월미도까지 가서 배를 타고 건너가야 했고 섬 안에는 포장도로도 별로 없었다. 서울과 인천에서 이렇게 가까이 있으면서 이토록 낙후된 곳이 있었는지 놀랄 정도였다. 영종도보다 더 먼 용유도는 인천 연안부두에서 본격적인 여객선을 타고 들어가야 하는, 그야말로 낙도였다. 상전벽해는 이를 두고 하는 말일 것이다. 용유도와 영종도 사이 갯벌이 메워져 거대한 들판이 되었고, 영종도와 육지 사이에는 십 리가 넘는 다리까지 놓여 두 섬이 사실상 육지로 편입된 것이다. 낙도였던 용유도의 해변은 이제 서울에서 가장 쉽고 빠르게 갈 수 있는 바다가 되었다.

공항과 신도시

영종도와 용유도 사이 바다를 메워 건설한 인천국제공항은 선진 대한민국을 내외에 알리는 상징물이다. 1분30초에 한 대 꼴로 비행기가 뜨고 내리면서 하루 최대 십만 명, 1년에 2천8백만 명이 이용한다. 국제여객 수는 세계 10위, 화물처리는 세계 2위를 자랑하는, 세련되면서도 웅장한 대한민국의 얼굴이다. 공항 옆에 조성된 신도시는 다른 여느 도시보다 감각적이고 이국적인 분위기를 풍긴다. 도시를 빙 둘러 녹지대가 조성되어 있고 거리는 널찍하며, 인도에는 별도의 자전거도로가 잘 나 있다.

활주로만큼 좋은 자전거 도로

활주로가 들어설 영종도와 용유도 두 섬 사이를 메우기 위해 남쪽과 북쪽에 장대한 방조제를 만들었는데, 그 옆길은 상쾌한 드라이브 코스 겸 해변의 명소를 둘러보는 자전거길로 적격이다. 공항 북쪽의 해안도로는 대평원을 달리는 듯한 착각

◀ 왕산해수욕장의 부드러운 모래밭에 자전거도 퍼질러 앉았다. 밀려드는 파도에는 저녁 햇살이 흐느적댄다.

공항신도시 주변에는 싱그러운 숲길이 나 있어 산책하기에 좋다.

이 들 정도로 장쾌하다. 길이 좋아 자동차들이 빨리 달리지만제한속도 시속 80km 갓길이 넓어서 자전거 타기에도 무리가 없다. 신도시에서 공항북로를 거쳐 용유도로 진입하면 왕산해수욕장을 지나 을왕해수욕장까지 예쁜 자전거길이 기다린다. 이곳 바다는 여름이면 피서인파로 북적이고 겨울에도 분위기에 취한 연인들이 하염없이 서성인다. 무엇보다 바다가 탁 트여 수평선이 시원하고 낙조는 거의 매일 절경이다. 그중 한적하고 앙증맞은 선녀바위 해안이 특히 매혹적이다.

공항철도로 영종도 가기

영종도는 인천국제공항고속도로로 육지와 연결되어 쉽고 빠르게 갈 수 있지만 통행료가 비싸승용차 왕복 14000원 특별한 경우가 아니면 잘 찾지 않는 곳으로 인식되어 왔다. 그러다가 2007년 봄 공항철도가 개통되면서 한층 친숙하게 다가섰다. 열차에는 자전거도 실을 수 있어 자전거를 타고 영종도 일대를 여유롭고 재미있게 둘러볼 수 있게 되었다. 그러니 영종도 여정은 전철을 기준으로 삼아 보자. 자동차를 이용한다면 을왕해수욕장까지 바로 갈 수 있지만 그래서는 자전거를 즐

우아한 실내 디자인의 공항철도(AREX)에는 자전거를 무료로 실을 수 있다. 문 옆의 짐 공간에 두면 편하다.

길 수 있는 구간이 얼마 되지 않고, 멋지게 변모하고 있는 영종도의 진면목을 만나기도 어렵다. 김포공항에서 출발하는 공항철도AREX를 이용하면 공항신도시가 있는 운서역까지 26분 만에 주파한다. 열차를 이용하면 창밖 경치도 즐길 수 있고 마음이 푸근해 여정이 한결 풍부해진다.

이곳은 꼭 | **선녀바위 낙조**

선녀바위 해변은 서쪽으로 탁 트인 먼 바다를 바라보고 있어 노을이 아름답다. 편의시설 없이 텅 빈 해변이 오히려 매력적이다. 밀물이 들 때 노을이 지면 낙조에 물든 파도가 철썩이며 백사장을 쓰다듬는 귀한 모습을 볼 수 있다. 수평선에 구름이 걸리지 않은 맑은 날에는 사진이나 영화로만 보았던, 바다로 쏙 빠져드는 일몰의 극적인 순간도 만날 수 있다.

구읍포구

영종대교가 생기기 전에 육지에서 오는 유일한 선착장이 있던 곳으로 공항남로를 따라 동쪽 끝으로 가면 된다. 지금도 국내에서 가장 크고 고급스러운 카페리가 30분 간격으로 인천 월미도를 오간다(10분 소요. 자동차 6500원, 사람 2500원, 자전거는 무료). 구읍포구는 인천이 바로 눈앞이지만 한적한 포구 분위기가 남아 있고 어시장과 식당도 많이 모여 있다. 허술하지만 어딘가 로맨틱하다. 영종도를 돌아보고 구읍포구를 거쳐 잠깐이지만 카페리를 이용해 월미도를 거쳐 간다면 여행의 다채로움을 더해줄 것이다.

자전거길

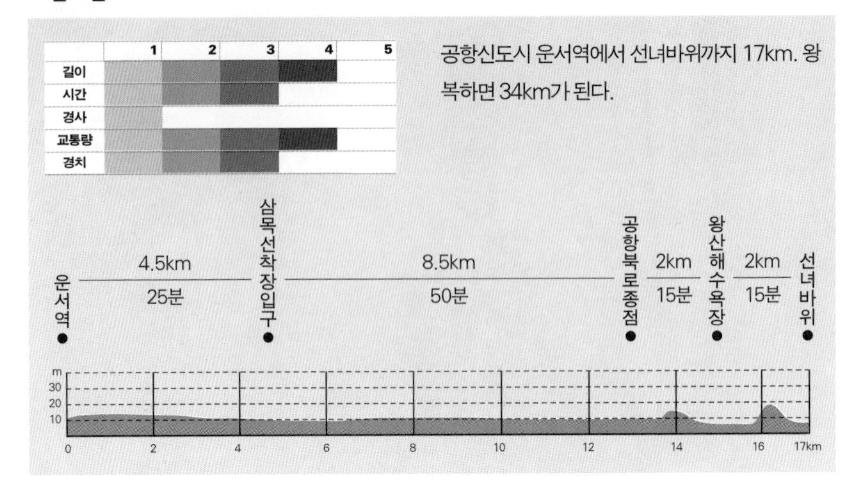

② 운서역 앞 도로에서 왼쪽으로 가면 신도시를 둘러싼 숲이 나온다. 숲 가운데로 호젓한 산책로가 나 있는데, 이 길을 따라가거나 시내 도로를 이용해 북서쪽(운서역 맞은 편)으로 방향을 잡아 가다가 신도시 서쪽 도로와 공항북로가 만나는 삼거리를 찾는다. 여기서 좌회전해 갓길을 따라가야 하는데, 건널목이 없으므로 자동차용 좌회전 신호에 맞춰 조심해서 길을 건너야 한다.

③ 삼거리에서 2km 가면 신시도로 가는 삼목선착장 갈림길이다. 그대로 직진하면 곧 방파제가 끝없이 뻗어나간 도로가 펼쳐진다. 이 방파제 길은 삼목선착장 입구에서 8km 이어지다가 용유도에 이르면 왼쪽으로 꺾이면서 공항서로가 시작된다. 공항서로 초입에는 보도에 예쁜 자전거도로가 나 있다. 이 길은 500m 가량 공항서로를 따라가다 오른쪽으로 낮은 고개를 넘어서 왕산해수욕장으로 연결된다.

④ 왕산해수욕장은 길이 900m 정도의 꽤 큰 해변이다. 도로에서 백사장으로 곧장 연결되는 접근성이 좋고 집들도 많지 않아 한적하다.

⑤ 왕산해수욕장에서 고개를 살짝 넘으면 식당과 각종 편의시설이 밀집한 을왕해수욕장이다. 백사장은 600m 정도로 왕산보다 작지만 만(灣)으로 쑥 들어온 활모양의 우아한 해변이 아름답다. 대신 식당과 가게들이 너무 밀집해 있어 매우 복잡하다.

⑤ 을왕해수욕장에서 다시 낮은 고개를 넘어 해안쪽으로 가면 300m 정도의 작은 백사장이 살포시 숨어 있다. 백사장 끝에는 풍성한 치마를 입은 듯한 선녀바위가 서 있다. 편의시설은 아무것도 없지만 소박미에서는 영종도의 으뜸 해안으로 꼽고 싶다.

⑤ 전체적으로 작은 고개가 몇 있으나 대부분 평탄한 포장도로여서 공항철도와 미니벨로를 이용한 느긋한 여정으로 좋다. 선녀바위에서 계속 직진해 용유해변-공항남로-공항동로를 거쳐 인천공항을 완전히 일주해도 되지만 무의도(배를 타고 가야한다) 외에는 특별히 볼 것이 없다.

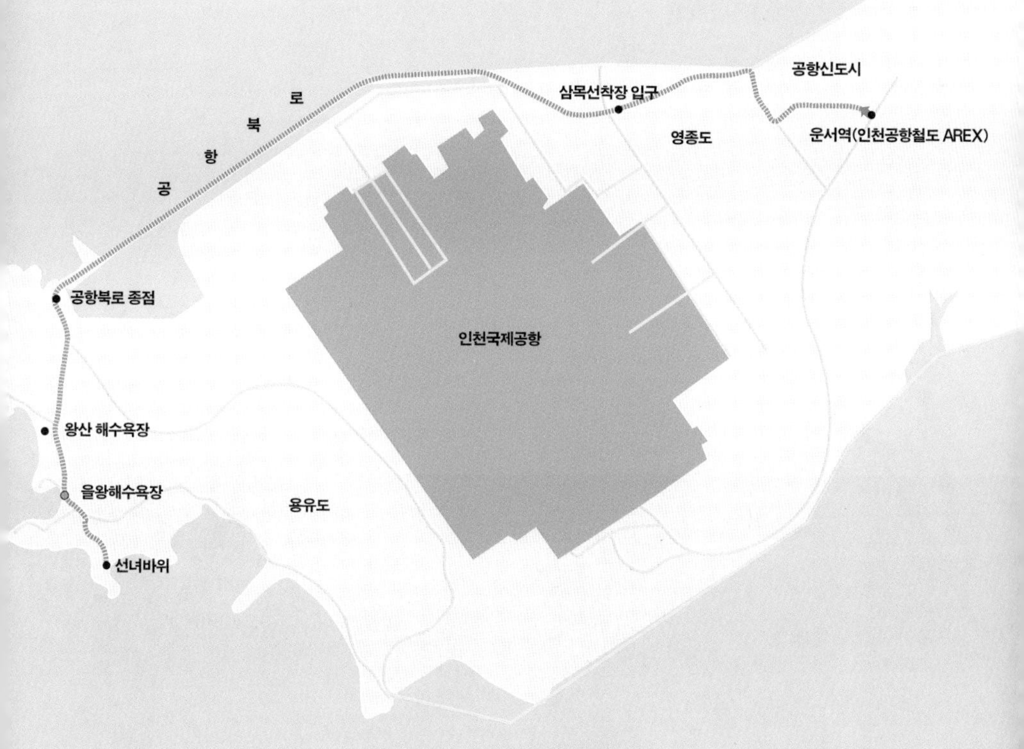

찾아가는 길

공항신도시 운서역 | 서울 지하철 5호선 김포공항역에서 공항철도(AREX)로 갈아타면 계양, 검암 다음 세 번째 역이다. 접이식 자전거는 추가요금 없이 휴대해서 탈 수 있으며, 일반 자전거는 분해해서 휴대용 백에 넣어야 한다. 자전거는 객차 내의 짐 공간에 두면 된다. 김포공항~인천공항 직통열차는 요금이 2배 이상 비싸지만 새마을호 열차처럼 좌석이 진행방향으로 나 있다. 일반열차는 지하철과 비슷하게 좌석이 마주보게 배치되어 있으나 실내 디자인이 한층 세련되고 깨끗하다. 김포공항~운서 간 26분 소요, 요금 2600원.

체크 포인트

주차 | 전철을 이용하지 않고 자동차로 갈 경우 신시도행 배가 출항하는 삼목선착장에 주차하고 공항북로를 거쳐 선녀바위까지 다녀오면 된다.

물과 음식 | 공항신도시와 삼목선착장 입구, 왕산해수욕장과 을왕해수욕장에 가게가 많이 있다. 공항신도시에는 일반식당이, 을왕해수욕장에는 횟집이 많다.

휴식 | 왕산해수욕장의 소박함, 을왕해수욕장의 번화함, 선녀바위의 운치를 느껴보자.

주의 | 공항북로는 갓길이 넓지만 자동차들이 고속으로 달리므로 차선을 넘지 않도록 조심한다. 선녀바위에서 무의도 입구까지는 길이 좁고 차량통행이 많아 위험하므로 공항남로와 공항동로를 거쳐 인천공항 외곽을 일주하기보다는 왔던 길을 되돌아가는 것이 좋다.

43 강화도 해안도로

오천 년 역사와 대자연의 향연

강화도는 수도권의 보물섬 같은 존재다. 문화유적이 밀집해 있는데다 자연경관이 빼어나고 거리도 가까워 매력적인 휴식처로 인기가 높다. 지금도 고스란히 남아 있는 그 옛날의 성곽과 돈대墩臺를 따라 해안 자전거도로가 섬을 일주한다. 돈대란 해안에 높직이 자리한 조선시대의 포대 시설로, 19세기 말까지 강화도 해안에는 약 3킬로미터 간격으로 돈대가 빙 둘러싸고 있었다. 서울로 이어지는 한강 하구가 강화도와 접해 있어 매우 중요한 군사요충지였기 때문이다. 19세기 말 열강이 침범했을 때 조선 군대와 부딪힌 각종 사건병인양요, 신미양요, 운요호사건 등의 무대가 된 곳이 바로 돈대들이다. 지금은 많이 사라졌지만 중요한 돈대들은 잘 복원되어 있다. 해안도로 일주는 돈대를 연결하는 길이라고 해도 틀리지 않다.

강화도는 우리나라 역사의 축소판

경주, 평양, 개성, 서울도 역동적인 역사의 무대였지만 그것은 도읍일 때만 그랬고, 강화도처럼 모든 시대에 걸쳐 역사의 동맥이 소용돌이 친 곳은 없다. 고대로 거슬러 오르면, 고조선 때인 청동기시대의 유물 고인돌이 지천으로 널려 있고 단군이 하늘에 제사를 지냈다는 마니산 참성단과 단군의 세 아들이 쌓았다는 삼랑산성이 전한다. 삼국시대 말의 풍운아였던 연개소문이 여기서 태어나 힘을 길렀으며, 고려 때는 임시수도로, 조선시대에는 밀려드는 열강의 세력과 처음 부딪힌 근대화의 접점이었다.

고조선에서 조선말까지 오천 년 역사의 역동이 여기 한 섬에서 이뤄졌다는 것은 놀라운 일이다. 특히 고려와 조선에 걸친 약 천 년 간 강화도는 수도권을 지키는 최고의 보루였다. 고려의 수도 개경개성 에서 20킬로미터, 한양서울 에서는 40킬로

◀ 염하는 강화도와 김포 사이의 해협으로 마치 큰 강물 같다. 해안 자전거도로 곳곳에 마련된 벤치와 쉼터는 모두 절경이어서 매양 쉬었다 가야 한다.

용진진의 성벽과 문은 최근에 복원되었는데, 규모가 웅장하고 성벽이 아름답다.

미터 남짓한 가까운 거리에 있는데다가 육전陸戰이 대세이던 시대에 섬은 천연요새였던 것이다. 고려는 몽골이 침입했을 때 아예 수도를 강화도로 옮겨 38년간 항전했고, 조선시대에도 서울을 지키는 방어기지이자 피난처였다. 병자호란 때 인조는 강화도로 피하려다가 실기해서 남한산성으로 들어가는 바람에 청군의 고립작전에 걸려 치욕의 항복을 하고 만다. 만약 강화도로 들어가 결사항전을 했더라면 해전에 약한 청나라 군대를 물리쳤을 지도 모른다. 그랬다면 자주성을 되찾았을 것이고, 사대주의 병폐에 물들어 문약과 부패, 가난에 허덕이다 결국 나라를 빼앗기는 굴욕도 겪지 않았을 지도 모를 일이다.

거대한 문화유산과 해맑은 대자연

강화도는 자연환경도 다채롭다. 공장이 없어 자연이 깨끗하고, 서울의 바로 옆이라고 믿기지 않을 정도로 한적하고 시골 냄새가 진하다. 동쪽 김포와의 사이에는 마치 강물 같은 염하鹽河가 급한 해류로 흘러내리고, 남쪽과 서쪽은 먼 바다가 탁 트였다. 간만의 차가 커서 썰물 때면 몇 킬로미터에 달하는 거대한 갯벌이 섬 전

화도돈대의 오랜 석축 위에 늙은 감나무가 을씨년스럽다.

체를 에워싼다. 이 갯벌까지 땅으로 친다면 강화도의 면적은 거제도에 육박할 것이다. 무엇보다 강화도는 산이 예사롭지 않다. 높지는 않으나 기세가 옹골차고, 오랜 전설까지 스며있어 신령스럽게 느껴진다. 속설에 마니산469m은 우리나라 전체에서 기氣가 가장 센 곳으로 알려져 있고, 산 곳곳에 기의 세기를 나타내는 표시까지 해놓았다. 산정에는 단군이 하늘에 제사를 지냈다는 천제단이 남아 있는데, 여기서 바라보는 일망무제의 조망은 일품이다. 강화군은 강화도 해안을 일주하는 해안자전거도로를 추진 중이고 현재 4분의 1쯤 완공되었다. 휴일이면 도시인들은 문화와 자연의 총체를 호흡하기 위해 극심한 교통체증도 기꺼이 감수하고 강화도로 향한다. 실로 강화도는 수도권의 보물섬이다.

이곳은 꼭 | **광성보**

조선시대 강화도 해안의 군사시설 중 가장 크고 잘 보존되어 있으며 경치도 좋다. 신미양요 때 사정거리가 짧고 조준도 제대로 되지 않는 구식 대포로 서양의 신식 해군과 맞서 싸우다 순절한, 조선말 군인들의 무덤과 무명용사비가 남아 있다. 이밖에 안해루와 광성돈대, 용두돈대, 손돌목돈대 등 여러 개의 돈대가 밀집해 있다. 바다로 돌출한 용두돈대는 절경이다.

자전거길

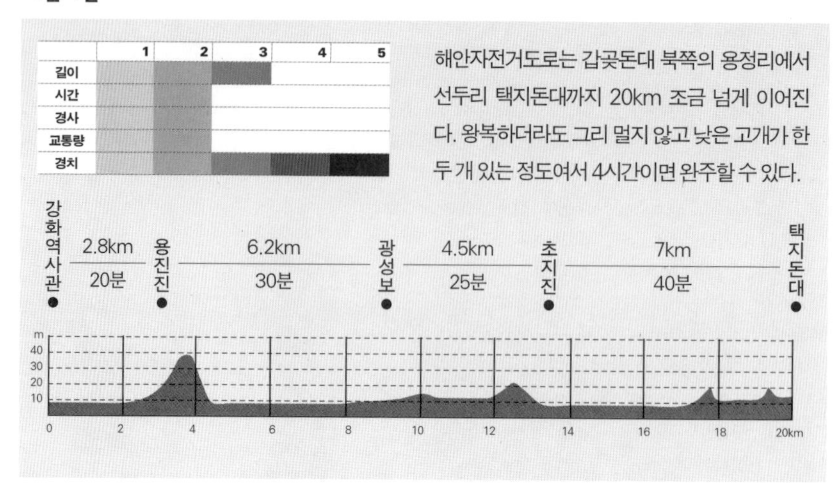

①강화도는 자전거도로가 넓어 교행 공간이 충분하고 간간이 있는 쉼터와도 바로 연결된다. 바다를 잘 보려면 왼쪽 바닷가 길을 이용한다. 출발점은 강화대교 옆 해안에 자리한 갑곶돈대다. 갑곶돈대 옆에는 강화역사관이 자리하고, 북방 한계선을 넘은 갑곶탱자나무(천년기념물 78호)와 천주교 순교성지도 부근에 있다.

② 남쪽으로 방향을 잡고 1.3km 내려가면 선원사지 가는 갈림길이 나온다. 선원사는 팔만대장경이 태어난 곳이다. 팔만대장경은 뒤에 합천 해인사로 옮겨졌고 선원사는 불에 타 절터만 남았다. 갈림길에서 선원사까지는 2km 정도이고 자전거도로는 따로 없다.

③ 삼거리에서 해안을 따라 계속 직진하면 잘 복원된 용진성이 나오고 화도돈대, 오두돈대를 거쳐 규모가 가장 크고 경치도 좋은 광성보에 이른다(갑곶돈대에서 약 9km).

④ 광성보를 지나면 길은 약간 내륙으로 들어가 덕진진 입구를 지난다. 보(堡)는 보루, 진(鎭)은 선착장을 갖춘 비교적 큰 규모의 군사시설이다.

⑤ 덕진진 입구에서 1.3km 가면 전등사 방향 도로가 갈라진다. 여기서부터 초지진까지 약 800m 구간에는 자전거도로가 따로 없으므로 통행에 주의한다. 초지진에는 신미양요 때 포탄을 맞은 흔적이 남은 소나무가 아직도 살아 있다.

⑥ 길은 초지대교를 지나 계속 이어지며 남쪽의 넓은 바다와 만난다. 날씨가 좋으면 영종대교가 훤히 보이고, 썰물 때는 엄청난 갯벌이 펼쳐지는 곳이다. 자전거도로는 길상산(336m)을 돌아 택지돈대까지 이어진다.

⑦ 택지돈대가 자리한 선두리는 길상산 남쪽의 바닷가 언덕에 자리해 분위기가 화사하고 넓은 바다가 확 펼쳐지는 매혹의 해안마을이다. 선두리 바닷가에는 싱싱한 횟감을 값싸게 파는 횟집들이 모여 있어 돌아서는 발길을 붙잡는다.

찾아가는 길

갑곶돈대 | 서울외곽순환고속도로 김포 나들목에서 나와 강화 방향 48번 국도를 탄다. 김포공항 방향 88올림픽도로 끝단에서 강화 방향으로 가도 되고, 강변북로~자유로 방향에서는 김포대교나 일산대교를 건너 강화 방향으로 진입하면 된다. 김포 나들목에서 30km 가면 강화대교가 나오고, 강화대교를 건너 첫 번째 신호등에서 좌회전하면 바로 갑곶돈대다.

택지돈대 | 서울에서 갈 경우 강화대교보다는 초지대교를 건너는 것이 빠르다. 48번 국도를 타고 강화 방향으로 가다가 김포시내를 벗어나 4km 가량 가면 양촌면 누산리에서 초지대교 방면 도로가 갈라진다. 11km 가면 초지대교가 나온다. 다리를 건너자마자 좌회전해서 해안도로를 따라 7km 가면 가천의대를 조금 지난 바닷가에 택지돈대가 있다.

체크 포인트

주차 | 갑곶돈대 입구의 강화역사관에 넓은 무료주차장이 있다.

물과 음식 | 강화역사관 앞과 오두돈대 근처, 광성보 입구, 초지진에 가게가 있다. 갑곶돈대부터 차례로 신정리(장어구이), 광성보 입구(오리고기), 초지대교 근처(횟집, 장어구이), 황산도(횟집, 조개구이), 가천의대 맞은편 선수포구에 식당(횟집)이 즐비하다. 황산도 남단의 어시장은 탁 트인 바다조망과 갯벌을 보며 조개구이를 즐길 수 있고, 선수포구의 횟집촌은 허름한 반면 값이 싸고 싱싱하다.

휴식 | 바닷가 전망이 좋은 곳곳에 그늘과 벤치가 마련되어 있다. 황산도와 황산도에서 장흥리 가는 1.5km 구간의 조망이 특히 아름답다.

주의 | 전등사 길이 갈라지는 초지삼거리에서 초지진까지 800m 구간에는 자전거도로가 따로 없어 자동차 통행에 특히 조심해야 한다.

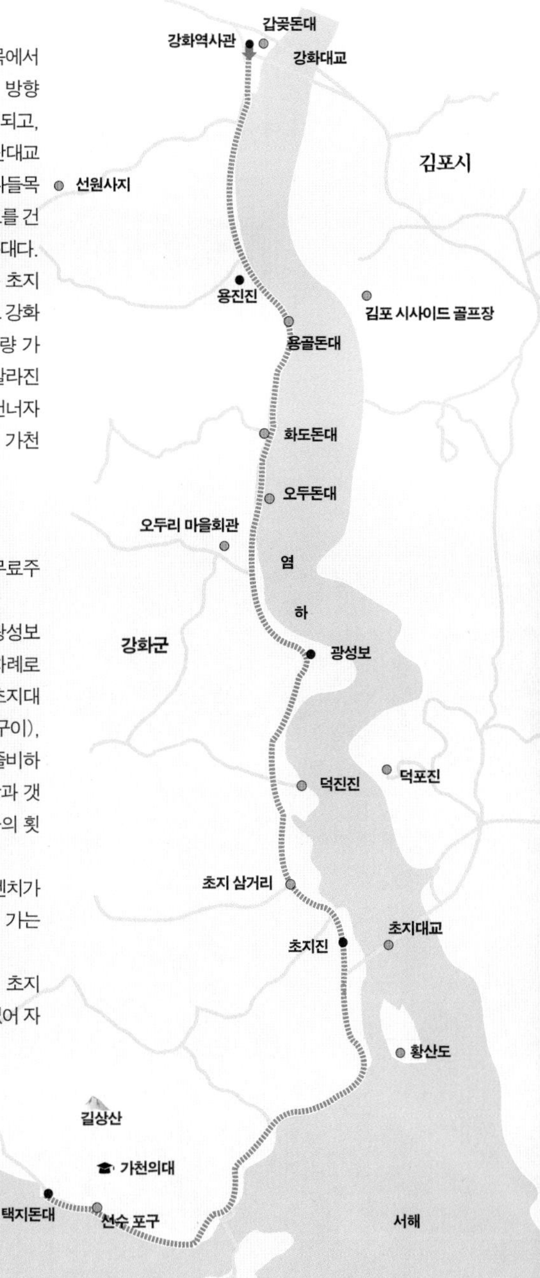

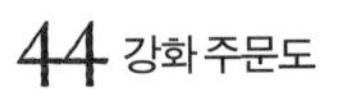
44 강화 주문도

섬 전체가 백사장인 곳을 본 적 있나요?

우리나라는 세계적인 다도해 국가다. 섬의 개수를 보면, 인도네시아가 13,700개로 가장 많고 7,107개인 필리핀에 이어서 일본이 6,852개 순이다. 우리는 4,410개를 헤아려 세계에서 네 번째로 꼽힌다. 특히 섬으로만 이뤄진 전남 신안군을 구성하는 섬은 무려 830개나 된다. 물론 이 숫자는 작은 무인도까지 포함한 것이어서 실제 여행지로 삼을 만한 섬은 전체의 10퍼센트 정도에 지나지 않을 것이다. 또한 이 많은 섬 중에서 '진짜 섬'은 드물다.

진짜 섬과 가짜 섬을 가르는 기준은 무엇보다 연륙교의 존재 여부다. 뭍과 연결하는 다리가 놓였다면 사실상 육지인 셈이고 배를 타더라도 30분 내에 도착하는 지근거리도 섬이라는 단절감을 떨어뜨린다. 강화도 서쪽에 뚝 떨어져 있는 주문도는 이런 점에서 진짜 섬이다. 배를 타고 1시간이나 들어가야 하고, 육지는 가물가물 보일 정도로 멀다. 섬 길이만한 백사장이 질펀하고 오래 된 교회당이 내려다보는 섬마을은 아늑하다.

섬에 어울리는 속도

물에는 단절의 벽을 만드는 어떤 힘이 있다. 물로 벽을 쌓을 수는 없지만 비가 내리는 날, 특히 밤비는 도시 한가운데서도 세상과의 단절감을 준다. 가는 빗줄기들 사이에는 거대한 허공이 자리하지만 실제보다 과장된 빗줄기는 감성의 장막을 드리운다. 외계와 차단된 감성은 자연스레 내면으로 향해서 마음은 차분해지고 추억은 선명해지며 그리움은 배가 된다.

섬에는 이런 매개가 되어주는 물이 지천이다. 바다가 땅을 삼킬 듯 사방을 에워싸고 있는 곳이 섬이다. 비가 오지 않아도, 밤이 아니어도 섬에 들어서는 순간 세상과는 단절된 고독감에 빠진다. 뭍과는 어딘가 다른 풍경과 삶의 모습들도 감흥을

◀ 섬에서 유일한 도로표지판. 이 표지판 하나에 섬 안의 모든 지리 정보가 다 담겼다.

초중고교가 한데 있는 섬 내 유일한 학교. 이웃 섬에서 다닐 경우, 초등학생도 기숙사 생활을 한다.

더한다. 그리고 자전거는 이 모든 풍경에 가장 어울리는 속도와 친근함으로 다가서게 해준다.

강화도에서 배 타고 1시간

서울 사람들은 강화도만 가도 맑은 공기와 바다 풍경에 가슴이 트인다. 두 개의 다리가 연결되었지만 아직도 주말이면 강화도 오가는 길은 상당한 체증을 각오해야 한다. 그런데 정작 강화도 사람들은 강화도에서 배를 타고 1시간이나 들어가야 하는 서도면의 섬들을 추천한다. 서도면은 강화도 서쪽의 석모도에서 다시 7~8킬로미터 가량 떨어진, 서해 먼 바다로 깊이 들어서 있다. 말도, 볼음도, 아차도, 주문도 네 개의 주요 섬으로 구성되며, 규모는 볼음도가 가장 크지만 인구가 많은 주문도가 이들 섬의 중심이다. 주문도라는 이름은 조선 중엽 임경업1594~1646 장군이 임금께 글을 올렸다고 해서 주문도奏文島라 했다가 주문注文도로 바뀌었다고 한다.

1923년 한옥을 서양교회처럼 지은 서도중앙교회의 이채로운 모습. 교회 역사가 오랜 만큼 주민들도 기독교도가 대부분이다. 뒤쪽에는 현대식 교회가 새로 들어섰다.

표지판 하나에 섬이 다 들어있는 곳

주문도 선착장에 내려 느리 마을로 들어서면 첫 번째 삼거리에 도로표지판이 서 있다. 신호등도, 과속단속 카메라도, 횡단보도도 없는 작은 섬에 유일한 도로표지판이다. 이것 하나로 주문도의 방향 가늠은 끝난다. 삼거리에서 오른쪽으로 가면 주문도에서 가장 유명한 대빈창해변이고, 왼쪽으로 가면 국내에서 가장 오래된 한옥교회인 서도중앙교회를 거쳐 뒷장술해변으로 이어진다.

길이 5킬로미터, 폭 2.5킬로미터 정도의 작은 섬에, 남쪽 해안은 대빈창과 뒷장술 해수욕장이 펼쳐져 있어서 마치 섬 전체가 백사장인 것 같은 느낌이다. 인구 4백 명이 모여 사는 소박한 마을에는 초중고교가 같이 있는 기숙학교가 있고, 자글자글한 모랫길을 따라간 곳에는 오래된 교회당이 향기롭다.

이곳은 꼭 | **서도중앙교회**

전통사찰처럼 문화재가 된 교회다. 1923년 한옥으로 지어졌는데 실내는 중세 초기 서양교회 형식의 예배당을 갖추고 있다. 서양교회처럼 한쪽에 첨탑을 올리는 대신 높은 고대를 올린 것이 독특하다. 선착장에서 2.2km 들어간 진말의 봉구산 기슭에 자리하고 있다.

자전거길

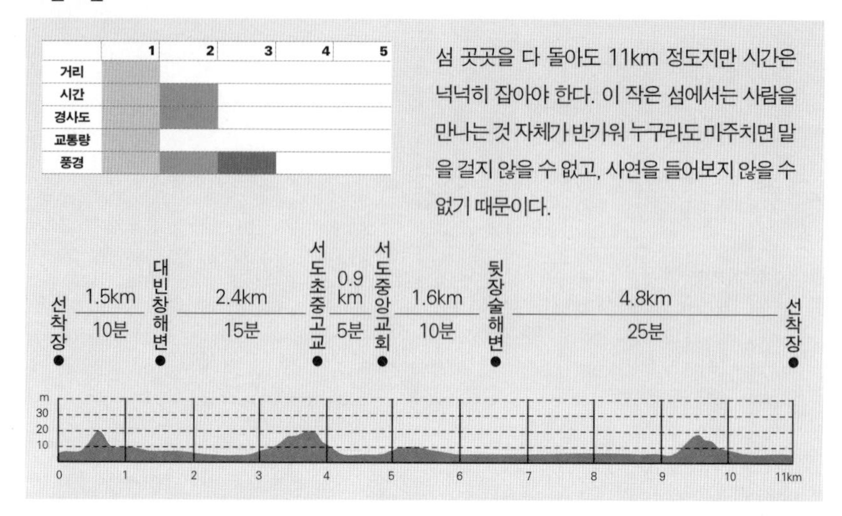

섬 곳곳을 다 돌아도 11km 정도지만 시간은 넉넉히 잡아야 한다. 이 작은 섬에서는 사람을 만나는 것 자체가 반가워 누구라도 마주치면 말을 걸지 않을 수 없고, 사연을 들어보지 않을 수 없기 때문이다.

① 주문도 선착장에 내려 서도면사무소가 있는 느리 마을로 들어서면 첫 번째 삼거리에 도로표지판이 서 있다. 여기서 먼저 대빈창으로 방향을 잡는다. 마을을 지나 작은 고개를 넘으면 꽤 넓은 들판이 펼쳐진다. 저수지가 없고 경지정리도 되지 않은, 보기 드문 천수답이다. 들판 끝에 숲과 어우러진 1.5km의 해변이 바다를 향해 활짝 열려있다. 대개 백사장은 활대처럼 살짝 휘어있으나 대빈창은 일직선이다.

② 대빈창을 돌아나와 느리 마을을 거쳐 뒷장술해변으로 향한다. 해안을 벗어나면 제법 그럴듯한 산길이 나온다. 섬에서 가장 높은 봉구산(147m) 동쪽을 돌아서면 상당히 큰 주문저수지가 시야를 가득 채운다. 저수지 끝자락, 들판이 시작되는 곳에 희귀하게도 초중고가 함께 있는 서도초중고등학교가 있다. 서도면의 모든 섬에서 학생들이 오기 때문에 초등학생도 기숙사생활을 한단다.

③ 학교를 돌아 800m 가량 가면 봉구산의 작은 계곡에 자리한 진말 마을이다. 국내에서 가장 오래된 한옥교회인 서도중앙교회가 산자락에 올라 있고, 산기슭과 들판에 걸친 마을이 아름답다. 가장 큰 느리 마을에서도 찾지 못한 가게를 여기 진말에서 만났다. 할아버지는 낚시 가고 할머니 혼자 가게를 지키고 있다.

④ 진말에서 들판을 관통해 1.2km 가면 뒷장술 해변이다. 2.2km나 되는 긴 백사장이지만 활대가 반대로 휜 형태여서 전체를 한눈에 보기 어렵다. 편의시설이라고는 하나도 없는, 자연 그대로의 해안이 마치 영화 속의 무인도처럼 인상적이다. 뒷장술 해변 뒤편에는 강화 특산물이라는 속노랑고구마 밭이 많다. 농부는 주문도 속노랑고구마가 강화도보다 더 맛있다고 일러준다.

찾아가는 길

강화도 외포리 | 주문도와 아차도, 볼음도를 차례로 도는 연락선은 강화도 서쪽의 내가면 외포리에서 매일 아침 9시30분, 오후 3시에 출항한다(계절마다 시간 바뀜). 주문도 출발시간은 오전 7시30분, 오후 1시. 외포리는 강화대교-강화읍-안양대학교를 거쳐 들어가거나, 초지대교-길상면 온수리-양도면 능내리로 가도 된다. 외포리는 많은 사람들이 찾는 석모도 행 배도 뜨는 곳이어서 표지판이 잘 되어 있다. 주문도 행 배는 외포리 안쪽에 있는 옛날 석모도 행 선착장에서 출발한다. 자전거는 자동차로 분류되어 7000원을 내면 한 사람은 요금을 내지 않아도 된다(승객요금은 6200원). 주문도 1시간 소요. 삼부해운 032-932-6619.

체크 포인트

주차 | 강화도 외포리 선착장 맞은편 공중화장실 옆에 주차공간(무료)이 있다.

물과 음식 | 서도면사무소 부근과 진말에 가게가 있고, 선착장과 서도면사무소 부근에 식당이 있다.

숙박 | 민박이 몇 곳 있으나 겨울에는 손님을 잘 받지 않는다. 서도면사무소(032-930-3713)에 문의하면 된다.

휴식 | 대빈창해수욕장과 뒷장술해수욕장은 해변에 숲이 함께 있어 쉬어가기 좋다. 진말의 서도중앙교회 밑에 있는 가게에 잠시 들러 간식을 들면서 인심 좋은 주인 할머니와 얘기를 나누는 것도 즐겁다.

주의 | 오후 배로 들어가면 그날 나올 수 없다. 당일 일정이라면 아침에 들어가 오후에 나와야 하므로 시간여유는 2시간30분 정도다. 섬을 깊이 있게 만나고 싶다면 1박을 권한다.

45 강화 교동도 일주

우울과 감탄이 교차하는 변경지대

강화도 서북단의 큰 섬인 교동도는 황해남도 연안군과 가까운 접경지역이다. 북한 땅이 빤히 보이는 바닷가에는 그리움과 통곡에 지쳐버린 실향민들의 무덤이 나란하고, 섬 가운데는 광활한 평야와 저수지가 펼쳐져 곡창을 이룬다. 화개산 자락에는 고려와 조선에 걸쳐 국제적인 항구로 이름 높았던 섬의 오랜 유래가 남아 있다. 들판과 호수를 거쳐 철책선 따라 섬을 일주하는 여정은 분단의 참상과 역사 속 왕조의 몰락을 목도하는, 조금은 무거운 길이다.

번성했던 국제항

교동도는 강화도 서북쪽에 자리한 섬으로 북한쪽 황해남도 연안군과는 2킬로미터 밖에 떨어지지 않은 최전선이다. 2000년대 초반까지만 해도 경계가 삼엄해서 일반인들은 출입하기 쉽지 않은 금단의 섬이었다. 아직도 '교동도' 하면 "어디에 있는 섬이지?"하고 고개를 갸웃거리는 사람이 많지만 고려와 조선시대에는 수도와 직결되는 국제항이었다. 외국 배가 개성이나 서울로 가려면 반드시 거쳐야 하는 통로에 자리한 입지 때문이다.

번화했던 한 시절을 증명하는 교동읍성은 형편없이 허물어진 채 무심하게 방치되어 있고, 폭군의 대명사가 된 연산군이 유배생활을 하다 비참하게 생을 마감한 집터도 잡초에 묻혀 간다. 한때의 영화가 영락하고 나면 얼마나 보잘 것 없는지를 통감하게 해주는 현장이기도 하다.

닿을 듯 닿을 듯 북한 땅이 저기인데

교동읍성과 연산군 유배지에서 우울해진 마음은 난정저수지와 교동평야의 장쾌한 경관에서 일단 해소된다. 난정저수지와 교동평야는 작은 섬에서는 상상이 어려울 정도로 거대하다. 물이라고는 빗물에만 기댈 수밖에 없는 섬에서 난정저

◀ 난정저수지의 제방이 교동평야 사이로 아득하게 뻗어나가고 있다. 둘레 5km의 난정저수지는 평지 해안에 자리 잡아 실제보다 훨씬 더 커 보인다.

망향대의 철책선 길을 달려보지만 길은 영원히 철책선과 평행선을 그릴 뿐이다.

수지와 고구저수지는 풍부한 수원이 되어 너른 벌판을 넉넉하게 적셔주고, 방조제를 막아 갯벌을 간척한 들판은 강화군 최고의 곡창을 낳았다. 그러나 북한과 마주한 북쪽 해안은 철책선이 가로막아 눈물어린 시선만을 허락할 뿐이다. 옛날 썰물 때는 걸어서도 건너다녔다는 북한 땅은 닿을 수 없는 곳이 되어 버렸다. 이 땅이 분단되지 않았다면 교동도는 강화도에 버금가는 역사의 섬으로 각광받았을 것이다. 북한과 너무 가깝다는 이유만으로 군사보호구역에 묶인 섬은 역사의 향기보다는 분단의 상처가 더욱 짙다.

철책선에 가로막힌 망향대

교동도는 동서 12킬로미터, 남북 8킬로미터 크기에 면적은 47.2제곱킬로미터로 서해 최북단의 백령도와 비슷한 크기다. 강화도와는 1.5킬로미터 떨어져 있는데 연도교 건설이 추진되고 있다. 지난 천 년간 개성과 서울의 관문이자 군사요지였으며, 활발한 무역항이었음을 증명하듯 지금도 중세 이전 중국의 화폐가 많이 출토된다. 섬에서 가장 높은 화개산260m 정상 일대에는 화개산성의 흔적이 남아 있

자전거 탄 노인은 노을 지는 부둣가에서 누군가가 타고 올 배를 하염없이 기다린다.

고, 서쪽의 서한리에는 봉수대 터가 전한다. 잠깐이지만 배를 타고 들어가는 '진입장벽'이 단절감을 더한다. 오래 된 마을과 텅 빈 들판, 섬뜩한 철책선 옆을 달리노라면 그리움에 사무친 실향민들의 얼마 남지 않은 여생이 안타깝다. 북한 땅이 지척으로 보이는 지석리의 북쪽 해변은 실향민들이 고향을 바라보는 곳이라고 해서 '망향대'로 불린다. 애타게 통일을 기다리다 한을 품고 죽은 실향민들의 묘가 북한 땅을 바라보며 곳곳에 자리해 있다.

이곳은 꼭 | **교동읍성**

월선선착장에서 2km 직진하면 화개산 남쪽으로 교동향교와 화개사가 보이고, 도로 반대편으로 작은 언덕에 퇴락해가는 석성이 눈에 띈다. 둘레 500m 정도의 성벽은 많이 허물어졌지만 일부는 건재하고 성문도 남아 있다. 성 안의 마을에는 아직도 사람들이 산다. 감시하기 쉽도록 동헌 바로 옆에 연산군 적거지가 있는데, 초라한 안내판만이 사연을 전한다.

난정저수지

교동평야의 농업용수를 대기 위해 2006년 말에 완공한 인공저수지로 둘레가 5km나 되는 대규모를 자랑한다. 바닷가에 자리해 더욱 넓어 보이는데 늦가을부터는 철새들의 낙원을 이룬다. 둑을 따라 한 바퀴 돌 수 있다.

자전거길

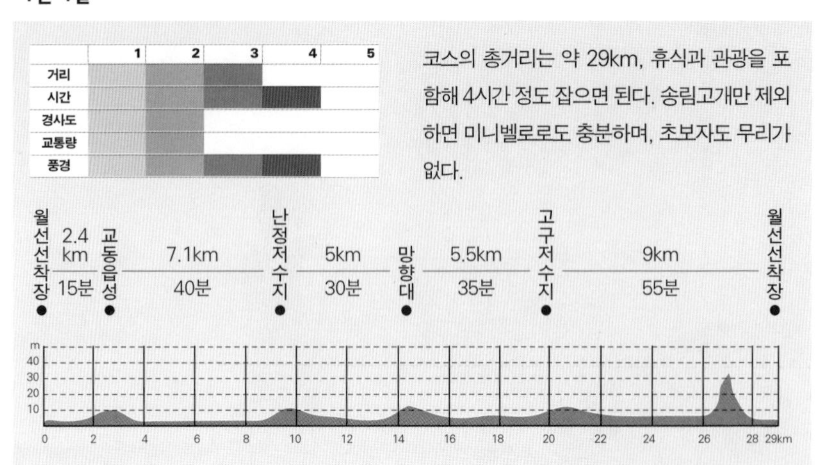

① 선착장에서 1km 가량 들어가면 오른쪽으로 산을 넘어오는 길과 만나는 삼거리다. 오른쪽 산길은 나중에 섬 일주를 하고 돌아 나올 길이므로 그대로 직진한다.

② 삼거리에서 1km 가면 화개산(달릴 때 오른쪽으로 보이는 산) 남쪽 자락에 자리한 교동향교와 화개암이 보인다. 교동향교 입구에 조성된 비석군은 교동의 번창했던 시절을 추억하고 있다. 화개암은 분위기가 그윽하고 조망이 좋다.

③ 비석군 반대편의 낮은 언덕이 교동읍성이다. 성안 마을에는 아직도 노인들이 많이 살고 있다. 한때는 번듯한 성이었을 텐데 무너진 채 방치된 것이 안타깝다. 성벽과 동헌, 연산군 적거지를 복원하면 좋은 관광지가 될 텐데.

④ 교동읍성에서 화개산을 돌아 2km 더 들어가면 섬의 중심지인 대룡리다. 식당과 가게, 주유소 같은 편의시설이 모여 있다. 대룡리에서 양갑리 방향으로 좌회전해 교동평야를 관통하면 수령이 410년을 넘는 거대한 느티나무(높이 35m, 둘레 9.3m)가 우뚝 서 있다.

⑤ 양갑리에서 난정리 방면으로 우회전해 시멘트 길을 따라가면 곧 거대한 둑이 시야를 채운다. 난정저수지다. 둑 위에 올라서 보자. 저수지 뒤쪽이 바로 바다여서 호수면은 마치 수평선처럼 아득하게 펼쳐지고, 철새 떼가 군무를 춘다. 둑길을 달려 지석리 마을 북쪽 해안으로 나가면 철책선이 발길을 막는다. 철책선 바로 옆에 길이 나 있는데, 이 일대를 주민들은 망향대라고 부른다.

⑥ 지석리에서 인사리를 거쳐 철책선을 따라 계속 달리면 난정저수지보다 조금 작은 고구저수지가 나온다. 저수지를 왼쪽으로 돌아 철책선이 가까운 농로를 달려 봉소리 복지회관으로 돌아 나오면 아스콘 포장도로가 시작된다.

⑦ 복지회관에서 600m 가량 가면 앞서 월선선착장을 나와서 처음 만난 삼거리로 이어지는 길이 왼쪽으로 갈라진다. 화개산 동쪽 능선 위를 지나는 송림고개를 넘으면 선착장으로 가는 삼거리다. 송림고개길은 폭이 좁고 커브와 숲이 짙어 시야가 좋지 않으므로 자동차를 특히 조심한다.

찾아가는 길

서울에서 강화 가는 48번 국도를 따라 강화읍을 지나 계속 가면 고인돌로 유명한 하점면이다. 하점면 소재지를 지나 신봉삼거리에서 좌회전해 창후리 방향으로 5.5km 가면 포장도로가 끝나고 작은 포구가 나온다. 이곳 창후선착장(032-933-4268, 6619)에서 교동도 월선선착장까지 20분 간격으로 자동차도 실을 수 있는 카페리가 운항한다. 15분 소요. 편도요금은 성인 1500원이고, 자전거는 추가로 1500원을 더 받는다.

체크 포인트

주차 | 강화도 쪽 창후리 선착장 근처에 주차공간이 있다.

물과 음식 | 가게는 교동도의 중심지인 대룡리에만 있다. 식당 역시 대룡리에 몇 군데뿐이다.

숙박 | 여관은 없으며 대룡리에 민박이 몇 곳 있다.

휴식 | 양갑리의 느티나무 고목, 난정저수지의 제방 위, 인사리의 망향대가 쉬어가기 좋다.

주의 | 식당과 가게는 대룡리에만 있으므로 물과 간식을 미리 준비한다. 길 안내 표지판이 거의 없어 길 찾기에 주의한다. 주민들도 만나기 어렵기 때문에 사람을 볼 때마다 길을 확인하는 것이 좋다. 최전방 군사보호지역이므로 해안 철책선에는 손을 대면 안 되고, 출입금지 표시가 있는 곳은 절대 들어가지 않는다.

46 강화 볼음도

북한 땅을 바라보는 8백 살 은행나무

주문도와 이웃한 볼음도는 북한과 고작 5킬로미터 떨어진 최전방이다. 북쪽 해변에는 천연기념물 제304호인 은행나무가 고려시대부터 8백 년 동안 북한 땅을 바라보며 서 있다. 은행나무 앞의 저수지에는 수많은 철새들이 날아들어 일대 장관을 이룬다.
정갈하고 인적 없는 해변, 소박한 섬마을, 넉넉한 들판과 인심에 자전거 여정은 퍽 게을러진다.

임경업 장군의 전설

볼음도는 면적 6.3제곱킬로미터로 이웃 주문도보다 크지만 인구는 2백 명이 조금 넘는다. 그래서 섬에 들어서면 사람 보기도 쉽지 않다. 뭍에서 가깝거나 작은 백사장이라도 있는 섬은 한여름 피서철만이라도 사람들로 북적일 텐데, 북한이 지척이고 강화도에서 배를 타고 한 시간 넘게 들어가야 하는 볼음도는 여름에도 비교적 한가롭다. 볼음도의 매력은 여기에 있다. 뭍에서 멀리 떨어져 찾아가기 힘든 덕분에 외지인과 자동차가 적어 조용하고, 자연환경도 잘 보존되어 있기 때문이다.
볼음도라는 독특한 이름은 이웃 주문도와 마찬가지로 임경업1594~1646 장군과 관계가 있다고 한다. 장군이 풍랑을 피해 이 섬에 잠시 들렀을 때 보름달을 보았다고 해서 '보름도'라고 불렀다가 나중에 '볼음도乶音島'가 되었다는 설이 있다. 임경업 장군은 불과 4백 년 전 사람인데 정확한 기록이 남아있지 않아 이처럼 진위를 확인할 수 없는 전설로만 남은 것이 안타깝다.

8백 살 은행나무가 있는 곳

볼음도에는 유명한 은행나무 한 그루가 있다. 8백 년 전, 그러니까 고려 중엽, 무신武臣들이 정권을 장악하고 있었고 몽고군의 침략을 앞둔 국난의 시기부터 이성계의 조선 건국, 임진왜란, 을사늑약과 한국전쟁 같은 역사의 소용돌이 속에서 선

◀ 800년을 산 은행나무의 굵은 가지 사이에는 어떤 영기가 서린 것만 같다. 오른쪽 둑 너머로 북한 땅이 아스라하다.

인파와 공해로부터 철저하게 자유로운 볼음저수지는 천혜의 철새도래지다.

조들과 같은 하늘 아래 살던 나무다. 그리고 지금은 21세기 인간들과도 같은 대기를 호흡하고 있다.

국내에서 가장 나이 많은 나무는 천백 살을 헤아리는 양평 용문사의 은행나무가 꼽힌다. 전국에는 천 년을 넘게 산 은행나무가 많이 있는 것으로 알려져 있다. 총 378건의 천연기념물 중 은행나무가 22그루나 되고 대부분 수령이 천 살 내외다. 백 년을 살기 어려운 인간에게 역사의 풍파를 느긋하게 바라보며 아주 조금씩, 천천히, 인간보다 열 배는 늦게 늙어가는 8백 살 은행나무는 시간개념을 재해석하게 해주는 경이驚異다.

사람의 시간, 은행나무의 시간

볼음도는 작은 섬 치고는 들판이 넓어 들길이 아름답고, 북쪽 해안에 조성된 저수지는 천연기념물인 저어새를 비롯해 20여 종의 철새가 몰려들어 장관을 이룬다. 8백 살 은행나무는 바로 이 저수지 서쪽 끝에 우뚝 서 있다. 황해도 연안군의 북한 땅은 여기서 겨우 5킬로미터. 분단시대는 50여 년. 8백 살 나무의 일생을 놓고 본

하양게 부서지는 파도 너머로 북녘 땅이 흐릿하다.

다면 고작 10퍼센트에도 못 미치는 시간이다. 실향민들은 끝내 고향에 가지 못하고 세상을 등지는데, 나무는 분단을 지켜보았듯이 통일도 묵묵히 지켜볼 것이다. 가슴에 품은 소원을 이루기에는 사람의 시간이 너무 짧은 것일까, 은행나무의 시간이 부럽다. 언젠가 통일이 될 즈음에도 나무는 지금처럼 싱싱하겠지.

이곳은 꼭 | **서도면 은행나무**

섬 북서쪽에 솟은 요옥산 끝자락 바닷가에 서 있다. 정확한 수령은 알 수 없으나 전설에 따르면 8백여 년 전 큰 수해에 떠내려 온 나무를 심은 것이라고 한다. 높이 24.5m, 밑동 둘레 9.8m, 가슴높이 둘레 9m의 크기로 볼 때도 천 년 가까이 된 것으로 추정된다. 한국전쟁 전까지 매년 1월30일 나무 앞에서 풍어제를 지냈다고 한다. 나무에 해를 입히거나 부러진 가지를 태우기만 해도 재앙을 받는다고 전한다. 인적 없는 바닷가 들판에 선 노거수(路巨樹)의 위용이 대단하다.

자전거길

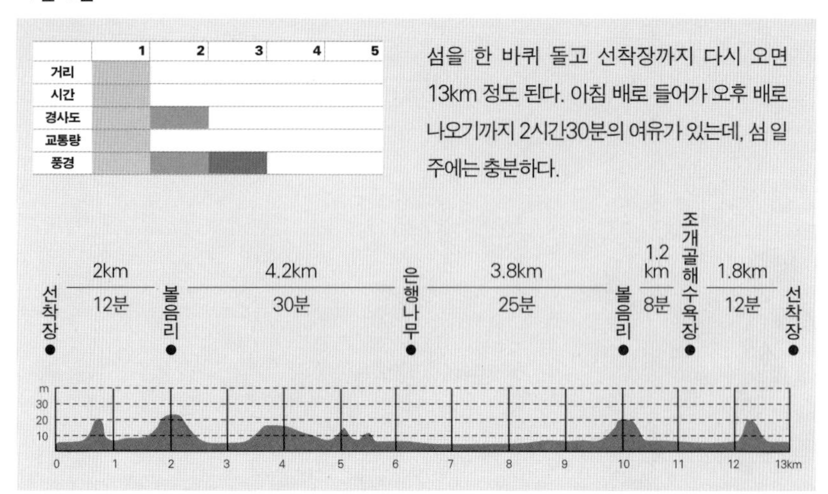

섬을 한 바퀴 돌고 선착장까지 다시 오면 13km 정도 된다. 아침 배로 들어가 오후 배로 나오기까지 2시간30분의 여유가 있는데, 섬 일주에는 충분하다.

① 강화도 외포리를 떠난 배는 주문도와 아차도를 거쳐 마지막으로 볼음도에 도착한다. 선착장은 섬의 남동쪽 끝, 집 한 채 보이지 않는 외진 바닷가에 있다. 선착장에 내리면 길은 외줄기다. 높이 80m 내외의 낮은 산들이 듬성듬성 구릉을 이루고, 틈틈이 꽤 넓은 들판이 펼쳐져 있다.

② 섬의 중심지인 볼음1리에는 서도면 볼음출장소와 볼음분교, 농협지소 등이 모여 있지만 비수기에는 식당을 찾을 수 없다(가게는 있음). 방풍림과 백사장이 어우러진 영뜰 해변을 잠시 둘러보고, 소담한 볼음분교를 지나 산모롱이를 몇 개 돌아가면 섬에서 가장 높은 요옥산(103m)이 저쪽으로 솟아 있다.

③ 요옥산에서 오른쪽(북쪽)으로 흘러내린 산자락 끝에 영기를 내뿜는 은행나무가 턱 하니 자리하고 있다. 선착장에서 6km 거리.

④ 요옥산 쪽은 군부대가 자리해 더 이상 갈 수 없다. 왔던 길로 되돌아가지 말고 은행나무에서 저수지 옆 농로를 따라가면 갈대가 손짓하는 단아한 들길이 꾸준히 이어진다. 들길은 볼음2리에서 도로와 합류한다.

⑤ 앞서 내린 선착장 쪽으로 조금 더 가면 오른쪽으로 조개골해수욕장 가는 길이 나온다. 특별한 시설 없이 자연 그대로인 조개골해수욕장은 도열한 방풍림이 특이하고, 주위는 적막하며 물은 맑다. 앞 바다에는 섬 하나 보이지 않는다.

찾아가는 길

강화도 외포리 | 주문도와 아차도, 볼음도를 차례로 도는 연락선은 강화도 서쪽의 내가면 외포리에서 매일 아침 9시30분, 오후 3시 두 번 출항한다(계절마다 시간 바뀜). 볼음도에서 나오는 시간은 오전 7시 40분, 오후 1시10분. 강화도에서 1시간10분 소요. 외포리는 강화대교-강화읍-안양대학교를 거쳐 들어가거나, 초지대교-길상면 온수리-양도면 능내리로 가도 된다. 외포리는 많은 사람들이 찾는 석모도 행 배도 뜨는 곳이어서 표지판이 잘 갖추어져 있다. 볼음도 행 배는 외포리 안쪽에 있는 옛날 석모도 행 선착장에서 출발한다. 자전거는 자동차로 분류되어 7000원을 내면 사람은 요금을 내지 않아도 된다(승객요금은 5300원). 삼부해운 032-932-6619

체크 포인트

주차 | 강화도 외포리 선착장 맞은편 공중화장실 옆에 무료 주차공간이 있다.

물과 음식 | 학교 근처의 마을(볼음1리)에 가게와 식당이 있으나 비수기에는 식당 영업을 잘 하지 않으므로 행동식을 준비하거나 가게에서 컵라면 등으로 해결해야 한다.

숙박 | 민박이 몇 곳 있으나 겨울에는 손님을 잘 받지 않는다. 서도면 볼음출장소(032-932-3614)에 문의하면 된다.

휴식 | 은행나무 근처, 영뜰해수욕장, 조개골해수욕장이 좋다.

주의 | 당일 일정이라면 아침에 들어가 오후에 나오기까지 시간여유가 2시간30분뿐이다. 느긋하게 섬을 만나고 싶다면 1박을 권한다.

47 옹진 대이작도

'경기만의 다도해' 최고 전망대

덕적군도에 속한 대이작도는 이름에서 추측할 수 있듯 소이작도와 쌍을 이룬 작은 섬이다. 많은 섬들이 모인 군도의 한가운데 자리해 조망이 탁 트인 부아산170m 전망대에 오르면 남해의 다도해 못지않은 섬들의 군무를 볼 수 있다. 특이한 이름 유래는 분명치 않으나 해적이 숨어살아 이적도로 불렀다가 이작도伊作島로 변했다고 한다. 해송과 맑은 바닷물이 어울린 해변이 산뜻하고, 1960년대의 추억 어린 영화 〈섬마을 선생〉의 무대가 된 마을이 애틋함을 더한다.

덕적 군도의 다도해 풍경

섬이 많은 바다, 다도해多島海는 전남과 경남에 걸친 남서해안 일대가 세계적으로 알려져 있다. 하지만 이들 지역에 가보면 해안선이 들쑥날쑥 복잡하고 섬과 반도가 뒤섞여 있으며, 섬들도 상당히 커서 다도해를 실감하기 어렵다. 해안에서 바라보면 큼직한 섬들로 수평선이 막혀 갇힌 바다, 혹은 거대한 호수로 보이기도 한다. 높은 산에 오르거나 비행기에서 내려다봐야 그제야 수많은 섬들이 밀집해 있는 다도해가 파악된다.

경기만灣에도 상당한 다도해가 펼쳐져 있다. 덕적도를 중심으로 한 덕적군도에는 옹진군 덕적면과 자월면에 포함된 55개의 섬이 모여 있어 상당한 다도해를 이룬다. 육지에서 30~40킬로미터 떨어져 있어 뭍 해안에서는 잘 보이지 않지만 가까이 접근하면 각기 개성이 다른 많은 섬들이 새파란 바다 위에 점점이 박힌 장관을 볼 수 있다. 덕적군도의 다도해 풍경은 군도 내의 웬만한 산에만 올라도 볼 수 있으나 군도의 중간에 자리한 대이작도에서 보는 조망이 압권이다. 대이작도의 부아산 전망대에서 보는 조망은 전남 해안의 최고 다도해 못지않다.

당돌한 봉우리 사이에는 금모래 백사장

자월면에 속한 이작도는 소이작도와 반갑게 만난 두 마리 물고기처럼 마주보고

◀ 누구의 발길도 닿지 않은 것만 같은 계남 해변의 청정 모래밭. 너무 깨끗해서 발자국을 남기기가 조심스러워진다.

부아산 정상 직전에 걸려 있는 구름다리. 정상에서는 서해안 다도해의 장관이 일망무제로 펼쳐진다.

있고, 승봉도는 바로 곁에 자리한다. 세 섬은 크기가 고만고만한데 길이 4킬로미터, 폭 1킬로미터 내외인 대이작도가 가장 넓다.

대이작도는 작은 섬이지만 정갈하고 이국적인 해변이 매혹적이다. 이 작은 섬에 큰풀안, 작은풀안, 계남, 목장불 등 네 개의 해변이 줄지어 있다. 큰풀안은 1.3킬로미터 길이의 상당히 큰 해변이고, 나머지는 3백 미터 내외의 소규모 해변이다. 하지만 하얀 금모래와 맑은 물, 극히 완만한 경사도가 아열대의 화산섬처럼 아름답다. 산들은 높지 않으나 기세는 헌걸차다. 큰풀안에서 1킬로미터 떨어진 바다에는 길이 3킬로미터, 폭 2백 미터 규모의 긴 모래톱인 '풀등'이 신비롭다. 밀물 때는 사라졌다가 썰물 때만 모습을 드러내는 모래톱은 작은 파도에도 휩쓸릴 듯 위태로우면서 열대풍의 로맨틱한 분위기를 풍긴다. 성수기 때 큰풀안이나 작은풀안에서 배가 운행하며, 하루 3시간만 머물 수 있다.

섬마을 선생님

섬 동남단의 계남마을에 남아 있는 '계남분교' 터는 1960년대 중반 이미자의 히

영화 〈섬마을 선생〉의 무대가 되었던 계남분교는 폐허로 버려져 잡초에 파묻히고 있다.

트곡 '섬마을 선생님'을 영화화한 〈섬마을 선생1967년 작. 감독 김기덕〉의 무대가 된 곳이다. 월남전에서 돌아온 주인공이 낙도로 들어가 주민들을 계몽하고, 섬 처녀와 마을 총각 사이에서 삼각관계를 이루다가 결국은 섬을 떠난다는 이야기다. 그때 배를 타고 떠나는 선생님을 애처롭게 바라보며 섬 처녀가 기대섰던 나무가 계남 해변에 아직 남아 있다. 오래된 흑백영화의 한 장면을 기억하는 사람이라면 나무 한 그루가 주는 반가움이 남다를지도 모르겠다.

이곳은 꼭 | **부아산 전망대**

해발 170m의 부아산 정상 일대가 전망대로 꾸며져 있다. 전망 데크와 두 개의 팔각정, 길이 68m, 높이 7m의 구름다리와 체육공원이 조성되어 있으며, 대이작도 전체는 물론 덕적군도의 장관을 시원하게 볼 수 있다. 비포장이지만 넓은 임도가 나 있어 어렵지 않게 갈 수 있다.

자전거길

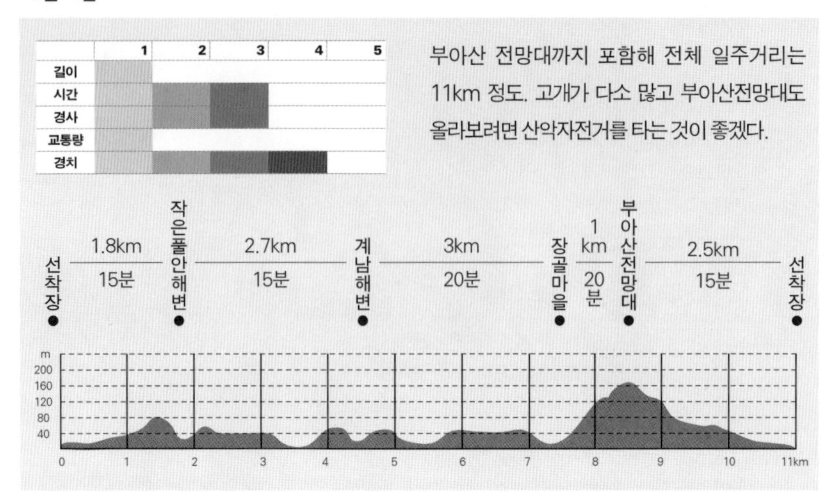

① 작은 섬이어서 길만 따라 다니면 금방 섬 일주가 끝나버린다. 부아산전망대와 해변들의 비경을 하나하나 만끽해 보자. 아침배로 들어갔다가 당일 오후배로 나온다고 해도 여유를 부릴 만하다. 배는 소이작도를 마주보는 큰마을 선착장으로 도착하지만, 소이작도는 해안이 대부분 절벽으로 이뤄져 백사장이 적고 길이 험해 여정은 대이작도만을 대상으로 한다.
② 선착장에서 500m 가량 돌아나오면 오목한 만에 자리한 큰마을에 닿는다. 학교와 가게, 민박 등이 모여 있는 섬의 중심지다. 대이작도 인구는 150명 남짓인데, 이곳 큰마을과 장골마을, 계남마을 세 곳 외에는 사람이 거의 살지 않는다.
③ 큰마을을 지나 고개에 올라서면 부아산 전망대로 가는 비포장길이 갈라진다. 전망대는 돌아올 때 들르기로 하고, 그대로 장골마을로 직진한다. 내리막 도중에 아들을 낳는 데 효험이 있다는 삼신할미약수터가 왼쪽 골짜기에 숨어 있다.
④ 내리막 끝이 장골마을인데 길은 네 갈래다. 왼쪽은 장골아래 마을, 오른쪽은 작은풀안과 큰풀안 해수욕장, 직진은 섬의 동쪽 끝인 계남 방면이다. 작은풀안만 들렀다 계남 방면으로 직진한다. 장골에서는 큰풀안까지 500m 가량 산길을 가야 하므로, 조금 있다 목장불 해변과 마주한 좁은 지협(地峽)에서 큰풀안으로 진입하는 것이 편하다.
⑤ 숲 사이로 큰풀안 해변이 보이는 산길을 1.5km 가량 가면 좌우로 바다가 보이는 지협에 도착한다. 왼쪽은 목장불, 오른쪽은 큰풀안 해수욕장이다. 두 해변을 둘러 본 후 마지막으로 작은 고개를 넘어서면 승봉도가 저쪽으로 보이는 계남마을이 아늑하다. 마을 남쪽으로는 뽀얀 계남 해변이 수줍게 숨어 있다.
⑥ 마을 끝단, 선착장 가는 길목에 '섬마을 선생'의 무대였던 계남분교가 폐허가 된 채 남아있다(큰마을 선착장에서 4.5km). 돌아오는 길에 부아산 전망대에 올랐다가 부아산 순환임도(2km)를 타고 큰마을로 내려오면 된다.

찾아가는 길

인천연안여객터미널과 안산시의 시화방조제 끝단(대부도 북쪽 끝)인 방아머리선착장 두 군데서 배가 출발한다.

인천연안여객터미널 | 인천방면 경인고속도로 또는 제2경인고속도로를 타고 도로 끝까지 가면 인천항 부근에 닿는다. 여기서 연안여객터미널까지는 3~4km 정도이며, 안내표지판을 잘 보고 따라간다. 계절별로 하루 1~2회 쾌속선이 운항한다(자월도, 승봉도 경유). 1시간 소요. 왕복요금 3만2000원 선. 우리고속훼리 032-887-2891~5 www.urief.co.kr

방아머리선착장 | 영동고속도로 월곶 나들목에서 나와 좌회전, 77번 국도를 따라 7km 직진하면 시화방조제가 시작된다. 시화방조제를 건너자마자 우회전하면 선착장이고 무료로 주차할 수 있다. 자동차를 실을 수 있는 카페리가 오전 9시30분과 오후 2시에 운항한다(평일은 1회만 운항. 자월도, 승봉도 경유). 대이작도 출발시간은 오전 10시20분, 오후 3시30분. 1시간10분 소요. 편도요금 8000원(자전거 요금 6000원 별도). 대부해운 032-886-7813~4

체크 포인트

주차 | 인천연안여객터미널(1일 4000~5000원), 방아머리선착장(무료)에 주차장이 있다.

물과 음식 | 이작분교 뒤쪽에 가게가 있다. 선착장에 식당이 하나 있으나 매일 열지는 않으므로 민박에서 해결하거나 미리 준비해야 한다.

숙박 | 이작분교가 있는 큰마을에 민박집이 여러 곳 있다. 노부부가 운영하는 강변민박(032-832-8140)에서는 식사도 할 수 있다.

휴식 | 부아산전망대와 해수욕장(큰풀안, 작은풀안, 계남해변)은 훌륭한 쉼터다.

주의 | 당일 여정인 경우 배 시간을 잘 확인하고 움직인다. 배 시간은 계절에 따라 수시로 바뀐다.

48 옹진 덕적도

섬이 된 산, 산이 된 섬

덕적도는 뭍에서 멀리 떨어진 서해상의 덕적군도 중에서 가장 큰 섬이다. 크다고 해봐야 길이 8킬로미터, 폭 4킬로미터 정도이고 일주코스도 24킬로미터에 지나지 않는 작은 섬이다. 하지만 섬에는 평지를 찾기 힘들 만큼 산이 많아서 섬을 둘러보려면 많은 고개를 넘어야 한다. 그래서 덕적도는 물리적 크기보다 체감 크기가 더 큰 곳이다.
섬에는 몇 개의 해변이 있지만 서포리 해수욕장 외에는 그리 인상적이지 않고 오히려 바다와 거칠게 만나는 산악지형이 강렬한 잔영을 남긴다.

뭍으로 가까워지는 섬

전국에 4천 개가 넘는 섬이 있지만 사방이 망망대해로 느껴지는 섬은 제주도, 울릉도, 소흑산도, 홍도, 독도 정도로 다섯 손가락으로 꼽을 정도다. 육지에 가까운 곳에 오밀조밀 섬들이 모여 있는 까닭이다.
인천에서 남서쪽으로 46킬로미터 떨어진 덕적도 역시 얼마 전까지만 해도 뭍에서 매우 멀게 느껴지는 섬이었다. 그러다가 인근의 영흥도에 연륙교가 놓여 육지로 편입되고 인천에서 50분 만에 도착하는 쾌속선이 다니게 되면서 생활의 거리가 한결 가까워졌다.
19세기만 하더라도 김삿갓이 8도를 걸어서 방랑하는 데 평생이 걸렸고, 과거길을 서둘러도 부산에서 서울까지 보름이 걸렸다. 하지만 지금, 비행기는 잠깐 졸 틈도 제대로 주지 않고 서울에서 부산 간을 50분에 날고, 고속철도는 2시간40분에 주파해 버린다.
섬도 마찬가지다. 배가 아니면 닿을 길이 없던 섬에도 다리가 놓이고, 배편도 훨씬 빨라지는 요즈음이다. 그래서일까, 웬만한 날씨에도 육지가 보이는 서해의 섬에 가보면 바다가 이렇게 좁은가 하는 생각이 들기도 한다.

◀ 온통 산으로 가득한 섬에는 고개도 지천이다. 북1리에서 벗개로 가는 지그재그 고개길을 힘겹게 오른다.

짙은 소나무 숲에 둘러싸여 신비로운 분위기가 감도는 서포리해수욕장.

이 섬은 8할이 산이라오

덕적도德積島라는 이름은 '깊은 바다에 있는 섬'이란 우리말에서 유래했다고 한다. 실제로 덕적도는 서해의 섬답지 않게 갯벌이 거의 없고 바다는 깊으며 파도는 높다. 덕적도는 일대의 섬무리를 일컫는 '덕적 군도群島' 중에서 가장 큰 섬인데, 면적이 20.9제곱킬로미터 정도로 대도시의 구區 비슷한 크기다. 섬 전체는 산으로 가득 찬 듯 서쪽의 국수봉314m에서 동쪽의 비조봉292m까지 온통 가파른 산세를 이룬다. 북서쪽의 능동 자갈마당 근처와 서포2리의 간척지 외에는 농지가 거의 없다. 특산물도 바지락, 굴, 김 같은 수산물 외에 흑염소, 산더덕, 칡엿 등 산악지대 산물이 많이 난다.

해안의 경사가 급해서 해안 일주도로는 엄두도 못 내고 길은 대부분 내륙으로 돌아간다. 산의 높이는 3백 미터를 갓 넘지만 작은 섬에서 이 정도 높이는 산체가 섬 전체를 팽팽하게 채워야 솟을 수 있다. 당연히 높고 험한 고개도 많아서 섬 일주를 시작하기 전에 다소 고행을 각오해야 한다. 가파른 고개를 넘으려면 반드시 산악자전거를 이용해야 하고, 생각보다 시간이 많이 걸리므로 당일 일정이라면 배 시간에 맞춰 시간 안배를 잘해야 한다.

힘든 만큼 편한 것이 고갯길이다. 성황당고개를 넘어서면 북1리까지 신나는 내리막이다.

인적 드문 섬 여행

산이 가파르다 보니 해안도 바다와 거칠게 만난다. 절벽지대가 대부분이고 완만한 해변은 서포리와 능동 자갈마당, 밧지름 등 몇 곳 되지 않는다. 훨씬 작은 자월도에 17개의 해변이 있는 것과 크게 대비된다. 농경지와 포구가 적으니 인구도 9백 명 정도로 인구밀도가 전국평균의 십분의 일에 불과해 섬 안에서 사람 보기가 힘들다. 그래서 비수기에는 선착장 근처가 아니면 식당과 가게도 문을 열지 않는다. 식당도, 가게도 없는 섬이라면 당연히 여행하는 데 불편함이 따를 것이다. 대신, 고적한 섬 여행을 원한다면 여기가 제격이다.

이곳은 꼭 | **서포리해수욕장**

섬의 서남쪽 아늑한 만(灣) 안쪽에 자리한 아름다운 해변이다. 길이 1km, 폭 100m 내외의 넓은 백사장과 갯벌이 거의 드러나지 않는 새파란 바다는 남해나 동해를 닮았다. 백사장 뒤쪽에 자란 울창한 송림과 송림 사이에 가설된 소나무 산책로는 공연한 호기심을 자극한다.

자전거길

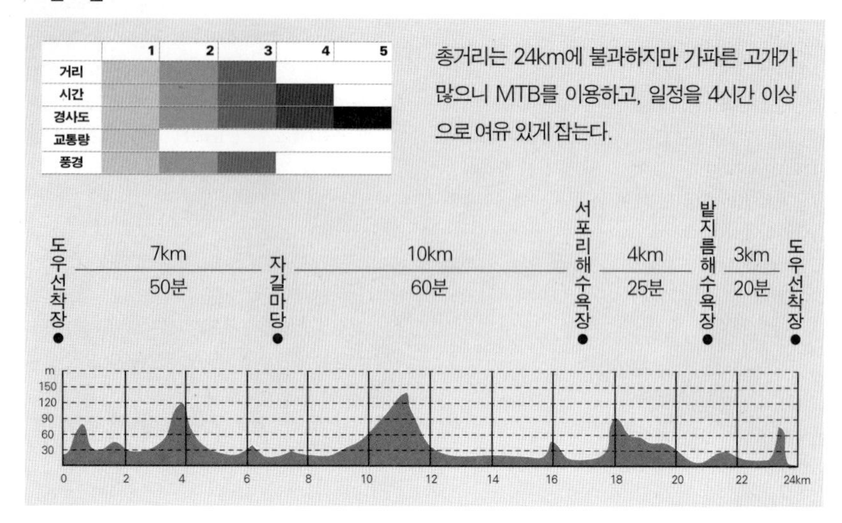

① 도우 선착장에서 나가면 바로 가파른 고갯길이다. 고개를 넘으면 섬의 중심지인 진리인데, 면사무소 앞 삼거리에서 우회전해서 섬의 동북쪽으로 향한다. 바다는 보이지 않고 온통 산길이다.

② 작은 고개를 넘으면 진2리 마을이 마치 깊은 산골처럼 앉아 있고, 마을을 지나면 높이 120m나 되는 성황당 고개가 앞을 가로막는다. 힘겹게 고개를 넘어서면 마침내 북1리의 작은 해변과 포구가 펼쳐진다. 가게와 식당이 있어 잠시 쉬어가기에 좋다.

③ 북1리에서 해변을 따라 직진하면 섬의 서북단인 능동 자갈마당이다(선착장에서 7km). 해안절벽 사이에 펼쳐진 250m 정도의 자갈 해변은 숨은 비경이다. 맞은편으로는 국내에서 가장 높은 지대(해발 200m)에 자리한 유인등대가 있는 선미도가 가깝다. 능동자갈마당에서 가까운 국수봉(314m) 일대는 군부대가 있어 출입금지다.

④ 북1리로 돌아나와 가게 옆으로 우회전하면 곧 가파른 고갯길이 시작된다. 고갯마루는 140m나 되고 길은 지그재그를 그리며 숨차게 올라간다. 고개를 넘어서면 저만치 넓은 들판이 펼쳐져 있고 영롱하게 햇살을 반사하는 바다가 아득하다.

⑤ 서포2리 저수지와 벗개방조제를 거쳐 고개를 넘어서면 섬 내 최고의 비경으로 꼽히는 서포리해수욕장이 반긴다(선착장에서 17km). 해변에는 고운 모래가 빛나고 뒤쪽에는 울창한 송림이 운치를 더한다.

⑥ 서포리해수욕장을 지나면 길은 다시 고개를 넘어 해안절벽을 오르락내리락 하다가 비조봉(292m) 아래 밧지름해수욕장으로 내려선다. 수백 년 된 적송 600그루와 해당화가 피는, 600m 길이의 단아한 해변이다.

⑦ 밧지름을 지나면 또 한 번 고갯길인데 이곳을 넘으면 섬의 중심지인 진리로 되돌아오게 된다. 면사무소 앞에도 길이 700m의 해변이 펼쳐져 있다. 면사무소 앞 삼거리에서 우회전해서 고개를 넘으면 배가 닿는 도우 선착장이다.

찾아가는 길

인천연안여객터미널과 안산시의 시화방조제 끝단(대부도 북쪽 끝)인 방아머리선착장 두 군데서 배가 출발한다.

인천연안여객터미널 | 인천방면 경인고속도로 또는 제2경인고속도로를 타고 도로 끝까지 가면 인천항 부근에 닿는다. 여기서 연안여객터미널까지는 3~4km 정도이며, 안내표지판을 잘 보고 따라간다. 계절에 따라 하루 2~4회 쾌속선이 운항한다. 50분 소요. 왕복요금 3만5000원 선. 덕적면사무소 032-831-7701~2

방아머리선착장 | 영동고속도로 월곶 나들목에서 나와 좌회전, 77번 국도를 따라 7km 직진하면 시화방조제가 시작된다. 시화방조제를 건너자마자 우회전하면 선착장이고 무료로 주차할 수 있다. 자동차를 실을 수 있는 카페리가 오전 9시30분 1회 운항한다. 1시간40분 소요. 편도요금 7500원(자전거 요금 8000원 별도). 대부해운 032-886-7813~4

체크 포인트

주차 | 인천연안여객터미널(1일 4000~5000원), 방아머리선착장(무료)에 주차장이 있다.

물과 음식 | 선착장과 서포리해수욕장에 가게와 식당이 있지만 서포리해수욕장은 비수기에는 문을 잘 열지 않는다.

숙박 | 서포리해수욕장에 민박이 밀집해 있다. 덕적면사무소(032-832-2462)에 민박 문의 가능.

휴식 | 작은 쑥개마을의 바닷가 가게, 능동 자갈마당, 서포리해수욕장, 밭지름해수욕장이 쉬어가기 좋다.

주의 | 가파른 고개가 많아 산악자전거를 타야 편하다. 선박 요금이 꽤 비싸서 당일 여정으로는 아쉽다. 1박2일 일정으로 자전거도 타고 국수봉에서 비조봉까지 등산을 하는 것이 좋다.

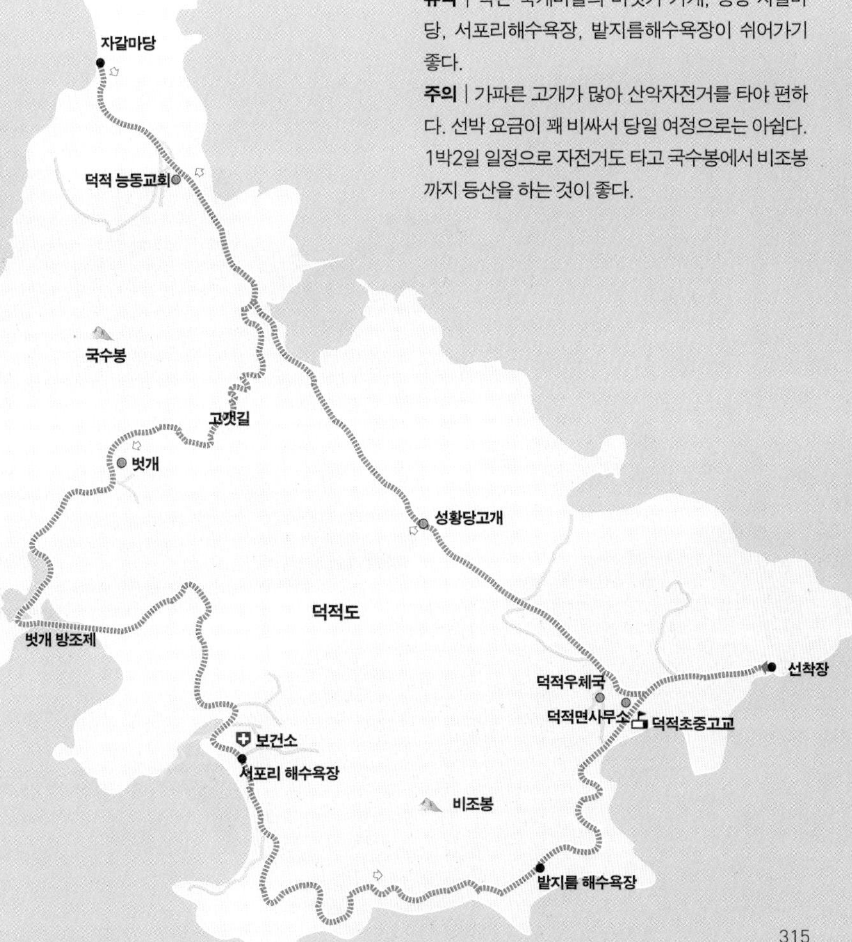

49 옹진 승봉도

남쪽은 아늑한 백사장, 북쪽은 기암괴석 해변

인천에서 남서쪽으로 42킬로미터 떨어진 승봉도昇鳳島는 길이 3.5킬로미터, 폭 1킬로미터의 작은 섬이다. 자월도나 대이작도보다 작은 승봉도에 사람들이 매혹되는 이유는 뭘까. 산이 많은 우리나라는 섬조차 온통 산으로 꽉 차 있기 일쑤지만 승봉도는 언덕 정도의 구릉지가 뼈대를 이룬다. 완만한 해변이 있는가 하면, 파도에 부서진 바위가 거칠게 뒹구는 해안도 많아 단순해 보이면서도 천변만화의 얼굴을 감추고 있다. 섬마을은 쾌적하고 예쁜 집들이 즐비하니 다들 폐교를 걱정할 때 승봉분교는 승승장구 한다.

낙도가 되어가는 섬들

한때 뭍에서 멀리 떨어진 섬은 모두 '낙도落島'였다. 고립되고 낙후된 섬이란 뜻인데, 국민소득이 2만 달러를 넘어서 선진국 문턱에 들어서도 육지에서 먼 섬들은 여전히 낙도다. 섬 여행을 가면 가장 안타까운 것이 바로 이런 '낙후성'이다. 젊은이가 남지 않은 섬에 초등학교가 남아 있을 수 없고, 노인들만 있으니 마을에는 활기가 넘칠 리 없다. 조선시대에는 왜구 때문에 일부러 섬을 비우기도 했지만공도정책 空島政策, 지금은 사람들이 자발적으로 섬을 떠나고 있다. 섬에는 육지의 농촌보다 노인들이 훨씬 더 많아서 60대 초반이면 가장 젊은 축에 드는 곳도 많다. 교통이 불편하니 육지의 최신 문화도 뒤늦게 전해지는데다가 남은 노인들마저 하나 둘 세상을 떠나면 집은 폐가가 되고 섬 분위기는 더욱 낙후된다. 낙도에 가면 시간을 되돌려 마치 옛날로 돌아간 것 같은 느낌이 드는 것은 당연한 귀결인지도 모른다.

섬으로 사람들이 돌아온다

그러나 수많은 섬이 낙도로 남는 동안 일취월장하는 곳도 있다. 대도시가 가깝거나 관광지로 명성을 얻은 경우다. 승봉도 역시 그런 섬들 중 하나다. 규모는 작지

◀ 남대문바위 쪽에서 승봉리로 넘어가는 고갯길이 아름답게 구비친다.

절경의 이일레해수욕장. 자전거를 탈 수 있을 정도로 백사장이 단단하다.

만 꽉 찬 볼거리로 유명해지면서 대규모 휴양시설이 들어섰고 초등학교가 번창하고 세련된 집들이 들어서고 있다. 그리고 도시로 떠났던 주민들도 다시 돌아오고 있다.

승봉도는 작은 크기에도 불구하고 덕적군도 전체에서 가장 유명한 섬이다. 마을은 사실상 승봉리 하나뿐이고 인구는 2백 명 남짓한데도 초등학교 분교가 유지되는 것은 그만큼 젊은 사람들이 많다는 뜻이다. 여름 성수기 외에는 관광객이 별로 찾지 않는 작은 섬에 150실 규모의 대규모 콘도가 있는 것도 다른 섬들과 비교해볼 때 대단히 이례적이다.

대규모 콘도가 있는 유일한 낙도

승봉도의 인기 요인은 여러 가지다. 다른 섬은 크기에 비해 높은 산이 솟아 거칠게 느껴지지만 승봉도는 가장 높은 지점이 93미터 밖에 되지 않아 전체적으로 언덕처럼 푸근한 느낌이다. 그래서 누구나 편안하게 다가서고 싶은 첫인상을 준다. 해변과 기암절벽이 골고루 섞여 있는 해안도 다채롭다. 길이가 1킬로미터에 이

승봉도의 중심지 승봉리 마을은 다른 섬과 달리 매우 깨끗하고 집들도 세련되었다.

르는 이일레 해수욕장을 비롯해 자그마한 해변이 아홉 개나 형성되어 있다. 남쪽의 이일레 해변은 완만한 백사장이 온화하게 펼쳐진 반면, 북쪽과 동쪽은 자갈밭 혹은 파도에 깎인 기암들이 절경을 이룬다. 자전거를 타거나 무작정 걷고 싶은 길들이 섬 전체에 구비치고 있는 점도 이 섬의 인기 비결이다.

이곳은 꼭 | **사승봉도**

승봉도에서 2km 정도 떨어져 있는 매우 아름다운 무인도다. 대이작도에서 가깝지만 승봉리에 포함되어 있어 여름 성수기에 승봉도선착장에서 배가 운항한다(다른 때는 따로 배를 빌려 타야 한다). 길이 1km 정도, 최고지점 73m의 작은 섬이지만 썰물 때는 1km가 넘는 거대한 백사장이 드러나 환상적인 경치를 연출한다. 무인도에 표착하는 영화를 찍는다면 이곳만한 적지도 드물 것이다.

자전거길

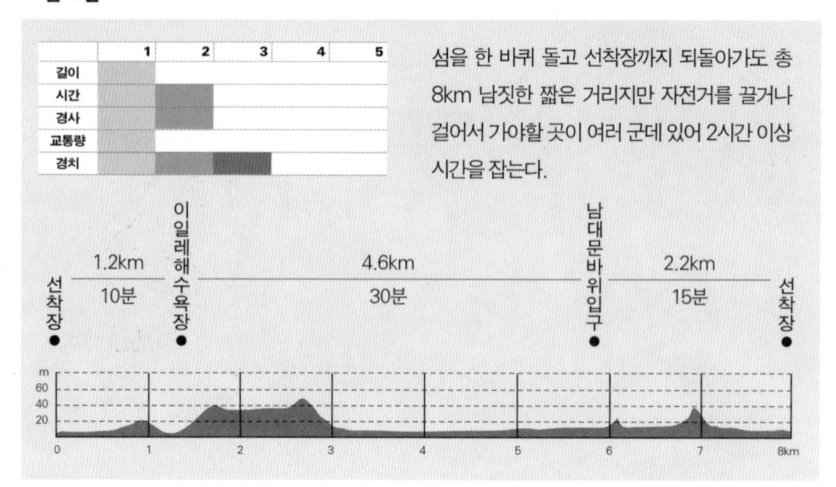

① 승봉도 선착장은 대이작도를 1km 거리로 마주보고 있다. 선착장 왼쪽의 언덕을 올라가면 동양콘도가 있는 막다른 길이다. 선착장에서 오른쪽으로 모퉁이를 돌면 섬 중심지인 승봉리 마을이 나온다. 깔끔하게 정리된 거리와 예쁘게 단장한 집들이 보기 좋다.

② 마을을 지나 작은 고개를 살짝 넘으면 소나무 가로수 사이로 이일레 해수욕장의 해맑은 백사장이 살포시 드러난다. 백사장이 매우 단단해서 자전거를 타고 들어갈 수 있다. 썰물 때는 백사장을 따라 해안을 돌다가 도로로 다시 합류해도 된다. 밀물 때는 위험하므로 마을 뒤로 올라가 숲속으로 난 일주도로를 이용한다.

③ 이일레 해수욕장을 지나 숲을 벗어나면 작은 해변과 들판이 마주하고 있다. 오른쪽 해변 끝에는 썰물 때만 해안으로 연결되는 목섬이 가까이 떠 있고, 목섬을 돌아가면 또 다른 백사장이 펼쳐진다.

④ 목섬 반대쪽 해안에 승봉도의 해안절경 중 하나인 촛대바위가 꼿꼿하게 박혀 있다. 촛대바위 근처에는 영화 〈묘도야화〉의 무대가 된 곳이 있는데, 나무가 없는 민둥 언덕은 영화 제목처럼 어딘가 묘한 분위기가 감돈다.

⑤ 길은 작은 능선을 넘어 다시 해변으로 나선다. 이정표와 화장실이 있는 작은 백사장이 길손을 반기면서 쉬어가길 재촉한다. 촛대바위와 더불어 승봉도의 대표적인 절경인 남대문바위는 여기서 해안을 따라 600m 걸어 들어가야 한다. 다시 도로를 따라 남대문바위 해변과 부채바위 해변을 거쳐 예쁜 고갯길을 오르면 앞서 지났던 승봉리 마을이다.

⑥ 순환도로는 대부분 시멘트로 포장되어 미니벨로도 부담 없이 탈 수 있다.

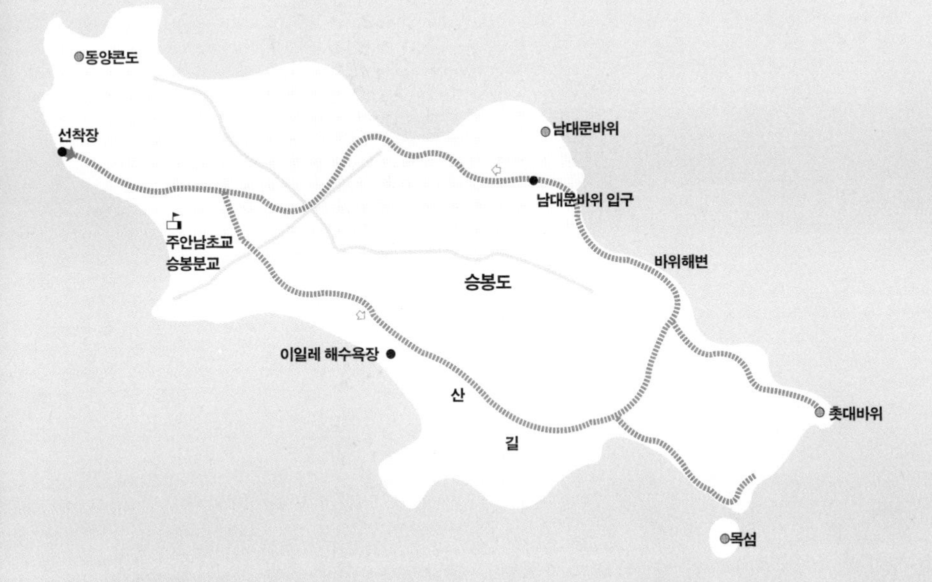

찾아가는 길

인천연안여객터미널과 안산시의 시화방조제 끝단(대부도 북쪽 끝)인 방아머리선착장 두 군데서 배가 출발한다.

인천연안여객터미널 | 인천방면 경인고속도로 또는 제2경인고속도로를 타고 도로 끝까지 가면 인천항 부근에 닿는다. 여기서 연안여객터미널까지는 3~4km 정도이며, 안내표지판을 잘 보고 따라간다. 계절별로 하루 1~2회 쾌속선이 운항한다(자월도 경유). 1시간10분 소요. 왕복요금 3만2000원 선. 우리고속훼리 032-887-2891~5 www.urief.co.kr

방아머리선착장 | 영동고속도로 월곶 나들목에서 나와 좌회전, 77번 국도를 따라 7km 직진하면 시화방조제가 시작된다. 사회방조제를 건너자마자 우회전하면 선착장이고 무료로 주차할 수 있다. 자동차를 실을 수 있는 카페리가 오전 9시30분과 오후 2시에 운항한다(평일은 1회. 자월도 경유). 승봉도 출발시간은 오전 10시50분과 오후 3시50분. 1시간20분 소요. 편도요금 8000원(자전거 요금 6000원 별도). 대부해운 032-886-7813~4

체크 포인트

주차 | 인천연안여객터미널(1일 4000~5000원), 방아머리선착장(무료)에 주차장이 있다.

물과 음식 | 선착장 옆 승봉마을에 가게가 있고 승봉마을 입구에 매일 문을 여는 식당이 있다. 성수기에는 많은 식당들이 문을 연다.

숙박 | 승봉마을에 깨끗한 민박이 많이 있다.

휴식 | 이일레해수욕장, 목섬 근처, 남대문바위 입구에서 쉬어가기 좋다.

주의 | 계절마다 배 시간이 바뀌므로 사전에 확인하고, 나오는 배 시간을 감안해서 움직인다. 섬을 꼼꼼히 보려면 시간여유를 갖는 것이 좋다.

50 옹진 신시도 열도

서울에서 한 시간이면 닿는 작은 열도

인천국제공항이 생기면서부터 주변 섬들의 운명은 급변했다. 먼 낙도였던 용유도는 영종도와 한 섬이 되었고, 두 섬 사이에는 거대한 활주로와 신도시가 생겼으며 서울에서 시내버스가 다닌다. 비밀스런 외딴 섬이었던 실미도는 근교 관광지로 성큼 다가섰다. 이들 섬들은 통행료가 비싼 것이 흠이지만 인천국제공항고속도로를 이용하면 수도권 전역에서 한 시간 내외에 갈 수 있는 거리로 가까워졌다. 인천공항 북쪽에 열도를 이룬 신시도 역시 영종도에서 배를 타고 10분이면 갈 수 있는 근교 섬으로 거듭나 자전거를 반긴다.

섬 여행의 종합선물세트

여러 개의 섬들이 줄지어 있는 지형을 열도列島라고 한다. 네 개의 큰 섬이 남북으로 길게 뻗은 일본열도가 대표적이다. 수도권에서 가장 가까운 열도는 영종도와 강화도 사이에 있는 옹진군 북도면에 있다. 인천광역시에 포함된 옹진군은 전남 신안군과 함께 작은 섬으로만 이뤄진 독특한 지역이다. 서쪽 끝 백령도에서 동쪽 끝 축도까지의 거리가 무려 190킬로미터에 이르러 전국 시군구 중에 최대 영역을 자랑한다. 유인도 26개, 무인도 76개 등 총 백 개의 섬으로 구성된다. 문득 옹진군수로 출마하면 섬마다 다니면서 선거운동하는 것이 보통일이 아니겠다는 생각이 든다.

옹진군의 섬들 중에서도 장봉도, 모도, 시도, 신도는 일직선을 이룬 전형적인 열도인데, 장봉도를 제외한 세 섬은 연도교가 연결되어 사실상 한 섬이 되었다. 그래서 가장 작은 모도를 제외하고 보통 '신시도'라고 부른다. 배를 타는 시간을 포함해도 서울에서 1시간이면 도착하면서도 낙도 분위기 물씬하고 볼거리도 적지 않은 '섬 모둠'이다.

◀ 조각공원이 있는 배미꾸미 해변에서 아이들이 소풍을 즐긴다. 이따금씩 조각의 조형물 끝으로 인천공항에서 이륙한 비행기가 지나간다.

영종도 삼목선착장에서 신도로 가는 배에 오른다. 자동차도 실을 수 있는 카페리다.

인천공항과 신데렐라

인천국제공항이 완공된 이후 신시도에는 도시 사람들이 몰려와 고급 펜션을 지었고, 덩달아 땅값도 크게 올랐다. 신도는 영종도에서 2킬로미터 떨어져 있어 영종도 북단의 삼목선착장에서 배를 타고 10분이면 도착한다. 장기적으로는 영종도에서 신도를 거쳐 강화도까지 이어지는 고속도로가 계획되어 있다니 이곳 열도의 '섬' 운명도 얼마 남지 않은 것 같다. 신시도는 영종도와 용유도에 이어 낙도에서 교통과 관광 중심지로 최단시간에 변신하는 또 하나의 '신데렐라'가 될 모양이다.

선조들의 유쾌한 허풍

신도 중심에는 구봉산180m이 솟아 있는데 산기슭에는 5킬로미터의 일주 임도가 나 있다. 임도에서는 인천국제공항의 활주로가 훤히 보이지만 다소 경사가 있고 노면이 거칠어 MTB 경험이 없다면 무리다.

시도矢島는 이름 그대로 화살 섬이다. 옛날 강화도에서 군사훈련을 할 때 시도를 표적으로 활을 쏘았다고 한다. 강화도에서 쏜 화살이 시도에 꽂혔다는 것인데, 그

시도의 수기해수욕장 옆 언덕에 있는 드라마 '슬픈연가' 세트장. 입장료가 5천원이나 되어 바깥에서만 보고 가는 경우도 많다.

렇다면 활의 사정거리가 5킬로미터나(!) 되었다는 얘기다. 모도로 넘어가는 길목에는 그 전설을 사실로 알려주는 화살 모양의 기념탑까지 서 있다. 조상들의 대단한 허풍과 그 허풍에 살을 붙인 후예들의 유쾌한 합작품이다.

선착장에서 가장 멀고 작은 섬인 모도는 에로틱한 조각공원이 들어선 한적한 해변이 묘한 분위기를 자아내고, 2분에 한 번꼴로 인천공항을 떠나는 비행기가 텅 빈 하늘을 가른다.

이곳은 꼭 | **수기해수욕장**

시도 북단에 있는 해수욕장으로 해안선은 500m 정도다. 드라마 '풀하우스'와 '슬픈연가' 세트장이 해변 좌우에 자리하고 있고(세트장은 각각 입장료 5000원을 내야 들어갈 수 있다) 강화도 마니산이 잘 보인다. 썰물 때는 바위가 많이 드러나 독특한 풍경을 보여준다.

모도 강돌해수욕장

모도 남단에 있으며 백사장 길이는 약 300m다. 인천공항에서 떠오르는 비행기들이 잘 보이고, 수평선 위로 지는 노을이 아름답다. 입구에는 에로틱한 조각공원 겸 펜션이 있다.

자전거길

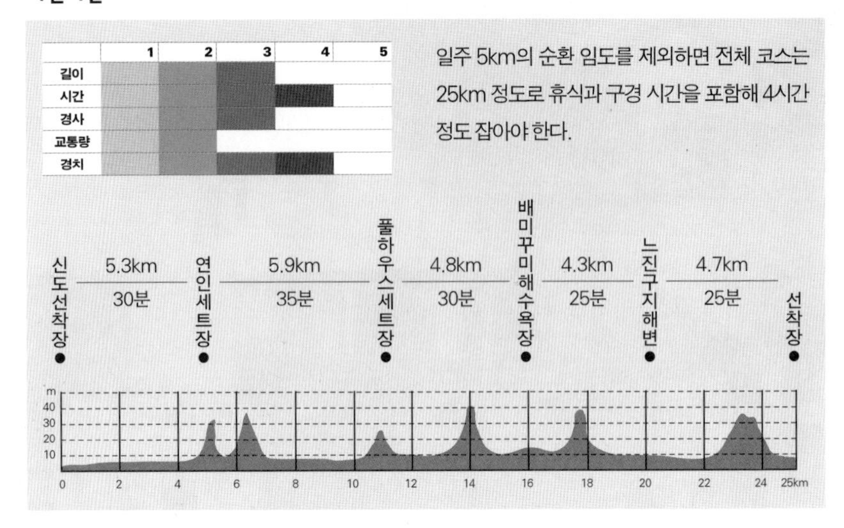

①신도선착장에서 조금 올라가면 제법 큰 마을이 나오고 신도 일주도로와 만난다. 산 중턱의 임도를 탈 것이 아니라면 우회전해서 신도 일주를 시작한다. 코스 전반에 작은 고개가 몇 개 있지만 쉬엄쉬엄 가면 초보자도 충분히 완주할 수 있다.

② 오른쪽은 바다, 왼쪽은 구봉산 자락이 흘러내린다. 구봉산 동쪽 끝에서 길은 북쪽으로 꺾어지는데, 바닷가에는 대하 양식장이, 그 너머의 바닷가 언덕에는 드라마 '연인'의 세트장이 숨어 있다. 강화도가 훤히 보이는 북쪽 해안을 돌아 서쪽으로 나서면 시도와 연결된 다리가 나온다.

③ 다리를 건너면 시도다. 시도 중심부에 자리한 시도리는 북도면 열도 중에서 가장 큰 마을로 면사무소와 우체국, 보건지소 등이 몰려 있다. 마을에서 수기 해수욕장 방면으로 우회전해 1.8km 들어가면 드라마 '풀하우스'의 세트장이 있는 수기 해수욕장이 확 트인다. 해수욕장 동쪽 언덕 위에는 '슬픈연가' 세트장도 있다.

④수기해수욕장은 막다른 길이어서 다시 돌아 나와야 한다. 시도리에서 우회전해 작은 고개를 넘으면 모도로 넘어가는 다리가 보인다. 다리에 이르기 직전, 왼쪽 작은 언덕에 화살 모양의 비석이 서 있다.

⑤ 모도는 아주 작은 섬이다. 다리를 건너 아담한 들길을 1.3km 들어가면 모도의 남단에 자리한 강돌해수욕장(배미꾸미해수욕장)이다. 해수욕장 입구에 조각공원이 있다.

⑥ 모도를 돌아 나와 시도를 거쳐 신도 방향으로 간다. 신도로 넘어가는 다리 직전에서 오른쪽으로 작은 길이 갈라진다. 시도 남쪽에 숨어 있는 느진구지 해변으로 가는 길이다. 주민들만 아는 숨겨진 비경으로, 다리에서 1.1km 들어가야 한다. 인적 없는 200m 남짓한 백사장은 영화 속 무대처럼 무슨 사연이 숨어있을 것만 같다. 막다른 길이므로 되돌아 나와 신도로 건너가서 우회전하면 곧 선착장에 도착한다.

⑦ 구봉산 임도까지 일주하려면 시도에서 신도로 들어선 후 우회전해서 작은 산모롱이를 돌아간다. 구로지 마을 뒤로 임도 진입로가 나 있는데, 이곳은 구봉산 서쪽 진입로이고, 남쪽과 동쪽에도 임도 진입로가 개설되어 있다.

찾아가는 길

영종도 삼목선착장 | 인천국제공항 고속도로를 타고 영종대교를 지나면 곧 공항입구 나들목이다. 여기서 빠져나와 해안도로를 따라 5km 가면 골프연습장 직후에 삼목선착장 입구가 나온다. 버스나 전철을 이용할 경우 공항신도시(운서역)에서 내려 선착장까지 2km 가량 자전거를 타고 가거나 운서역 앞의 롯데마트 건너편에서 710번 버스를 이용한다.

배편 | 삼목선착장(032-884-4155)에서 매시 10분에 자동차를 실을 수 있는 카페리가 출항한다. 10분 소요. 신도 왕복요금 3000원(자전거 별도 요금 없음).

체크 포인트

주차 | 영종도 삼목선착장 입구에 무료 주차장이 마련되어 있다.

물과 음식 | 신도 선착장 근처, 시도의 면사무소 부근에 가게와 식당이 있고 모도 초입에서도 식사를 할 수 있다.

숙박 | 여관은 없으나 경치 좋은 펜션과 민박은 여러 곳 있다.

휴식 | 수기해수욕장과 배미꾸미해수욕장이 쉬어가기 좋다.

주의 | 휴일에는 차량 통행이 적지 않으므로 좁은 길과 커브길에서 과속을 삼간다. 배 시간을 잘 기억하고 운행해야 시간을 허비하지 않으며, 오후 6시30분 신도에서 막배가 떠나므로 놓치지 않게 주의한다.

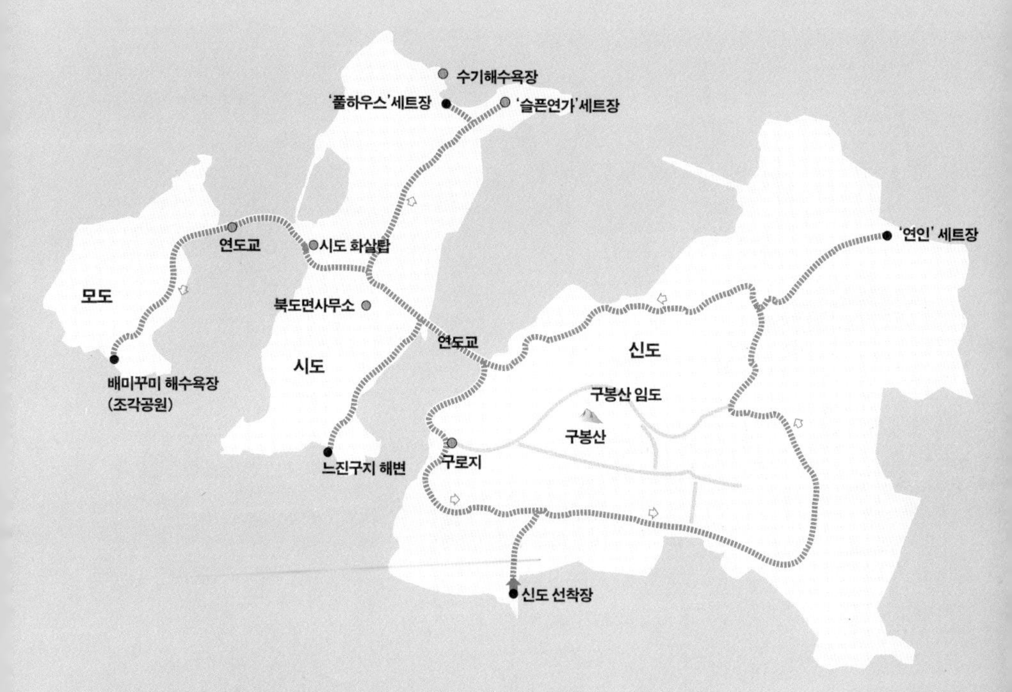

51 옹진 자월도

남태평양 섬을 닮은 비취빛 바다와 금빛 백사장

바닥이 보이는 에메랄드빛 맑은 바다, 환한 햇살, 따뜻한 기후, 새하얀 백사장, 실바람에 흔들리는 야자수……. 영화 속의 섬은 항상 따스한 남국이 배경이다. 서울에서 멀지 않은 서해에 그런 느낌을 주는 독특한 섬이 있으니, 바로 인천 옹진군의 자월도다. 우리나라에, 그것도 수도권에 이런 섬이 있었다는 것이 놀라울 만큼 해맑고 이국적인 해변이 즐비하다. 따스한 남쪽해안은 백사장이, 북쪽에는 그윽한 산길이 길손을 유혹한다.

무인도의 표류를 꿈꾸다

영화나 사진에서 보는 남태평양의 아름다운 섬. 남자들은 이런 섬에 미녀와 단 둘이 표류하는 꿈을 한 번쯤은 꾼다. 이 같은 꿈을 표현한 대표적인 영화가 1980년대 세계적인 아이돌 스타였던 피비 케이츠의 〈파라다이스〉와 브룩 쉴즈의 〈푸른 산호초〉였다. 영화가 현실이 되지는 않더라도 그런 분위기를 맛볼 수 있는 섬이 가까이 있다면 좋으련만 갯벌이 넓어 깔끔한 백사장이 드문 우리의 서해 연안에는 그런 섬이 별로 없다. 그럼에도 불구하고 남태평양의 섬을 꿈꾸는 사람이라면 연안을 조금 벗어나 보자. 연안에서 멀어질수록 물은 맑아지고 색깔도 푸른색을 띠기 시작한다.

섬으로만 이뤄진 옹진군에서 특히 해변이 멋진 곳으로 자월면과 덕적면을 꼽을 수 있다. 자월면은 중심지인 자월도를 비롯해 이작도, 승봉도 같은 작고 예쁜 섬들만 모여 있고, 그중에서도 자월도는 영화 같은 해변이 즐비해서 남자들의 몽상을 조금이나마 현실화시켜 준다. 비록 아름다운 여인과 단 둘뿐인 무인도는 아닐지라도 하루 몇 차례 되지 않는 배편과 뭍에서 한 시간 이상 떨어진 거리감이 묘한 고도孤島의 느낌을 더한다.

◀ 장골해수욕장에서 밀물 때는 섬이 되는 바깥독바위로 걸어 들어간다. 새하얀 백사장과 에메랄드빛 바다는 남태평양의 무인도를 떠올린다.

예쁜 이정표는 섬을 더 예뻐 보이게 한다.

남쪽 해안에 즐비한 백사장

조상들은 집이나 마을 터를 잡을 때 반드시 남쪽을 바라보게 하고 뒤에는 산, 앞에는 물이 있는 배산임수背山臨水의 지형을 택했다. 북위도에 자리한 우리나라는 태양이 남쪽으로 기울어서 뜨고 지고, 겨울에는 차가운 북풍이 불기 때문에 배산임수는 가장 합리적인 입지조건이라고 할 수 있다. 물은 낮은 곳으로 흘러 고이므로, 산이 뒤에 있으면 당연히 앞쪽에 물이 있게 된다.

자월도는 동서로 길고, 가장 높은 국사봉166m 줄기는 북쪽으로 물러나 있어 북쪽 해안은 경사가 급한 대신 남쪽은 완만한 구릉을 이뤄 천혜의 주거지를 빚어낸다. 남향이라 햇살이 밝고 따뜻하며 북풍은 국사봉에 막혀 범접하지 못한다. 그 덕분에 길이 6킬로미터, 면적 7제곱킬로미터의 작은 섬에, 그것도 남쪽 해안에만 무려 열 개나 되는 해변이 줄지어 있다. 그뿐만 아니라 서쪽과 북쪽에도 크고 작은 해변이 일곱 개나 더 있으니 섬 전체가 백사장으로 둘러싸여 있다고 해도 과언이 아니다.

선착장을 돌아나가면 길이 6백 미터 정도의 장골해수욕장이 장쾌하게 펼쳐지고 해변 끝에는 작은 섬바깥독바위이 끊어질 듯 이어져 있는데, 밀물 때는 섬이 되고, 썰

섬의 북사면에 나 있는 국사봉 임도는 산길에서 망망대해를 볼 수 있는, 드문 경험을 선사한다.

물 때는 연결되는, 작은 '모세의 기적'을 볼 수 있는 곳이다. 섬의 남쪽 해변들은 썰물 때도 갯벌이 거의 드러나지 않고 밀물 때는 비취빛을 띠며, 모래가 고운 백사장은 상당히 넓고 수심도 완만하다. 남태평양의 섬을 방불케 하는 자월도는 서해 여러 섬 중에서 단연 매력적이다. 이렇게 말쑥한 해변에 산악자전거를 즐길 수 있는 임도까지 있고, 괜찮은 식당과 숙소도 있으니 '사치스런 표류'를 맛보기에 적격이다.

이곳은 꼭 | **국사봉 순환임도**

이 작은 섬에 나 있는 6km의 산길은 심심산골과 해변을 함께 달리는 듯 이채롭다. 때로는 숲이 우거지고 때로는 조망이 트여 심심할 겨를이 없다. 서쪽 끝에서 중심부인 국사봉을 일주하는데, 국사봉 정상에서는 주변의 섬들과 망망대해를 조망할 수 있다.

자전거길

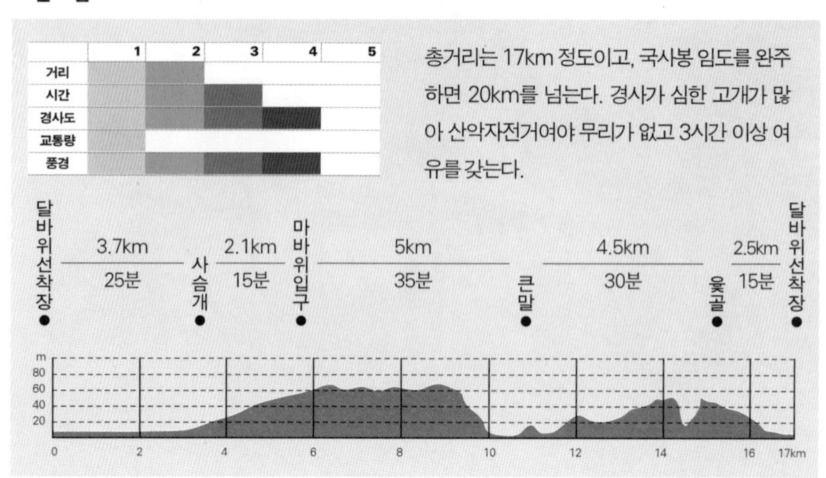

① 자월도의 달바위선착장은 남쪽으로 조금 튀어나온 반도 끝에 자리하고 있다. 섬 전체에서 볼 때 동쪽으로 치우쳐 있어서 먼저 서쪽(왼쪽)으로 향한다. 선착장 옆에는 지네에 물려 죽은 어부와 그를 따라 바다에 몸을 던진 열녀의 슬픈 전설을 새긴 석상이 서 있다. 선착장을 돌아나가면 장골해수욕장이 펼쳐진다.

② 장골해수욕장을 지나면 큰말해수욕장, 사슴개해변, 볕남금 해변이 차례로 반긴다. 볕남금 해변은 막다른 길이고, 사슴개 삼거리로 돌아나와 '마바위' 방면으로 간다. 곳곳에 예쁜 이정표가 있어 길 찾기가 편하다.

③사슴개 마을을 산쪽으로 지나서 고개를 넘으면 비포장길이 시작되면서 삼거리가 나온다. 국사봉 임도로 가려면 여기서 오른쪽으로 가야한다. 임도는 북면이어서 다소 음습한 느낌을 주는데, 이런 산길은 국사봉 주봉을 일주하기까지 총 6km나 이어진다. 경사는 심하지 않으나 노면이 나빠 산악자전거를 이용해야 한다.

④ 삼거리에서 2.6km 가면 약수터가 나오고, 200m 더 가면 가늠골언덕 사거리(표지판 있음)다. 직진하면 국사봉 순환 임도로 계속 이어지고, 왼쪽은 북쪽해안에 있는 가늠골, 오른쪽은 큰말로 간다. 국사봉 임도를 돌아서 이곳으로 다시 오거나 곧장 큰말로 내려간다.

⑤ 큰말에서 다시 장골해수욕장을 거쳐 선착장을 지나면 소박한 고사리골 마을이 그림 같다. 고사리골을 지나 고개를 넘으면 북쪽 해변이 나오고, 하늬포와 어류골 마을이 숨어 있다. 북향이라 햇살이 적고 바람도 거세다. 길은 어류골을 지나 다시 남쪽으로 고개를 넘어 지금은 마을이 없어진 윷골 해안에서 끝난다. 여기서 선착장으로 되돌아가면 섬 일주가 마무리된다.

찾아가는 길

인천연안여객터미널과 안산시의 시화방조제 끝단(대부도 북쪽 끝)인 방아머리선착장 두 군데서 출발한다.

인천연안여객터미널 | 인천방면 경인고속도로 또는 제2경인고속도로를 타고 도로 끝까지 가면 인천항 부근에 닿는다. 여기서 연안여객터미널까지는 3~4km 정도이며, 안내표지판을 잘 보고 따라간다. 계절별로 하루에 오전과 오후 1~2편 쾌속선이 운항한다(자월도, 이작도, 승봉도를 차례로 돌아옴). 40분 소요. 왕복 3만원 선. 우리고속훼리 032-887-2891~5 www.urief.co.kr

방아머리선착장 | 영동고속도로 월곶 나들목에서 나와 좌회전, 77번 국도를 따라 7km 직진하면 시화방조제가 시작된다. 시화방조제를 건너자마자 우회전하면 선착장이고 무료로 주차할 수 있다. 자동차를 실을 수 있는 카페리가 오전 9시30분과 오후 2시에 운항한다(평일은 1회). 자월도 출발시간은 10시55분, 오후 3시55분. 1시간 소요. 편도요금은 6500원(자전거 요금 5000원 별도)이다. 대부해운 032-886-7813~4

체크 포인트

주차 | 인천연안여객터미널(1일 4000~5000원), 방아머리선착장(무료)에 주차장이 있다.

물과 음식 | 장골해수욕장에만 가게와 식당이 몇 곳 있다. 추억만들기(032-832-2022)의 음식 맛이 괜찮다.

숙박 | 장골해수욕장에 깨끗한 원룸형 민박이 여러 개 있고, 섬 내에 펜션도 몇 곳 된다.

휴식 | 구비를 돌면 나타나는 해수욕장들은 천혜의 쉼터다. 진모래 해변으로 넘어가는 고갯마루는 조망이 시원하다.

주의 | 아침 배로 들어가면 5시간 정도 여유시간이 있어 섬 전체를 찬찬히 둘러볼 수 있다.

52 옹진 장봉도

장쾌한 일몰이 보여주는 입체 풍경

신시도와 함께 옹진군 북도면의 열도를 이루는 장봉도는 인근의 다른 섬들이 인천국제공항 완공 후 밀려드는 개발열풍과 도시인들의 탐욕에 휘청대는 것과는 조금 다르다. 다소 동떨어진 위치 때문에 그렇기도 하겠으나 먼 바다를 향해 길게 뻗은 특이한 지형과 줄지은 산, 가파른 해안 때문에 개발의 손길이 쉬 미치지 못하는 까닭이다.
그렇다 보니 장봉도는 산악자전거가 아니면 진면목을 볼 수 없는, 간단치 않은 매력을 지닌 섬이 되어버렸다. 자전거를 타고 섬을 달려 서쪽 끝에 이르면 감옥머리에 닿게 되는데, 이 일대는 이름 그대로 감옥처럼 해식애海蝕崖에 둘러싸여 대양을 바라보는 낙조의 명소다.

바다 상사병

여름이면 사람들은 마치 연례행사처럼 이 '병'을 앓는다. 물론 뭍 깊숙이 사는 사람들 얘기다. 바다를 그리워한다는 이 표현은, 그러나 정확하지 않다. 실은 바다 상사병이 아니라 '바닷가' 상사병이다. 뭍 사람들이 그리는 것은 바다가 아니라 바다가 잘 보이는 해안인 까닭이다. 육지와 바다가 만나는 그 접점이야말로 서로의 대비를 통해 바다의 진면목을 가장 잘 드러낸다. 사방이 온통 바다뿐인 망망대해라면 감동보다 권태나 공포가 일 것이므로.
지평선을 보기 어려운 이 좁은 땅에서 지구가 둥글고, 산 너머보다 더 먼 세상이 있음을 알려주는 것은 수평선이다. 그러나 수도권의 서해안에서는 오로지 하늘과 바다만이 맞닿는 장관을 보는 것이 쉽지 않다. 저 남도의 다도해 정도는 아니지만 그래도 크고 작은 섬이 많아서 수평선 일부를 가리기 때문이다. 그런 연유로 서해에서 수평선이 탁 트인 바닷가는 곧 일몰의 명소이기도 하다. 바다와 하늘을

◀ 섬의 서쪽끝인 감옥머리로 이어진 임도는 산 중턱 높직이 나 있고 조망이 탁 트여 자전거를 타고 달리는 내내 장쾌한 바다를 볼 수 있다.

감옥머리로 가는 산길 뒤로 진촌해수욕장이 살짝 보인다.

온통 물들이며 수평선 저편으로 사라져가는 태양은 한껏 서정을 일으키고 우주적인 사색의 실마리를 주기도 한다.

해안절벽을 달리는 산길

옹진군 북도면 열도 중 가장 서쪽, 그러니까 뭍에서 가장 먼 곳에 있고 가장 길며 입체적인 섬이 바로 장봉도다. 섬이 길고 산봉우리가 많아 장봉長峰이라고 이름 지었다고 하는데, 길이 7.5킬로미터, 폭 1킬로미터 정도의 길쭉한 지형을 보고 있으면 용龍의 몸매가 떠오른다. 강화도와 영종도 사이의 바다에서 거대한 용 한 마리가 대양을 바라보며 입을 쩍 벌린 채 포효하고 있는 모습이다. 지도로 보는 섬의 형태만 그런 것이 아니다. 실제로도 용의 등뼈처럼 들쭉날쭉 산 능선이 길게 이어지고, 해안절벽이 발달해 거친 용의 느낌이 더욱 실감난다. 자전거를 달려 섬의 서쪽으로 가면 가파른 해안 절벽과 짙푸른 먼 바다 끝에 아득한 수평선이 맞닿아 있다. 꼭 동해에 온 것만 같다.

선착장 옆에는 옛날 어부가 잡았다가 살려주었다는 인어 전설에서 따온 인어상이 외로이 앉아 있다. 조각의 완성도가 뛰어나고, 슬픈 표정은 왠지 애처롭다.

가깝고도 먼 섬

장봉도는 인천공항을 이륙하는 비행기의 왼쪽 창을 통해 가장 먼저 보이는 긴 섬이다. 한국을 떠나는 사람들을 향한 환송 깃발인 셈이다. 그러나 영종대교 덕분에 뭍에서 한결 가까워졌다고는 해도 영종도 삼목선착장을 출발해 신도를 거쳐 여기까지 오는 데는 40분이 걸린다. 꽤 긴 항해가 거리감을 과장한 때문인지, 인근의 신시도와는 판이하게 조용한 선착장 분위기 때문인지, 먼 낙도에 도착한 기분이 들기도 하는 곳이다.

이곳은 꼭 | **진촌해수욕장에서 감옥머리 가는 산길**

장봉도의 백미는 서북쪽의 진촌해수욕장에서 섬 끝단인 감옥머리까지 나 있는 산길이다. 진촌해수욕장 직전의 고갯마루에 있는 팔각정에서 왼쪽 산으로 들어서는 비포장도로가 입구다. 시야가 트인 해안절벽 위를 오르락내리락 하는 길은 그 자체로 매혹적이고, 장쾌한 조망과 새파란 바다, 인적 없는 정적이 온몸을 감싼다. 길은 서쪽 끝의 바닷가로 내려서면서 끝난다. 팔각정에서 왕복 8km. 오르막과 내리막 경사가 심해 MTB가 아니면 주행이 어렵다.

자전거길

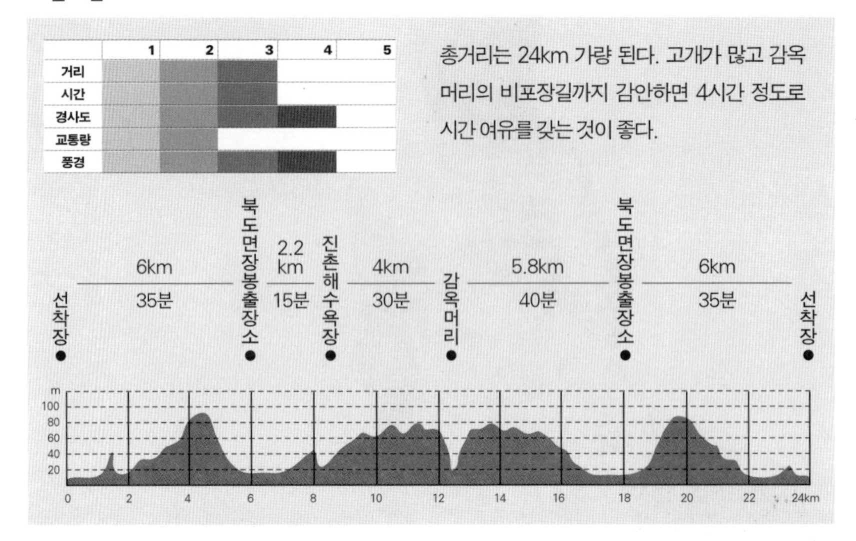

총거리는 24km 가량 된다. 고개가 많고 감옥머리의 비포장길까지 감안하면 4시간 정도로 시간 여유를 갖는 것이 좋다.

① 선착장에서 오른쪽으로 방향을 잡는다. 선착장 옆의 작은 광장 한켠에 인어동상이 외롭게 서 있다. 동상을 지나 뒷장술 마을에서 왼쪽 길로 들어서면 강화도를 마주보는 작은 해변이 나타난다. 썰물이면 해변에서 1.5km 이상을 더 들어가는 엄청난 갯벌이 모습을 드러낸다.

② 해변을 돌아나와 오른쪽으로 작은 고개를 넘으면 큰길이 나오고 바로 옹암해수욕장이 반긴다. 앞서 옹암선착장에서 왼쪽 길로 가면 이곳으로 바로 연결된다.

③ 큰길에서 우회전해서 폐교된 옹암분교를 지나면 길은 천천히 산으로 접어든다. 섬에서 가장 높은 국사봉 턱 밑을 넘는 해발 90m 말목재의 시작이다. 높지는 않지만 완만한 오르막이 꽤 길다.

④ 고개를 넘으면 왼쪽으로 한들해수욕장으로 내려가는 길이 갈라진다. 그대로 직진하면 섬의 중심지인 장봉리 평촌 마을이다. 섬 내에서 가장 넓은 들판지대로, 북도면 출장소와 식당, 보건진료소, 초등학교가 있다. 선착장에서 6km 지점이다.

⑤ 평촌 마을에서 작은 고개를 살짝 넘으면 제법 넓은 들판이 또 펼쳐진다. 왼쪽으로는 해변이 질펀하고, 길은 들판을 지나 낮은 고개를 넘어 진촌해수욕장으로 이어진다.

⑥ 진촌해수욕장으로 넘어가는 고갯마루에 팔각정이 있는데, 왼쪽의 비포장도로는 섬의 서쪽 끝에 자리한 낙조 전망대 '감옥머리' 가는 길이다. 감옥머리는 막다른 길이므로 여기서 옹암선착장으로 돌아간다.

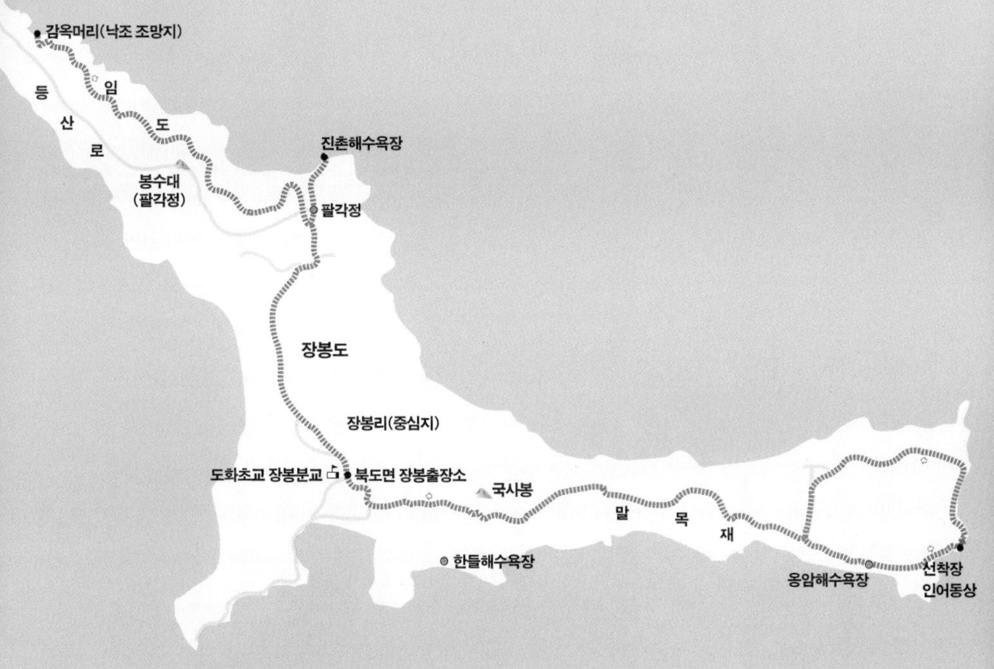

찾아가는 길

영종도 삼목선착장 | 인천국제공항 고속도로를 타고 영종대교를 지나면 곧 공항입구 나들목이다. 여기서 빠져 해안도로를 따라 5km 가면 골프연습장 직후에 삼목선착장 입구가 나온다. 버스나 전철을 이용할 경우 공항신도시(운서역)에서 내려 선착장까지 2km 가량 자전거를 타고 가면 된다.

배편 | 삼목선착장 에서 매시 10분에 자동차를 실을 수 있는 카페리가 출항한다. 장봉도에서 삼목으로 나오는 배는 매시 출발한다. 삼목을 떠난 배는 신도를 거쳐 장봉도로 가며, 40분 소요. 왕복 4600원. 문의 032-884-4155.

체크 포인트

주차 | 영종도 삼목선착장 입구에 있는 무료주차장을 이용하면 된다.

물과 음식 | 옹암해수욕장 입구와 북도면 장봉출장소가 있는 평촌마을에 가게와 식당이 있다.

숙박 | 여관은 없고 민박이 몇 곳 있다.

휴식 | 옹암해수욕장, 진촌해수욕장 고갯마루의 팔각정에서 쉬어간다.

주의 | 비수기에는 식당과 가게가 문을 잘 열지 않으므로 물과 간식은 미리 준비해 간다. 감옥머리까지의 임도는 꽤 길고 험해서 산악자전거가 아니면 갈 수 없다. 서쪽 끝에 있는 감옥머리 전망대는 능선을 따라 나 있는 등산로를 이용해야 한다.

부록

놀라운 자전거 세계

1. 인류가 발명한 가장 효율적인 도구

지금의 자전거는 200년 이상 인류가 검증하고 발달시킨, 최고의 효율과 아름다운 디자인을 갖춘 탈것이다. 자동차나 비행기처럼 다른 동력원에 의존하는 것 말고, 사람의 힘으로 움직이는 도구 중 자전거보다 더 효율적인 도구는 없다.

구조는 극히 단순해서 동그란 두 바퀴와 바퀴를 연결하고 지탱해주는 프레임, 사람이 앉는 안장과 핸들이 거의 전부다. 이 같은 기본골격은 200년 간 변하지 않았다. 지금은 아령보다 가벼운 단 6kg의 무게로 시속 70km로 질주하고 서울과 부산을 하루에 주파한다.

최초의 자전거는 16세기 이탈리아의 레오나르도 다빈치가 남긴 스케치가 전하지만 확인되지 않아서 인정받지 못하고, 실물로는 1789년 프랑스에서 개발된 원시적인 형태의 셀레리페르가 최초의 자전거로 알려져 있다. 하지만 셀레리페르는 방향전환이 되지 않는 장난감 같은 형태여서 1817년 독일에서 나온 드라이지네를 최초의 자전거로 인정한다.

드라이지네는 두 바퀴와 안장, 방향을 바꿀 수 있는 핸들이 있었지만 페달이 개발되지 않아 두 발로 땅을 박차고 전진하는 방식이다. 이후 1839년 영국에서 크랭크 구동방식이 개발되었고, 1861년에는 마침내 프랑스에서 페달이 달린 본격적인 자전거, 벨로시페드가 등장했다 프랑스, 스페인, 이탈리아에서는 지금도 자전거를 '벨로'라고 부른

드라이지네 1817년 독일에서 발명. 공식적으로 최초의 자전거로 인정받고 있다.

드라이지네를 타는 모습 페달이 없어서 발로 땅을 박차고 전진해야 한다.

오디너리 영국의 발명가 제임스 스탈리가 1871년에 발명한 자전거. 큰 앞바퀴와 작은 뒷바퀴의 이색적인 모습으로 사람들의 마음을 사로잡았다.

세이프티 오디너리보다 안전하다는 뜻으로 세이프티라는 이름이 붙은 자전거로 1887년 영국에서 발명되었다. 앞, 뒤 바퀴의 크기가 같고 체인으로 움직이는 점이 오늘날 자전거와 거의 같은 모양이다.

다. 1874년 영국에서 나온 세이프티 자전거는 페달과 체인, 공기타이어를 갖춰 지금의 자전거와 거의 차이가 없었다. 세이프티 이후에는 변속기, 소재와 부품의 정밀화, 종류의 세분화 등으로 추가적인 발전은 있었지만 기본적인 구조는 달라진 게 없다.

2. 보다 단순하게, 보다 가볍게

모든 기계는 성능 향상을 위해 갈수록 복잡해지지만 자전거만은 거꾸로 더 단순해지고 가벼워졌다. 사람의 힘으로 움직이기 때문에 가볍고 단순할수록 효율이 좋아지기 때문이다.

19세기 초창기 모델들은 무게가 30~40kg이나 되었지만 최신 로드바이크는 6kg에 불과해 손가락 하나로도 달랑 들린다. 일부 산악자전거는 충격흡수를 위한 서스펜션 기술이 적용되면서 구조가 다소 복잡해졌으나 나머지는 자전거의 기본에 충실하면서 어떻게 하면 더 단순하게 만들 것인지에 대한 고민과 연구의 산물로 다듬어졌다. 지금은 미학적인 특성이 중시되어 컬러와 디자인에도 개성을 중시하게 되었고, 부품의 소재와 가공 기술도 예술 수준으로 격상되어 이제 자전거는 단순히 타기만 하는 도구가 아니라 '감상'의 대상으로 여기는 단계에까지 이르렀다. 마치 그림이나 조각처럼 자전거를 걸어두고 감상하는 사람들도 실제로 많이 있다.

3. 세상 어디나 갈 수 있는 최고의 자유도

자전거가 가진 최고의 장점은 그 무한한 '자유도'에 있다. 사람의 두 발을 제외하고 자전거만큼 활동공간이 넓은 탈것은 없다. 자동차전용도로를 제외한 모든 도로, 모터사이클이 다닐 수 있는 좁은 길과 산악도로, 사람만 다닐 수 있는 좁은 등산로와 도심의 계단과 난간까지, 자전거는 실로 사람의 두 발이 갈 수 있는 영역의 대부분을 공유한다. 최초의 자전거는 마차를 대신하는 개인용 탈것이어서 도로를 주로 달렸다. 그러나 1970년대 초 미국에서 산악자전거가 탄생하면서 자전거의 영역은 산으로까지 크게 넓어졌고, 도심의 계단과 난간에서 즐기는 BMX 점프와 묘기 위주의 자전거 와 트라이얼 Trial, 장애물을 극복하는 형태 , 심지어는 실내자전거 자전거 피겨, 자전거 축구 까지 생겨나 인간과 가장 친근한 도구의 하나가 되었다.
이제는 자전거도 장르가 세분화되어 사람의 맨몸으로 하는 육상만큼이나 다양해져 기본골격만 같을 뿐 형태와 용도는 완전히 분리되었다. 단거리, 장거리, 높이뛰기, 멀리뛰기, 장애물 등등 수많은 육상종목에 해당하는 자전거의 장르가 생겨난 것이다. 안타깝지만 우리나라에는 아직도 많은 장르가 소개되지 않아서 일반인들은 산악자전거만 보아도 여전히 이채롭게 생각한다.
장르가 분화되었다는 것은, 다시 말해 한 대의 자전거로 모든 영역을 소화할 수 없게 되었다는 뜻이기도 하다. 자전거를 제대로 즐기려면 여러 대가 필요하다는 말인데, 그만큼 자전거 세상은 넓고 흥미로우며 도전할 가치가 있다는 의미도 될 것이다.

무엇보다 안전제일

자전거는 탈것이기 때문에 안전이 큰 문제가 된다. 하지만 자전거의 안전에 대해서는 명확한 사실 인식이 필요하다. 부모와 학교가 아이들이 자전거 타는 것을 걱정하고 간혹 말리는 것도 안전 때문이다. 그런데 특이한 것은 자전거를 타다가 넘어지는 위험보다 자전거를 타다가 자동차에 부딪히지 않을까 염려하는 비중이 더 크다는 점이다. 자동차와 보행자간의 사고보다 자동차와 자전거 사고가 더 많다거나 특별히 심각한 결과를 낳는다는 보고는 없다. 자전거라는 탈것이 갖는 기계적인 느낌과 속도감, 넓은 활동영역 때문에 갖는 심리적 불안감이 원인인 것 같다. 하지만 구더기 무서워 아예 장을 담그지 않을 것인가. 철저한 준비로 보다 안전하게, 이 놀랍고 흥미진진한 두 바퀴의 세상을 만나보자.

1. 제대로 배운다

자전거는 두 바퀴뿐이어서 움직이지 않으면 넘어진다. 이런 특징 때문에 두 바퀴 자전거를 도움 없이 혼자 탈 수 있으면 '자전거를 탈 줄 안다'고 말한다. 하지만 그것은 '넘어지지 않고 전진할 수 있는' 능력 그 이상도 이하도 아니다. 닫힌 광장이 아니라 길에서, 나아가서는 산에서도 자전거를 탈 수 있으려면 제대로 배워야 한다.

선진국에서는 학교에서 자전거 타는 법을 가르치지만 우리는 언니, 오빠, 형, 친구로부터 '넘어지지 않고 전진하는 법'만 배우면 끝난다. 기본적인 교통법규나 매너는 고사하고 올바른 자세, 출발과 정지, 기어변속, 브레이크 작동법 같은 것도 알아서 익혀야 한다. 그렇게 배웠으니 자전거를 타는 아이들이나 어른들을 보면 대부분 제멋대로다. 그냥 놀이기구처럼 아무렇게나 마음대로 타고 다닌다. 이렇게 해서는 자전거의 성능을 제대로 끌어낼 수 없고, 자전거의 즐거움도 만끽하기 어렵다. 건강하자고 타는 자전거인데 조금만 타도 엉덩이와 무릎, 손목, 어깨, 허리까지 아프지 않은 곳이 없고, 자전거는 마음대로 움직여주지 않아 짜증이 날 것이다. 위급할 때 제대로 대처하지 못해 크게 다칠 수 있고, 금방 싫증을 느껴 얼마 가지 않아 자전거는 창고에 처박히고 말 것이다.

주변의 자전거 숍이나 동호회, 책 등을 통해 반드시 제대로 배우자. 자세와 변속, 브레이크 작동법을 바로 익히지 않고 거리에 나가는 것은 면허증 없이 자동차와 오토바이를 운전하는 것과 다를 바 없다.

2. 안전장비를 갖춘다

- **헬멧** — 자전거를 타다보면 본의 아니게 넘어지기 쉬운데 두 발

을 페달에 얹고 있어서 머리를 다칠 가능성이 높다. 따라서 헬멧은 자동차의 안전벨트처럼 필수 안전장비다. 처음에는 조금 불편하고 어색해도 나중에는 헬멧을 쓰지 않으면 안전벨트를 하지 않고 운전하는 것처럼 불안하게 느껴질 것이다. 요즘은 디자인과 성능이 좋은 헬멧이 많이 나와 패션아이템으로도 손색이 없다.

• **장갑**—자전거에서 넘어지면 무의식적으로 손을 가장 먼저 바닥에 댄다. 이때 장갑을 끼지 않으면 손바닥을 상하기 쉽다. 자전거 탈 때 끼는 장갑은 멋이 아니라 안전장비다. 일반 장갑보다는 손바닥에 쿠션이 들어가 있는 자전거 전용 장갑을 끼는 것이 좋다.

• **스포츠 고글**—멋 부리기도 좋지만 실은 안전에 큰 도움을 주는 안전장비가 고글이다. 자전거용 고글은 특수렌즈를 사용해 잘 깨지지 않아 심한 충격에도 눈을 보호해 주고 이물질이 들어가는 것을 막아주며, 바람이 눈에 들어가 눈물이 마르는 안구건조도 예방해준다. 일반 선글라스는 위험하므로 반드시 스포츠용 고글을 사용한다.

• **보호대**—초보자나 어린이는 넘어질 때 가장 많이 다치는 팔꿈치와 무릎 보호대를 착용하는 것이 좋다. 베테랑이어도 험한 산악코스를 달릴 때는 팔꿈치와 무릎 보호대를 착용한다. 특히 과격한 다운힐을 할 때는 가슴과 척추를 보호하는 상체보호대까지 착용해야 한다.

• **라이트**—앞뒤 라이트도 빼놓을 수 없는 안전장비다. 라이트는 앞길을 잘 볼 수 있게 해주지만 내 존재를 알려주는 역할이 더 중요하다. 야간이나 어둑한 날씨에는 반드시 앞뒤에 라이트를 켜고 다녀야 한다.

3. 자전거를 최상으로 관리한다

자동차 관리는 제대로 하자면 보통 번거로운 일이 아닌데도 대부분의 운전자가 관리를 잘 한다. 자주 세차를 하고 정기적으로 오일을 갈아주며, 타이어 공기압을 체크하고 브레이크 패드도 제때 교환해 준다. 조금이라도 이상이 생기면 바로 정비소로 달려간다. 그런데 같은 탈것인 자전거는 펑크나 큰 고장이 나지 않으면 아예 손을 대지 않는다. 심지어는 큰 고장이 나면 1회용 물건처럼 아예 타지 않고 팽개쳐 두는 경우도 많다. 체인과 기어에 녹이 슬어도, 변속기가 제대로 작동하지 않아도, 브레이크가 밀려도, 바람이 빠져도 움직이기만 하면 그러려니 하고 타고 다닌다. 자전거도 기본원리는 자동차와 큰 차이가 없는 탈것이기 때문에 이런 기능에 문제가 생기면 제 성능을 낼 수 없고 사고위험도 높아지는 것은 물론이다. 작동부위에는 기름을 쳐주고 타이어 공기압은 자주 체크해야 하며, 브레이크 패드가 닳으면 교환해야 생각한대로 움직여주고 필요할 때 잘 멈춰준다. 나는 자전거를 제대로 만나고 싶다면 가급적 값비싼 고급자전거를 타라고 권하고 싶다. 큰돈을 들였기 때문에 '아이구, 이게 얼마짜린데!' 하는 심정으로라도 관리에 힘을 쏟게 되면서 애정과 관심도 커지기 때문이다. 값싼 보급형 자전거는 성능이 떨어질 뿐만 아니라 주인의 관심 자체를 받기 어려워 자전거에 대한 흥미를 금방 식게 해버릴 위험이 있다. 가격이 50만 원 이상 되는 자전거에 자전거용 속도계만 달아도 자전거 타는 재미는 몇 배나 커질 것이다.

4. 교통법규와 매너를 지킨다

자전거를 놀이기구쯤으로 생각하는 경우가 많아서 아이들은 물론 어른들도 도로에서 역주행 하는 경우가 흔하고, 서로 마주쳤을 때 교행하는 방법과 보행자를 배려하는 매너도 엉망이다. 대부분의 선진국과 마찬가지로 국내에서도 자전거는 도로교통법상 차로 분류되어 도로에서는 교통법규를 반드시 지켜야 한다. 자전거도로가 따로 없을 때는 인도가 아니라 차도의 맨 오른쪽을 달려야 한다. 인도를 달리는 것은 불법이지만 관습상 용인해주는 것뿐이다. 만약 인도에서 자전거로 사람을 치게 되면 전적으로 자전거의 과실이 되므로 특히 주의해야 한다. 자전거는 자동차처럼 보험도 가입할 수 없어 이렇게 사람이 다치는 사고가 나면 개인부담이 커진다. 드물게 자전거전용 횡단보도가 있지만 일반 횡단보도에서는 자전거에서 내려서 끌고 통과해야 한다. 자전거를 탄 상태로 지나가다 사람이나 차와 부딪혀 사고가 나면 자전거의 책임이 커진다. 자전거는 사람이 안장에 올라 탈 때만 '차'로 인정되고 내리면 '휴대품'으로 취급되기 때문이다. 도로는 물론이고 자전거도로와 보도에서도 길 오른쪽으로 붙어서 다른 자전거가 추월하기 쉽게 배려해 주고, 앞 자전거를 추월할 때는 자동차처럼 미리 신호를 준 후 반드시 왼쪽으로 앞서 가야 한다. 달리는 도중 갑자기 멈추거나 주위를 살피지 않고 급작스럽게 방향을 바꾸면 뒤따라오는 자전거나 자동차가 깜짝 놀라게 되고 사고로 이어질 수도 있다.

일반도로와 보도도 마찬가지지만 특히 산악에서는 보행자가 우선이다. 보행자를 무시하거나 위협하며 주행하는 것은 큰 실례이면서 위험스런 행동이다. 우리나라처럼 전국의 산을 마음껏 산악자전거로 누빌 수 있는 곳은 세계적으로 드문데, 계속 그렇게 하기 위해서는 보행자 우선의 매너를 잘 지켜야 한다(단, 국립공원내의 산악지역은 자전거로 못 감). 대도시든, 시골이든 가까운 곳에 산이 지천으로 있는 우리나라에서 산악자전거 인구가 늘어나는 것은 지극히 당연하고, 상대적으로 로드바이크의 인기가 시들한 것도 자연스럽다. 반면 선진국에서는 일찍부터 자전거가 산에서 쫓겨나 대부분의 일반 등산로는 자전거가 출입할 수 없고, 지정된 코스에서만 탈 수 있다. 그래서 미국, 유럽, 일본은 산악자전거보다 로드바이크 인구가 훨씬 더 많다.

5. 그림으로 보는 도로주행 요령

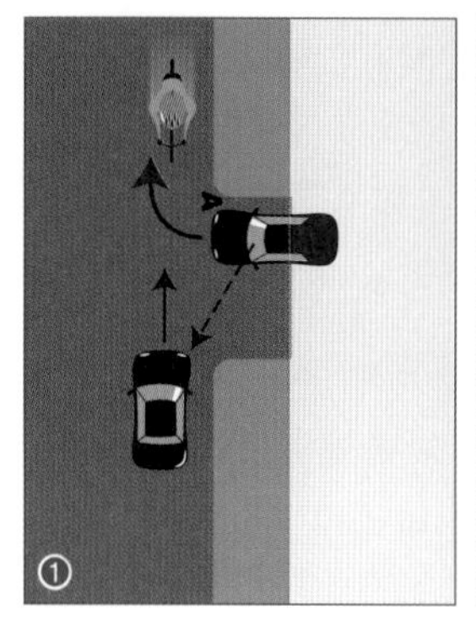

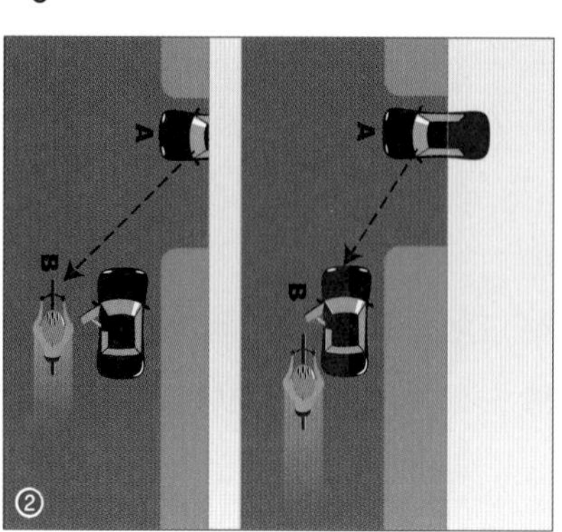

❶ 점선이 가리키는 방향이 운전자의 일반적인 시선이다. 이렇게 역주행을 하다가는 A차량과 정면충돌할 위험이 있다.

❷ A차량 운전자가 B차량으로 인해 자전거를 못 볼 수 있고, B차량의 문이 열릴 수도 있으니 B차량과 1m 정도 떨어져서 달려야 한다.

❸ 우회전 전용 차선이 있다면 왼쪽으로 차선을 바꿔 통과한다.

❹ 직진과 우회전 차선이 같을 때는 오른쪽 차선의 왼편에 붙어서 통과한다.

❺ 오른편 차선의 오른쪽 구석으로 계속 주행하다가는 우회전하는 차량과 충돌할 수 있다.

❻ 도로가 좁다면 B처럼 차선의 오른쪽으로 주행하는 것 보다는 A처럼 중앙으로 달리는 것이 안전하다.

❼ 주차된 차들 사이로 들어갔다가 다시 나오는 것은 위험한 행동이다.

❽ 철로나 아스팔트의 갈라진 틈은 가로질러야 미끄러지지 않는다.

❾ 컨테이너 트럭은 방향 전환할 때 사각이 크므로 먼저 보낸 뒤 지나는 것이 좋다.

❿ 승용차의 사각.

⓫ 버스나 덤프트럭, 냉동차 등의 사각.

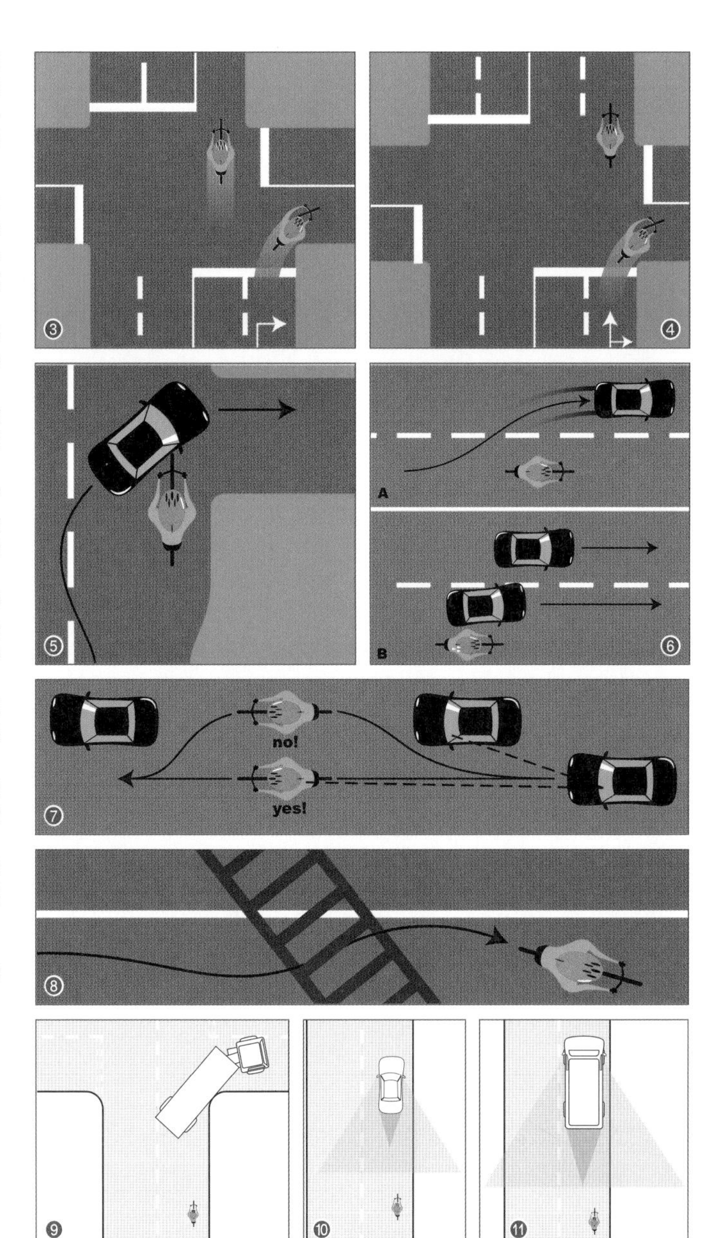

기본적인 자전거 정비

자전거는 안경처럼 매우 인간적인 도구다. 안경은 얼굴 크기와 형태에 따라 테가 달라지고 시력에 맞춰 렌즈도 바뀐다. 마찬가지로 자전거도 자신의 신체에 맞춰야 한다. 가끔씩은 자동차처럼 청소하고 기름칠을 해줘야 한다. 가장 흔하고 골치 아픈 고장은 펑크인데, 휴대용 펌프와 펑크수리키트만 있으면 누구나 혼자서 수리할 수 있다.

1. 펑크 수리

자전거 바퀴에 사용되는 튜브는 공기를 주입하는 밸브의 모양이 세 가지나 되어서 펌프를 구입할 때 내 자전거가 어떤 밸브 타입인지를 먼저 확인해야 한다. 일반 생활자전거에는 던롭 방식이 주로 사용되고, 로드바이크와 산악자전거 같은 전문 자전거에는 프레스타 방식이나 자동차 바퀴와 똑같은 슈레더 방식이 사용된다. 시중에 나오는 자전거용 펌프는 대개 프레스타 방식과 슈레더 방식 밸브 모두에 쓸 수 있도록 되어 있다. 이런 펌프에도 던롭 방식에 맞는 어댑터를 끼우면 공기를 주입할 수 있다.

자전거를 타면서 가장 흔하면서도 심각한 고장은 펑크다. 펑크가 나면 더 이상 자전거를 탈 수 없고, 무리하게 계속 타다가는 복원 불가능할 정도로 타이어와 튜브, 림이 망가질 수도 있다. 가까운 곳에 수리점이 있으면 다행이지만 수리점이 없다면 매우 곤란해진다. 펑크는 시중에 판매되는 펑크 수리 키트접착제와 고무 패치, 림에서 타이어를 분리할 때 필요한 레버 포함. 5천원 내외 와 휴대용 펌프2만원 내외 만 있으면 누구나 수리할 수 있다. 다음 설명을 보고 한번쯤 집에서 미리 연습해 둔다면 어디를 가더라도 펑크가 무섭지 않을 것이다.

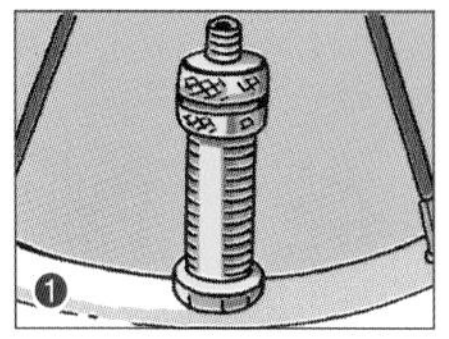

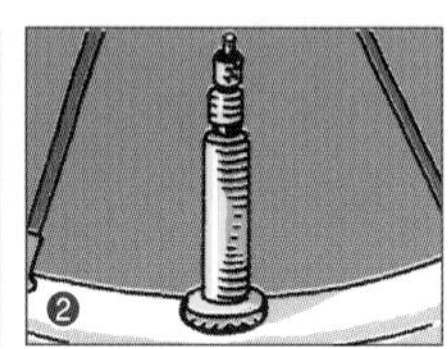

❶ 던롭 방식은 길가에 설치된 펌프로 바람을 넣을 수 있다는 장점이 있으나 고급 자전거에는 잘 쓰이지 않는다.
❷ 로드바이크와 MTB에 많이 쓰이는 프레스타 방식. 캡을 열고 안쪽의 조임쇠를 열어야 공기주입이 가능하다.
❸ 슈레더 방식은 공기 주입구 직경이 커서 한번 펌프를 움직일 때 많은 양의 공기를 넣을 수 있다. BMX에 많이 쓰이고, 일부 MTB와 시티바이크에 사용된다.

❶ 밸브 캡과 고정너트가 풀려야 튜브교체가 가능하다. 먼저 밸브 캡을 반시계방향(허브에서 림 쪽을 볼 때)으로 돌려 빼낸다.

❷ 바람을 완전히 빼야 튜브 교체가 쉽다. 따라서 먼저 조임쇠를 풀어 프레스타 밸브의 바람을 뺀다.

❸ 조임쇠를 누른 생태에서 타이어를 눌러 바람을 뺀다. 펑크로 인해 이미 바람이 빠진 경우에는 밸브 캡을 풀고 이후의 작업을 진행한다.

❹ 타이어가 림에서 빠져야 튜브를 바꿀 수 있다. 타이어를 눌러 한쪽으로 밀면 타이어 비드가 보인다.

❺ 타이어 비드에 타이어 레버를 걸어 림 밖으로 빼낸다.

❻ 림 밖으로 나온 비드가 다시 들어가지 않도록 타이어 레버의 반대쪽 끝을 스포크에 고정한다.

❼ 다른 타이어 레버를 타이어 비드에 걸고 림을 따라 밀어낸다.

❽ 어느 정도 밀다 보면 한쪽 비드가 림에서 빠진다.

❾ 튜브 밸브의 고정 너트를 푼다.

❿ 튜브를 빼기 쉽게 밸브를 밀어 림에서 뺀다.

⓫ 튜브를 잡아당겨 림과 타이어로부터 분리한다.

⓬ 구멍이 난 곳을 확인하기 위해 충분히 바람을 넣는다.

⓭ 손이나 얼굴을 이용해 바람이 새는 부분을 찾는다. 쉽게 찾을 수 없을 때는 물에 담가서 확인하는 방법도 있다.

⑭ 구멍이 난 부분에 유성 펜으로 표시한다.

⑮ 사포나 펑크패치에 포함된 금속판을 이용해 갈아 낸다.

⑯ 본드는 패치보다 넓은 면적에 충분히 바른다.

⑰ 본드가 약간 마르면 표시했던 부분에 맞춰 패치를 붙인다.

⑱ 패치가 튜브에 밀착되도록 잘 눌러준다.

⑲ 본드가 어느 정도 말랐으면 패치 위의 비닐을 떼어낸다.

⑳ 핀치 플랫이 아니면 타이어에 펑크의 원인이 남아 있을 수 있다. 손으로 만지면서 이물질이 없는지 확인하고 있으면 제거한다.

㉑ 튜브에 어느 정도 바람을 넣은 상태에서 밸브와 림의 구멍을 잘 맞추고 타이어 안으로 튜브를 넣는다.

㉒ 튜브가 타이어 안으로 들어갔으면 튜브가 꼬이지는 않았는지 다시 확인한다.

㉓ 한쪽부터 타이어 비드를 림 안으로 넣는다.

㉔ 먼저 넣은 비드가 림 중앙에 정확히 자리 잡지 않으면 반대쪽 타이어 비드를 넣기 힘들다. 타이어 레버를 이용하는 방법이 있으나 튜브리스용 림이라면 레버 사용은 금물이다.

㉕ 타이어를 다 끼웠으면 튜브 밸브의 고정너트를 끼운다.

㉖ 타이어를 좌우로 움직여 한쪽으로 쏠리는 것을 방지한다.

㉗ 적정 공기압에 맞게 바람을 넣는다.

㉘ 바람을 다 넣었으면 밸브 조임쇠를 잠근다.

㉙ 조임쇠를 완전히 잠근 상태.

㉚ 밸브 캡을 잠그면 끝.

2. 자전거 응급처치

• **펑크가 났을 때** — 새 튜브로 바꿔 주거나 튜브를 빼내 펑크 난 부분을 찾아 때운다. 예비 튜브도 펑크패치도 없는 경우에는 타이어 안쪽을 채우면 어느 정도 주행할 수 있다. 타이어를 채울 때는 신문

지 같은 종이가 가장 좋지만, 종이를 구할 수 없으면 볏짚이나 나뭇잎 등도 쓸 만하다. 못 쓰는 튜브의 공기 주입구를 자르고 여러 개를 넣는 것도 좋다.

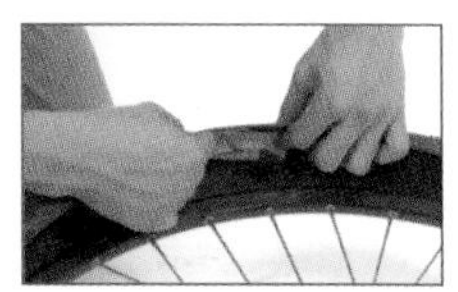

• **타이어가 찢어졌을 때**— 예비 타이어로 교환하는 것이 최상이지만 예비 타이어가 없다면 타이어가 찢긴 부분의 안쪽에 지폐나 과자봉지, 명함 등을 대준다. 튜브의 공기압은 평소보다 조금 적게 넣어야 안쪽에 대준 것을 뚫고 나오지 않는다.

• **림이 휘었을 때**—강한 충격에 의해 림이 휘면 스포크 렌치바퀴살을 조이거나 풀어 림을 바로잡는 공구를 이용해 림을 정렬해도 브레이크 패드에 림이 닿는 경우가 있다. 이럴 때는 림이 닿지 않도록 브레이크 케이블을 풀어서 양쪽 패드의 간격을 넓혀준다. 대신 브레이크가 하나뿐이므로 천천히 주행해야 한다.

• **뒤 변속기가 망가졌을 때**—뒤 변속기의 가이드 풀리가 휘거나 부러지면 체인이 움직이지 않아 주행이 불가능한 경우가 생긴다. 이럴 때는 체인을 뒤 변속기에서 빼고 중간 스프라켓뒤 기어과 중간 체인링을 바로 연결한다. 단 이렇게 했을 경우 주행은 가능하지만 앞 변속기도 사용할 수 없다.

• **앞 변속기가 망가졌을 때**—앞 변속기가 심하게 휘면 체인이 계속해서 닿거나 빠진다. 이때는 앞 변속기의 볼트를 풀어서 변속기 영향을 받지 않는 체인링에 체인을 걸어준다. 변속기가 큰 체인링 방향으로 휘었다면 작은 체인링에, 작은 체인링 방향으로 휘었다면 큰 체인링에 걸면 된다. 이 경우엔 뒤 변속기 사용은 가능하다.

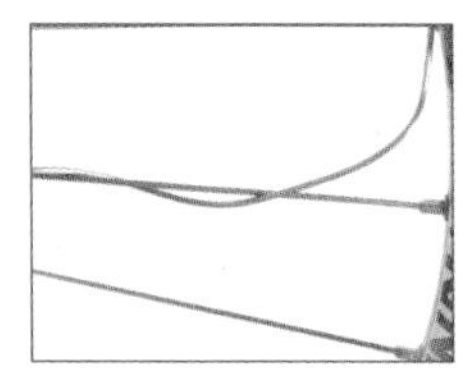

• **스포크가 부러졌을 때**—확률이 적긴 하지만 휠 빌딩바퀴 조립이 잘못됐을 경우 스포크가 부러질 수 있다. 스포크가 부러진 채로 달리면 스포크가 다른 부품이나 장애물에 걸려서 큰 사고가 날 수 있다. 부러진 스포크의 허브 쪽 부분은 빼서 버린다. 림 쪽의 스포크는 옆 스포크에 감아주면 어느 정도 장력을 유지할 수 있다. 스포크 렌치로 림을 정렬하면 어느 정도 주행이 가능하다.

주말이 기다려지는 행복한 자전거여행 | 서울 · 수도권

초판 발행 2008년 5월 20일
4쇄 발행 2010년 11월 1일

지은이 김병훈
펴낸이 진영희
펴낸곳 (주)터치아트
출판등록 2005년 8월 4일 제406-2006-00063호
주소 413-841 경기도 파주시 탄현면 법흥리 1652-235
전화번호 031-949-9435 팩스 031-949-9439
전자우편 editor@touchart.co.kr

ISBN 978-89-92914-07-9 13980

*이 도서의 국립중앙도서관 출판시도서목록(CIP)은 e-CIP 홈페이지(http://www.nl.go.kr/cip.php)에서 이용하실 수 있습니다. (CIP제어번호: CIP2008001406)